工业和信息化部"十二五"规划教材

核反应堆结构与材料

（第2版）

主编◎阎昌琪　　王建军　　谷海峰

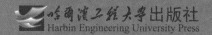

哈尔滨工程大学出版社
Harbin Engineering University Press

内 容 简 介

本书比较全面地介绍了核反应堆结构与材料的基本知识。核反应堆结构部分的内容包括压水反应堆结构、沸水反应堆结构和重水反应堆结构,介绍了这几种反应堆的结构特点、技术要求及发展现状等;反应堆材料部分的主要内容有反应堆材料的性能,以及核燃料、结构材料、控制材料、慢化剂和冷却剂材料等。

本书注重知识的基础性、全面性和综合性,在有限的篇幅内涵盖了反应堆结构与材料的主要知识,使学生在较短的时间内对反应堆结构与材料知识有一个全面、综合的了解。

本书的内容涵盖专业面广、综合性强,适合于核工程与核技术专业的本科生使用,也适合从事核反应堆领域工作的技术人员培训使用。

图书在版编目(CIP)数据

核反应堆结构与材料 / 阎昌琪,王建军,谷海峰主
编. — 2 版. — 哈尔滨 : 哈尔滨工程大学出版社,
2022.4
ISBN 978 – 7 – 5661 – 3423 – 3

Ⅰ. ①核… Ⅱ. ①阎… ②王… ③谷… Ⅲ. ①反应堆
结构②反应堆材料 Ⅳ. ①TL35②TL34

中国版本图书馆 CIP 数据核字(2022)第 056919 号

选题策划　　石　岭
责任编辑　　丁　伟　石　岭
封面设计　　李海波

出版发行	哈尔滨工程大学出版社
社　　址	哈尔滨市南岗区南通大街 145 号
邮政编码	150001
发行电话	0451 – 82519328
传　　真	0451 – 82519699
经　　销	新华书店
印　　刷	哈尔滨市石桥印务有限公司
开　　本	787 mm × 1 092 mm　1/16
印　　张	14.75
字　　数	389 千字
版　　次	2022 年 4 月第 2 版
印　　次	2022 年 4 月第 1 次印刷
定　　价	48.00 元

http://www.hrbeupress.com
E-mail:heupress@ hrbeu.edu.cn

第2版前言

核反应堆的设计主要涉及物理、热工和结构与材料三个大的专业领域,其中结构与材料的设计、选择和使用对整个核反应堆的设计起到至关重要的作用。由于核反应堆的结构与材料处于高温、高压、高辐照的特殊工作条件中,与常规材料的要求有很大不同,历史上曾有一些很好的堆型设计理念,但是由于材料的抗辐照性、耐腐蚀性和耐高温性达不到要求而被最终放弃;也有的核反应堆由于材料的腐蚀或者化学稳定性问题,在运行过程中出现事故而造成重大的损失。在核反应堆的设计和应用中,如果能够很好地解决材料问题,则核反应堆的发展速度会大大提高。在某种程度上,核反应堆的材料问题制约了核反应堆的发展和进步,因此近年来核反应堆结构与材料的问题越来越引起核反应堆设计者的重视,成为核反应堆研究领域一个非常重要的方向。

本书的第1版自出版以来,已被多所学校选作核工程与核技术专业本科教材,经过6年多的教学使用,得到使用单位比较高的评价。但是随着世界科学技术日新月异的发展,新的核反应堆堆型不断被推出,例如先进压水堆和沸水堆的设计制造、铅铋快堆的深入研究,都需要核反应堆结构与材料领域研究新的内容。在核反应堆技术快速发展的过程中,结构与材料也随之不断地变化,先进核反应堆对结构与材料的要求也越来越高。为了使本书内容适合核反应堆技术的不断发展及材料科学的不断进步,同时使本书的改编更适合当前的学生培养要求,编者听取了使用单位的意见,也在本校的教学实践中听取了学生的意见,在此基础上确定了第2版教材的改编内容。

第2版教材在核反应堆结构部分增加了先进压水堆的内容,删减了沸水堆和重水堆的部分内容,并对个别章节进行了简化。为了适应专业课改革的形势,第2版教材对第6至8章的内容进行了较大幅度的删减,删去了比较复杂的理论计算和材料制造方面的内容,保留了相关材料的知识性和原理性部分,在减少内容的情况下也能保证核工程专业学生对核反应堆材料的基本了解。在本书的教学使用过程中,一些老师和同学都提出了宝贵的意见和建议,也收到一些同行的反馈意见,在此表示衷心的感谢。

编　者

2022 年 2 月

第1版前言

核反应堆的结构与材料是反应堆设计中一个很重要的内容，直接关系到反应堆性能的优劣，在反应堆技术发展中发挥着重要作用。目前全世界31个国家和地区有400多座核电站在运行，在核电站反应堆迅速发展的同时，舰船用反应堆的应用得到扩展，核动力潜艇、核动力航母、核动力破冰船建造的规模和范围也在不断地扩大。目前的反应堆已有十几种类型，它们的研发、设计和建造都涉及大量的反应堆结构与材料的问题，在很多情况下由于材料的限制一些先进的概念目前难以实现。

本书比较全面地介绍了目前使用的几种主要类型反应堆的结构与材料的专业知识，结构部分的内容包括压水反应堆结构、沸水反应堆结构和重水反应堆结构，介绍了这几种反应堆的结构特点、技术要求、发展现状等；在反应堆材料部分的主要内容有反应堆材料的性能，以及反应堆核燃料、反应堆结构材料、反应堆控制材料、反应堆慢化剂和冷却剂材料等。本书主要作为本科生的教科书，注重知识的全面性和综合性，在有限的篇幅内涵盖了反应堆结构与材料的主要知识，使学生在较短的时间内对反应堆结构与材料知识有一个全面综合的了解。教材的内容涵盖专业面较广、综合性强，适合于核工程与核技术专业的本科生使用。同时，本书考虑到尽可能大的读者面，内容安排由浅入深，使其适合从事核反应堆领域工作的技术人员培训使用，使学员在较短的时间内对反应堆结构与材料知识有一个全面的了解。

本书的第1章、第2章及第3章由王建军副教授编写，第4章和第5章由谷海峰老师编写，第6章、第7章、第8章由阎昌琪教授编写，全书由阎昌琪教授负责协调和统稿。在本书的编写过程中，闫超星、杨光、王洋、田齐伟、田道贵等研究生参加了本书的校对工作，在此表示衷心的感谢。

由于编者水平有限，本书难免存在不足和缺陷之处，恳请读者批评指正。

编　者

2015 年 6 月

目 录

第1章 压水反应堆结构

1.1 概 述

所谓压水反应堆(简称压水堆),是指在反应堆中采用高压水作为冷却剂的反应堆。尽管目前在运行的核电站采用不同堆型,但压水堆仍是主流堆型,约占68%。本章以大亚湾核电厂为例介绍压水反应堆结构。

压水堆动力装置基本配置如图1-1所示。

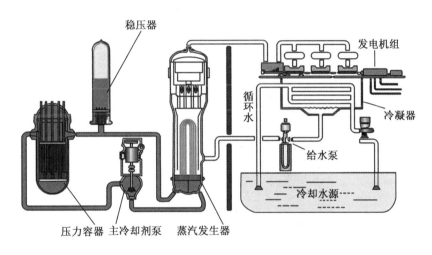

图1-1 压水堆动力装置基本配置图

在商业化压水反应堆中,压力容器是放置反应堆堆芯和堆内构件,并防止放射性外泄的高压设备。压力容器需要在高温、高压和强辐照的条件下长期工作,其尺寸大,质量大,加工制造精度要求高,压力容器的完整性直接关系到反应堆的正常运行和使用寿命,是压水堆的关键设备之一。

压水堆压力容器内布置着堆芯和若干其他内部构件。压力容器一般带有偶数(4~8)个进出口管嘴,整个容器由进出口管嘴下部钢衬与混凝土基座(兼作屏蔽层)支撑,可移动的上封头用螺栓与筒体固定,由两道自紧式"O"形密封圈密封,上封头有几十个贯穿件,用于布置控制棒驱动机构、堆内测温热电偶出口和排气口。典型的压力容器本体结构如图1-2和图1-3所示。

反应堆堆芯作为裂变场所和能量源,影响整个反应堆的安全性、经济性、先进性。一般而言,反应堆堆芯的结构设计应满足下述基本要求:

(1)堆芯功率分布应尽可能均匀,以提高堆芯的功率输出或增加反应堆的安全裕度;

(2)堆芯冷却剂通道可对冷却剂流量进行合理分配;

(3)反应堆堆芯的设计寿命长,换料次数少;

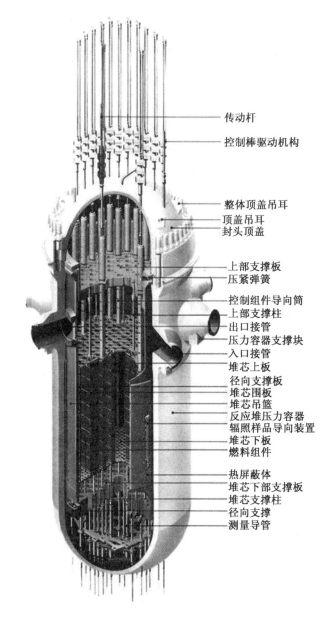

传动杆

控制棒驱动机构

整体顶盖吊耳
顶盖吊耳
封头顶盖

上部支撑板
压紧弹簧
控制组件导向筒
上部支撑柱
出口接管
压力容器支撑块
入口接管
堆芯上板
径向支撑板
堆芯围板
堆芯吊篮
反应堆压力容器
辐照样品导向装置
堆芯下板
燃料组件

热屏蔽体
堆芯下部支撑板
堆芯支撑柱
径向支撑
测量导管

图 1－2　压力容器本体结构图

（4）堆芯结构紧凑，换料操作简单方便；

（5）尽量减少堆芯内不必要的中子吸收材料的使用，以提高中子的经济性。

压水堆堆芯由核燃料组件、控制棒组件、固体可燃毒物组件、阻力塞组件以及中子源组件等组成，并由上下栅格板及堆芯围板包围起来后，依靠吊篮定位于反应堆压力容器冷却剂进出口管的下方。

反应堆堆芯在压力容器中一般处于进出口接管嘴以下，多数布置有 157～193 组（相应于 900～1 200 MW）几何上和机械上都完全相同的燃料组件，例如大亚湾核电厂中的燃料组件有 157 组。在压水反应堆中，堆芯内的燃料组件不设元件盒，冷却剂可以发生径向交混。堆芯周围由围板束紧，围板固定在吊篮上。在吊篮外还固定有堆内热屏，其目的是减少压力容器可能遭受的中子辐照,提高压力容器的在役时间。在热屏的外侧,还固定着装有辐照样品的监督管。典型压水反应堆堆芯剖视图如图1-4所示。

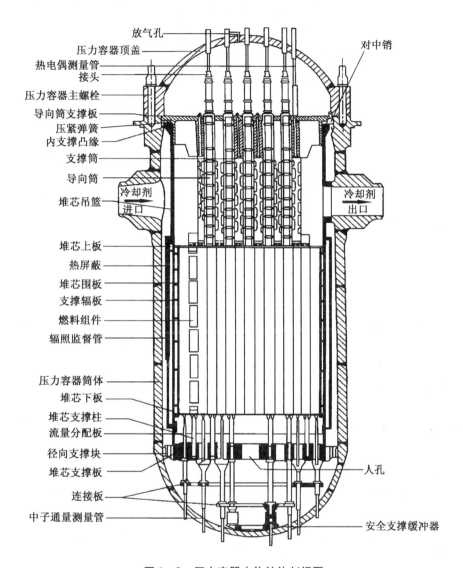

图1-3 压力容器本体结构剖视图

典型压水反应堆所使用的燃料组件由燃料元件棒、上管座、下管座、控制棒导向管、定位格架和压紧弹簧等部件组成。

燃料组件中的元件棒、导向管和堆内通量测量通道都处于14×14,15×15,17×17正方形栅格的节点上,每个燃料组件中心均设有一根堆内通量测量管,另设有16~24根控制棒导向管,其中约1/3燃料组件的控制棒导管内布置有控制棒组件,控制棒组件可以从上部插入堆芯实现停堆。组件中心的堆内测量通道允许从压力容器底部将堆内中子通量测量探头伸入活性区内的任意高度。其他燃料组件导向管内可能布置有可燃毒物元件、中子源元件,凡是不布置控制棒、可燃毒物棒或中子源棒的燃料组件,均有节流组件(也称为阻力塞元件)插入导向管上端,以增加冷却剂流过导向管的阻力,从而减少不必要的冷却剂旁流。

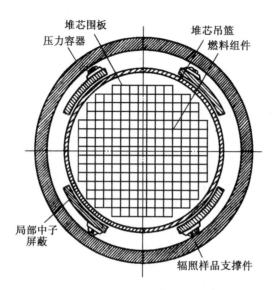

图1-4 典型压水反应堆堆芯剖视图

整个反应堆堆芯的定位和支撑由堆芯支撑结构来实现。堆芯支撑结构由上部支撑结构和下部支撑结构(包含吊篮)组成。其中,吊篮以悬挂方式支撑在压力容器上部支撑凸缘上。吊篮与压力容器之间形成的环形腔室称为下降段,也是冷却剂在流入压力容器后的主要流动通路。

一般压水反应堆由2~4个冷却剂环路构成,在每一冷却剂环路中,冷却剂经由压力容器上的进口接管进入压力容器,绝大部分冷却剂沿堆芯吊篮和压力容器之间的下降段向下流动,直至进入压力容器下腔室后改变方向,然后向上流经反应堆堆芯被加热,被加热后的冷却剂进入上腔室,再经由压力容器上的出口接管流出压力容器,进入环路的热管段(也称为热腿),随后,冷却剂通过蒸汽发生器底部封头的进口接管进入蒸汽发生器的一次侧,流经蒸汽发生器的传热管放热后,由蒸汽发生器上的冷却剂出口接管流出,经过反应堆冷却剂泵升压后送入反应堆压力容器,构成冷却剂的封闭回路,如图1-5所示。

冷却剂除了上述主要流动外,还有几项重要的旁通流量。所谓旁通流量,是指不直接用来冷却燃料组件的冷却剂流量。这几项旁通流量包括以下几部分:

(1)冷却剂经由进口接管直接沿下降环腔至出口接管流出压力容器。此部分旁通流量应尽可能少。

(2)冷却剂经由进口接管、吊篮等进入压力容器的上封头,然后通过支撑管流回上腔室,最后跟上腔室内的冷却剂混合后流出压力容器。这部分旁通流量对于保持上封头内的温度,防止冷却剂在此汽化具有重要的作用。

(3)冷却剂经由导向管流过反应堆堆芯。这部分流量对于控制棒、控制棒驱动机构等的冷却和降温具有重要的作用。

(4)冷却剂经由吊篮与围板之间的间隙流过,进入上腔室后流出压力容器。这部分旁通流量可以平衡一定的径向压差。

可见,冷却剂的主要部分用于冷却燃料元件,一部分旁流冷却控制棒和吊篮;另一部分冷却上腔室和上封头,使该处水温接近冷却剂入口温度,防止上封头汽化,这是非常重要的。

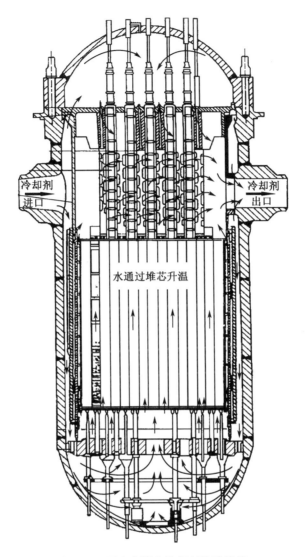

图1-5 压力容器内冷却剂流动路线

早期的反应堆一般采用均匀装载的燃料管理方案,采用这种方案的反应堆堆芯中,所有的燃料组件都采用相同富集度的燃料,当达到一定燃耗深度后,将所有燃料组件卸出,并更换新的燃料组件。这种方案的优点是制造简便、装卸料简单,主要缺点如下:

(1)反应堆堆芯的释热分布非常不均匀,这将影响到反应堆的总功率输出或降低反应堆的安全裕度;

(2)乏燃料的燃耗深度浅,燃料利用率低;

(3)经济性差。

为了解决燃料均匀装载方案存在的问题,提高燃料的利用率,使反应堆堆芯的释热更加均匀,设计者提出了燃料的分区装载方案。所谓分区装载是指在反应堆堆芯的不同位置采用不同富集度的燃料。对圆柱形反应堆,燃料的装载既可以沿反应堆堆芯的径向分区,也可以沿反应堆堆芯的轴向分区。以大亚湾核电厂反应堆为例,其初始堆芯采用三种不同富集度的燃料分区布置。富集度最高的燃料装在堆芯的外围,标记为3区,另外两种较低富集度的燃料以国际象棋棋盘的方式布置在堆芯内区,分别标记为 1 区和 2 区,如图 1-6 所示。各区所装燃料的富集度及组件数如下:

1 区:53 个燃料组件,富集度为 1.8%;

2 区:52 个燃料组件,富集度为 2.4%;

3 区:52 个燃料组件,富集度为 3.1%。

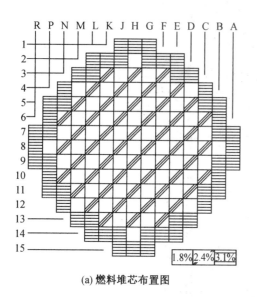

(a) 燃料堆芯布置图

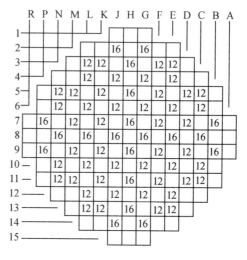

(b) 首次循环堆芯内可燃毒物棒分布图

图 1-6　堆芯布置图及首次循环堆芯内可燃毒物棒分布图

从反应堆物理的观点看,采用燃料的分区装载可以显著改善反应堆堆内功率的不均匀性,其代价主要是倒换料的复杂性。对于目前商业运行最多的压水堆核电厂,一般采用分区倒料与棋盘式倒料相结合的换料方式,即每次换料时将 1/3 堆芯新燃料组件(初始富集度为 3.2%)放在堆芯四周(即 3 区),将 1,2 区燃耗较深的 1/3 燃料组件(初始富集度为 1.8%)取出,而将 2,3 区的燃料组件(初始富集度为 2.4% 和 3.1%)移向 1 区。

由倒换料方式可以看出,由于倒换到 1 区的燃料组件实际上已经在外区使用过,从而缩小了新旧燃料组件之间富集度的差别,且相比于均匀装载方式,燃料组件在堆内使用的时间更长,也具有较高的燃耗深度和较低的功率峰因子。

核反应堆分区装载的燃料管理方案构成了它所特有的运行和控制的复杂性,在一炉燃料的运行周期之初,核燃料所具有的产生裂变反应的潜力(称为后备反应性)很大,而新堆初始装料的后备反应性更大,必须妥善地加以控制。

在商业运行的压水核反应堆中,反应性控制主要通过三种途径:控制棒、硼酸溶液和可燃毒物。其中,通过在作为慢化剂和冷却剂的水中添加硼酸的方式,可以控制部分后备反应性;在反应堆运行过程中,还可以通过调节硼的质量分数来补偿反应性的慢效应变化。

为了补偿由运行负荷、燃料或冷却剂温度变化引起的反应性的较快变化,以及提供反应堆在正常运行或事故情况下的停堆能力,控制棒是不可缺少的。控制棒作为控制棒组件的核心部分,主要用于较快的反应性控制。压水反应堆中常使用的控制棒组件又分为功率控制组件、平均温度控制组件和停堆组件。设计上要求在反应堆紧急停堆时,控制棒组件可依靠自身重力作用落入堆芯。

在压水反应堆中,可燃毒物以可燃毒物棒的形式存在于堆芯内,但只用于第一燃料周期。使用可燃毒物的目的有两个:一是补偿堆芯的部分后备反应性;二是使堆冷却剂中的含硼浓度可以减少到使慢化剂温度系数为负值,以保证反应堆具有固有安全性。在大亚湾核电厂中,可燃毒物棒共有896根,在第一次换料时全部卸出。图1-6(b)为首次循环堆芯内可燃毒物棒分布图。

中子源棒束组件是反应堆中另外一类必需的堆芯组件,其基本功能有两点:一是用于在反应堆达到临界增殖之前就产生一个可测量的中子通量,以便监测接近临界时的中子增殖状况;二是为反应堆启动提供"点火"功能,中子源组件有初级中子源组件和次级中子源组件两种,其主要区别在于两者使用的材料不同。其中,初级中子源提供首次装料后反应堆启动所需的源强,而次级中子源需要在反应堆运行中被活化为中子源,并在此后为反应堆启动提供稳定的中子源。

在反应堆堆芯中,在燃料组件的导向管内,凡是不装放控制棒、可燃毒物、中子源这三种元件的,均装设阻力塞元件,其主要目的是堵塞空的导向管,防止或减少不必要的冷却剂流量旁通。

综上所述,与燃料组件相关的组件除了棒束控制棒组件外,还有可燃毒物组件、初级中子源组件、次级中子源组件和阻力塞组件四种。这四种相关组件都安置在燃料组件内部的导向管内,因此其几何结构都有相似之处。

1.2 压水反应堆压力容器

1.2.1 概述

在压水反应堆中,反应堆压力容器包容和支撑堆芯及反应堆堆内构件,一般工作在15.5 MPa左右的高压环境下,同时承受高温含硼酸水介质的冲刷浸泡,且处于放射性辐照条件下。在二代反应堆中,设计上一般要求压力容器的寿命不少于40年。

1. 反应堆压力容器的作用

(1)反应堆压力容器用来固定和包容堆芯及堆内构件,限制核燃料的链式裂变反应在一个密封的金属壳内进行。如果说燃料元件包壳是防止放射物质外逸的第一道屏障,那么包容整个堆芯的压力容器就是第二道屏障。

(2)反应堆压力容器和一回路管道是承受冷却剂重要的压力边界。

(3)所有的堆内构件都是由压力容器支撑和固定的,所以它又是一个承受很大载荷的构件。

2. 反应堆压力容器选材原则

正确地选择材料是设计反应堆压力容器成败的关键之一,必须根据它在核岛中的位置、作用、工作条件和制造工艺等全面考虑。

(1)材料应具有高度的完整性

要求材质中的硫化物、氧化物等非金属夹杂物尽量少,以保证材质纯度;要求材料具有很好的渗透性,最小的偏析,特别是磷、硫含量及低熔点元素应尽量少,且分布均匀,以保证材料成分和性能的均匀性;要求材料具有很好的可焊性,最小的再热脆化倾向。

（2）材料应具有适当的强度和足够的韧性

压力容器是反应堆中重要的承压部件之一，必须保证压力容器可承受设计范围内的压力，所产生的应力不至于使压力容器产生塑性变形，这是对压力容器材料强度的必要要求。脆性断裂是反应堆压力容器最严重的失效形式，材料对脆性断裂的基本抗力是材料的韧性，保证并尽力提高材料的韧性是防止脆性断裂的根本途径。

（3）材料应具有低的辐照敏感性

反应堆压力容器在运行寿期内受中子辐照，特别是快中子累积剂量的辐照。一般而言，快中子辐照改变了钢材的晶格结构，使钢材料的机械性能发生了变化。辐照使得钢材的脆性转变温度(nil ductility transition temperature, NDTT)升高，尽管这种效应提高了材料的强度，但却降低了钢材的韧性，因而增加了脆性破坏的可能性。为了防止出现脆性破坏的可能性，应尽可能控制和降低材料的辐照脆化倾向。

（4）导热性能好

为了防止反应堆压力容器上产生明显的温度梯度，进而产生明显的热应力，希望压力容器材料的导热性能良好。

另外，选用的压力容器材料，要便于加工制造，且成本低廉。

3. 压水堆压力容器选材情况

当前压水堆压力容器普遍选用的是低碳合金钢，主要是锰－钼系列。这种钢材具有良好的导热性（导热系数是不锈钢的3倍），因而在温度变化时内部热应力较小，具有良好的可焊性及抗辐照脆化能力；便于加工，成本较低。

目前，在美国反应堆压力容器所使用的材料，其锻件材料标号为 SA508－Ⅲ合金钢，所使用的相同材料的板材标号为 SA533B－Ⅰ合金钢。这些不同标号的钢材的主要材料相同，法国用的钢种与美国用的 SA508－Ⅲ 也是相似的。大亚湾核电厂反应堆压力容器材料的主要成分及其含量为：碳的含量小于 0.25%；锰的含量为 1.15% ～ 1.5%；钼的含量为 0.6%；镍的含量为 0.4% ～1.0%。

研究表明，即便同一种钢材，在不同工作温度下其韧性也有很大的差别，有的甚至能达到几十倍的差距。对钢材而言，存在所谓的脆性转变温度，即在低于该温度时，钢材的韧性突然下降，脆性上升，材料更可能发生脆性断裂。脆性断裂是材料还没有发生明显的塑性变形时的失效形式，甚至远远没有达到抗拉强度材料就发生了断裂。在脆性转变温度以下，材料会丧失其原来具备的优良力学和机械性能。

对于低碳合金钢及其焊缝而言，当其受到快中子积分通量大于 10^{22} cm^{-2} 的照射后，脆性转变温度会明显升高，显然这是危及反应堆压力容器完整性和反应堆安全的重要因素。在工程上，为了保证压力容器的设计寿期，需要防止压力容器材料的辐照脆化，或者改善低合金钢抗辐照脆化特性。前者主要通过结构设计来实现，对于后者，采取的主要措施包括严格限制铜和磷这两种主要引起脆化的有害元素的含量（w(Cu) < 0.10%；w(P) < 0.012%），添加少量铝、钒、铬、钼、镍等元素，以减少钢的辐照损伤。此外，钢应具有快速冷却的回火马氏体组织及细晶粒。

1.2.2 反应堆压力容器结构

反应堆压力容器在工程上也称为压力壳，是由两个组件构成的，即压力容器本体和用双头螺栓连接的反应堆压力容器顶盖。如前所述,一般压水反应堆压力容器是由低碳合金钢单个环形锻件焊接而成的。这些无纵焊缝的单个锻制部件,逐一用全焊透的环焊缝连成一体。压力容器包容堆内构件、堆芯,以及作为冷却剂、慢化剂和反射层的水。为了提高压力容器在设计寿期内抵抗冷却剂腐蚀和侵蚀的能力,凡是与回路冷却剂接触的容器内表面,都堆焊不锈钢覆面层,其厚度一般不小于 5 mm。

1. 压力容器本体

图 1-7 展示了反应堆压力容器本体结构。如图所示,压力容器本体从上而下由一只上法兰、一个密封台肩、一节接管段、两节堆芯包容环段、一节过渡段和一只半球形下封头组成,其具体结构介绍如下。

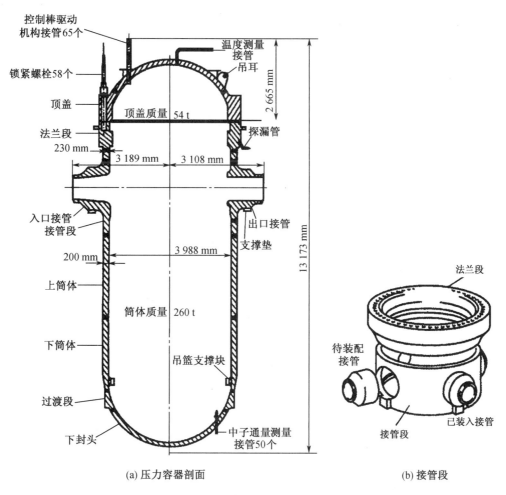

(a) 压力容器剖面　　　　(b) 接管段

图 1-7　反应堆压力容器本体结构

(1) 上法兰

上法兰是指如图 1-7 所示的法兰段。上法兰通过法兰与顶盖组件连接。在上法兰上,为了装 58 个锁紧螺栓,钻有 58 个未穿透的螺纹孔。从结构上看,上法兰还包括以下结构部件:

①不锈钢支撑面

即与反应堆容器顶盖相配合的不锈钢支撑面。

②两道自紧式"O"形密封装置

为了确保反应堆压力容器筒体与上封头之间的密封性,压力容器的上法兰与顶盖组件之间的连接处用两道"O"形密封圈密封。两道密封圈均布置在不锈钢支撑面上。从堆芯中心线方向看,靠近堆芯一侧的内"O"形密封圈的内侧表面上,沿周向开有一些均匀分布的小孔或细缝,这也构成了密封环内腔与压力容器内介质的连接通道。当一回路打压后,密封环内即充入高压冷却剂,使得密封环沿周向膨胀长大,从而使内密封圈外表面紧贴在连接处形成的密封面上,达到密封效果。远离堆芯的外密封圈也是环形,其结构为全封闭形式,内部充有氮气,这样即使有一部分冷却剂通过内密封圈泄漏,也会由于冷却剂温度较高而使外密封圈内部的氮气受热膨胀,从而达到密封效果。可见,这两道密封圈都可通过结构上的巧妙设计实现自紧功能。这两道密封圈也称为自紧式密封装置。

③一根泄漏探测管

为了能进行探漏,这根管子倾斜穿过上法兰后,头部露出在两只"O"形密封圈之间的支撑面上。内密封圈的泄漏由引漏管线上的一台温度传感器进行探测。当反应堆在额定功率下稳态运行时,内密封圈不允许泄漏;在启动和停堆时,内密封圈允许的最大泄漏率为20 L/h,内密封泄漏由能触发高温报警的温度测量装置探测和记录,并且用设在目视水位指示器上的浮子开关进行泄漏率的测量和记录;温度和泄漏率的记录和报警都在主控室显示。若泄漏率大于20 L/h或泄漏流温度大于70 ℃,反应堆容器就应加以检查。外密封圈也要经常进行目视检查,以便检出可能的泄漏。

④四个键槽

四个键槽用来对准反应堆容器顶盖和堆内构件。

⑤一个支撑台肩

支撑台肩用来支撑堆内构件。

（2）密封台肩

将锻压的环形密封台肩与反应堆压力容器上法兰焊接,密封台肩直接与密封环焊接,以避免反应堆容器与反应堆堆腔基板之间的泄漏。

（3）接管段

一般压力容器沿周向连接偶数个接管嘴,这些接管嘴都与压力容器上的接管段一一相连。在大亚湾核电厂中,6只接管沿径向插入接管段,并用全焊透焊缝加以焊接。每一条传热环路的进出口接管成50°夹角,而每一对接管沿反应堆容器圆周成120°对称分布。

出口接管的内侧有一节围筒,使出口接管与堆芯吊篮开口之间形成连续过渡,每个接管的外端焊一段不锈钢安全端。由于采用同种材料,在现场就可以把一回路管道与堆容器接管焊接相连。为了把反应堆容器安放在支撑结构上,6只接管底部有支撑座,它们放在整体支撑环的支撑导向板上。

（4）堆芯包容环段

在反应堆容器接管段下面,堆芯高度的圆筒形部分由两段对接全焊透焊接的筒体构成,4个由因科镍材料制成的导向键焊在堆芯包容环段的下部,用来给堆内构件导向并限制不同方向的位移。

（5）过渡段

过渡段是把半球形的下封头和压力容器筒体段连接起来的段结构。

（6）下封头

由热轧钢板锻压成半球形封头。下封头上装有50根因科镍导向套管,为堆内中子通量测量系统提供导向,利用部分穿透焊工艺将导向套管焊在下封头内。

2. 压力容器顶盖

压力容器顶盖组件是由顶盖法兰和顶盖本体焊接而成的,其具体结构如下。

（1）顶盖法兰

顶盖法兰与上法兰相互配合,在顶盖法兰上钻有58个锁紧螺栓穿过的通孔,法兰支撑面上加工了两道放置密封环用的槽。

（2）顶盖本体

在核电厂中,顶盖本体为球形结构,球形顶盖通常由板材热锻成形后焊接制成。焊在顶盖上的部件有下列几种：

①吊耳(3只),供吊装用;

②排气管(1根),位于压力容器的顶端,供压力容器充水时排气用;

③金属支撑板(1块),用于支撑控制棒驱动机构的通风罩;

④控制棒驱动机构管座和热电偶管座。

在压力容器顶盖上,需要贯穿控制棒驱动机构和测温用的热电偶等部件。为了结构上的密封性和强度要求,在压力容器顶盖上焊接由因科镍制成的管座,这些管座由套管和法兰组成。控制棒驱动机构或热电偶外壳用螺纹与法兰连接后,再用密封焊与管座连接。

管座的热套管用来保护堆容器顶盖不受温度瞬态变化的影响。当束棒控制棒组件插入堆芯时,由于挤出的热水把堆容器比较冷的部位加热而出现温度的瞬态变化。在热套内侧端部装有一个锥形喇叭口,当反应堆容器顶盖安装在反应堆容器筒体上时,它能为控制棒传动轴插入导向套管提供导向。

表1-1示出了大亚湾核电厂反应堆压力容器的主要设计参数。

表1-1 大亚湾核电厂反应堆压力容器的主要设计参数

概况	
形式	三环路
控制棒驱动机构管座数	61
堆内测量管座数	
下封头	50
顶盖	4
设计及运行工况	
设计压力/MPa	17.23

表 1 - 1（续）

运行压力/MPa	15.5
设计温度/℃	343
实验工况	
水压试验压力/MPa	22.9
水压试验温度/℃	脆性转变的最高温度 +30 ℃
尺寸参数及质量	
堆容器筒体的内径/mm	3 989
法兰外径/mm	4 674
接管端距离/mm	6 378
筒体法兰至下封头底部高度/mm	10 335
含封头及管座的容器总高度/mm	13 208
容器筒体壁厚/mm	200
堆焊层最小厚度/mm	5
法兰螺栓数	58
容器质量/t	256.6
顶盖质量/t	55.5
螺栓、螺母及垫片质量/t	15.08
材料	
反应堆压力容器材料	16MND - 5
堆焊材料	Z2CN18/10
螺栓材料	40NCDV - 7 - 03

3. 压力容器支撑结构

压力容器支撑结构的主要组成部分包括:压力容器进出口接管下面的支撑座;压力容器支撑环,该支撑环将反应堆压力容器的承受载荷传递到混凝土基础上;与支撑环形成一个整体的支撑导向板,等等。

反应堆压力容器支撑结构设计的原则如下:

(1)在正常运行工况及事故工况(地震、一回路管道破裂事故)下,能承受内外部对其施加的载荷。

(2)允许支撑结构本身、反应堆压力容器及接管自由的热膨胀,但由于支撑导向板的作用,阻止了压力容器及接管的横向移动。

从结构上看,支撑环安装在反应堆堆坑顶部附近的托座上。支撑环是一个环形梁结构,由两个水平的厚法兰和两块立式的腹板组成。在环形梁上焊了6个径向定位止挡块,这些止挡块在埋入混凝土内的两个止推支座之间加以调整,这种结构的特点是当出现水平载荷时,仍能支撑压力容器。压力容器支撑结构采用强制通风循环的方式进行冷却,使支撑环下法兰的温度维持在混凝土能承受的温度限值之内。图 1 - 8 示出了反应堆压力容器与其支撑结构。

4.反应堆压力容器的运行

反应堆压力容器有两种可能的破裂或失效方式,即延性断裂和脆性断裂。

(1)延性断裂

如果容器承受的机械应力超过材料自身的屈服应力,承载部分就开始发生塑性变形。如果载荷继续增加,塑性变形就会越来越大,承载处的截面积越来越小,直至最终断裂。这种材料经过塑性变形而后断裂的现象叫作延性断裂。

为了防止材料发生延性断裂,人们已经有了充分且行之有效的设计规程和标准。在设计过程中必须考虑部件在异常工况下可能承受的载荷和材料物性的变动。

(2)脆性断裂

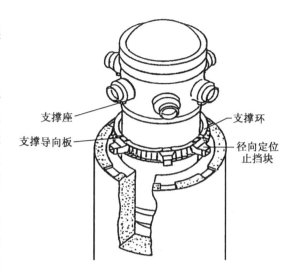

图1-8　反应堆压力容器及其支撑结构

抗延性断裂设计中通常假定材料是均匀而无缺陷的。实际上材料在加工、热处理、焊接等工艺过程中总会产生一些微裂纹,材料的材质也存在一定的不均匀性。承载后,裂纹端部或材料不均匀处会产生应力集中现象,导致局部应力增大并可能导致裂纹扩展。在适当条件下,裂纹会无限扩展形成断裂,这种断裂方式称为无延性断裂或脆性断裂。材料抗裂纹扩展的能力称为韧性。压力容器所使用的低碳合金钢的断裂韧性很高,而屈服应力相对低一些。如前所述,材料的韧性与温度有关,低温条件下材料韧性会变差,温度较高时韧性上升,高低韧性之间有一陡峭的过渡区,称为脆化转变温度,见图1-9。转变温度随中子辐照程度增加而上升,也就是说,压力容器钢的延性水平会随服役年限增加,随快中子的累积照射而下降。

从压力容器所使用钢材的脆性转变温度看,要求压力容器的工作温度高于其材料的脆性转变温度。在这一区间里,裂纹会以稳定的方式缓慢扩展,不会发生突然性的脆性断裂。为了设计一个能避免脆性断裂的压力容器,要采用断裂力学的分析方法,综合考虑以下三个因素:材料的断裂韧性,缺陷是否存在及其类型,缺陷前缘区应力、应变和能量场。

在反应堆运行过程中,压力容器受到强烈的中子辐照,辐照效应将导

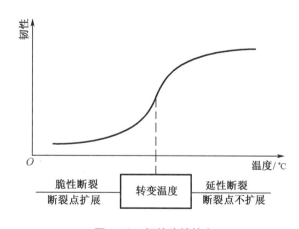

图1-9　钢的脆性转变

致压力容器材料的脆性转变温度升高。为了减弱快中子对压力容器的辐照,在反应堆结构设计中设置了热屏蔽,以屏蔽快中子对压力容器的直接照射。在反应堆运行过程中,不应使压力容器在其材料的无塑性转变温度以下工作。

从运行安全的角度,安全部门规定了相对脆性转变温度的应力随温度变化的限制,如图1-10所示。在图中见到两条曲线:压力上部限制曲线(压力容器的强度随温度变化)和压力下部限制曲线(对一回路泵的限制,或对堆芯出现冷却剂相变的限制)。

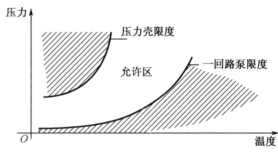

图1-10　反应堆容器运行图

在中子辐照作用下,低合金钢的脆性转变温度会升高。在运行图上随着压力容器的"老化",压力上部限制曲线会朝高温区平移,允许运行区就越来越窄。

压力容器材料的无塑性转变温度随辐照变化的情况是通过装在材料辐照监督管上的试样来监测的,这些试样根据事先编好的监测程序取出并进行分析,从而测定压力容器的辐照情况,这样就可以估计其材料的无塑性转变温度,并选取运行条件。

可见,为了保证反应堆压力容器的安全运行,必须规定其运行环境。具体来说,就是在低温条件下,一回路承受的压力要相应减小,防止可能发生的脆性断裂。例如随着反应堆运行时间的增加,脆性转变温度上升,水压试验温度应随之提高。

1.3　压水反应堆堆内构件

1.3.1　概述

1.反应堆堆内构件的概念及组成

反应堆堆内构件是指装在反应堆容器内除了燃料组件、棒束控制组件及其传动轴、可燃毒物组件、中子源组件、阻力塞组件和堆内测量仪表等构件之外的其他所有构件。

堆内构件主要由堆芯下部支撑结构(包括热中子屏蔽)、堆芯上部支撑结构(包括控制棒束导向管)和压紧弹簧等组成。压紧弹簧的作用是使堆芯上下支撑结构相对压力容器保持固定位置。

2.反应堆堆内构件的主要功能

这些堆内构件的主要功能如下:

(1)为反应堆冷却剂提供流道;

(2)为压力容器提供屏蔽,使其免受或少受堆芯产生的快中子辐射的影响,防止或减缓辐照引起的材料脆化;

(3)为堆芯及堆芯内的各种组件提供支撑、定位和压紧;

(4)固定监督用的辐照样品;

(5)为棒束控制棒组件及其传动轴,以及上下堆内测量装置提供机械导向;

(6)平衡反应堆运行过程中的各种机械载荷和水力载荷;

(7)从结构上确保反应堆压力容器顶盖内的冷却水循环,防止冷却剂在顶盖内的汽化,以便保持顶盖内冷却剂的温度和相态。

3.设计反应堆堆内构件时应考虑的因素

为了保证反应堆压力容器内各个部件的正常运行,设计中应考虑以下因素:

(1)堆内构件的设计考虑了能经受各种运行工况,包括 γ 辐射发热、快中子辐照、反应堆的稳态和瞬态运行工况。

(2)考虑不同的载荷组合,即机械设计考虑下列载荷的作用:自重、冷却剂水力冲击、棒束控制棒组件的惯性、地震和各种载荷作用下引起的疲劳。

(3)在正常运行工况条件下,为反应堆堆芯提供最合适的冷却剂分配形式。

(4)考虑事故后果的控制。在一般事故工况下,堆芯几何形状变化被限制在不会使其丧失适当的冷却能力的范围内。

(5)即使在最大的假想事故情况下,堆芯几何形状的变化要被限制在不使其临界或次临界的堆芯形状受到严重破坏的范围内。

4.反应堆堆内构件的设计参数

某典型压水反应堆堆内构件的主要设计参数列于表 1-2 中。

表 1-2 反应堆堆内构件的主要设计参数

设计条件	
设计温度/℃	343
堆芯总旁通流量(旁通流量占总流量的份额)	6.5%
堆芯下部支撑结构	
直径/mm	3 916
高度/mm	9 920
总质量/t	84
堆芯吊篮平均壁厚/mm	51.5
堆芯吊篮高度/mm	8 225
堆芯上部支撑结构	
直径/mm	3 916
高度/mm	4 206
总质量(包括控制组件驱动轴)/t	43.7
导向管数目	61
堆芯上部支撑筒数目	36
热电偶管座数目	4
压紧弹簧外径/mm	3 650
压紧弹簧内径/mm	3 410
压紧弹簧厚径/mm	95
材料	
堆内构件	不锈钢
导向管定位销、弹簧、锁紧销等	因科镍

1.3.2 堆芯下部支撑结构

堆芯下部支撑结构如图1-11和图1-12所示。堆芯下部支撑结构主要由堆芯吊篮组件（含堆芯支撑板）、热中子屏蔽、流量分配孔板、堆芯下栅格板、堆芯围板组件、堆芯二次支撑组件和测量通道等部分组成。

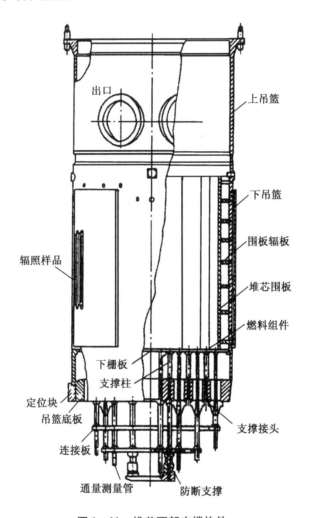

出口
上吊篮
下吊篮
围板辐板
堆芯围板
辐照样品
燃料组件
下栅板
支撑柱
定位块
吊篮底板
支撑接头
连接板
通量测量管
防断支撑

图1-11 堆芯下部支撑构件

在反应堆安装时，堆芯下部支撑结构在首炉堆芯装料前被装入反应堆压力容器内，如需要可将其吊出，以便进行压力容器的在役检查。

堆芯下部支撑结构各组成部分的具体结构和特点如下。

1. 堆芯吊篮组件

堆芯吊篮组件由上部加固环（环向法兰）、焊接到堆芯吊篮加固环上的环段和焊接到堆芯吊篮环段下部的堆芯支撑板组成。

上部加固环压在反应堆压力容器的上法兰支撑凸台上，其作用是将反应堆堆芯、堆芯下部支撑结构所受的重力及其在反应堆运行过程中所承受的载荷，通过吊篮传递至压力容器的上法兰。

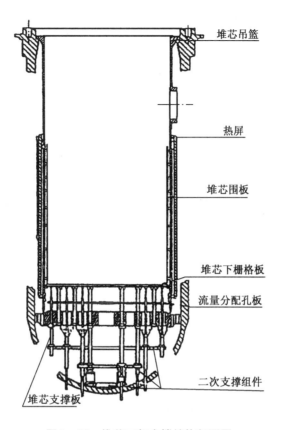

图1-12　堆芯下部支撑结构剖面图

在三环路压水反应堆堆芯的吊篮环段上,轴向间隔120°布置3个冷却剂出口管嘴。吊篮环段的上端与吊篮加固环(也称为上法兰)相连,下端焊在厚度约为400 mm的堆芯支撑板(也称为吊篮底板)上。

吊篮环段与压力容器内壁形成了冷却剂进入反应堆的下降混合环腔,在此处不同环路中的冷却剂混合并进入下腔室;吊篮环段与围板组件一道起到构建堆芯冷却剂流动通道的作用。

堆芯支撑板(吊篮底板)是一块厚的多孔板,一般为锻件,堆芯各种组件的全部重力载荷都直接由它承担。堆芯支撑板与吊篮焊接连接,吊篮上部法兰吊挂在压力容器的凸肩上,这样堆芯支撑板所承受的大部分重力都通过吊篮的上法兰传递给压力容器内壁的凸肩。

吊篮下端焊有4个起导向和径向定位作用的键,它和压力壳内壁上加工的键槽相配合。吊篮可以依靠键和键槽配合的方式,实现在压力容器内径向和周向定位,这样的固定方式可在一定范围内允许吊篮的轴向膨胀。

2.热屏蔽(简称热屏)

在反应堆结构设计中,在堆芯吊篮的外侧设置热屏蔽,这主要是为了防止或者减轻堆芯产生的快中子对压力容器的直接辐照,而并不具备结构上的功能。在早期的压水反应堆中,吊篮外侧的热屏蔽多采取一层或多层连续圆筒的结构形式。后来为了提高屏蔽的效率,减少对冷却剂流动通道的影响,将吊篮外侧的热屏蔽改为四块分离式的结构形式,热屏蔽由四块不锈钢板组合成不连续的圆筒形,在反应堆中心轴的四个象限位置上(即0°,90°,180°和270°)直接用螺钉连接在堆芯吊篮外壁上。这些热屏蔽还支撑辐照样品监督管。从设计上看,增加堆芯吊篮的厚度,使其可以在一定程度上为压力容器材料提供对堆芯快中子的辐照防护,而借助分离式热屏蔽又可在辐照最大区域(距压力容器壁最近的堆芯四角)加强这种防护。

3. 流量分配孔板

流量分配孔板的位置位于堆芯支撑板和堆芯下栅格板之间,其主要功能是合理分配进入堆芯的冷却剂流量(大亚湾核电厂无流量分配孔板)。流量分配板利用其局部阻力特性来分配冷却剂流量,并无结构承载功能。流量分配孔板是一块比较薄的多孔板,板面上开了许多流水孔,使冷却剂能够根据物理及热工方面提出的要求,合理地流进各个燃料组件内。

4. 堆芯下栅格板

堆芯下栅格板位于反应堆堆芯的下方,下栅格板直接支撑整个堆芯的质量,并且借助定位销给燃料组件的下管座精确定位。作用在堆芯下栅格板上的力通过下述两种途径传递给堆芯吊篮:一是通过周边支撑在一个与堆芯吊篮环段相焊接的圆环上;二是通过下栅格板与堆芯吊篮支撑板之间的支撑柱,将所受到的力分配到堆芯吊篮的支撑板上。

位于堆芯以及堆芯围板下方的堆芯下栅格板是用来支撑燃料组件的重要结构件,为了确保燃料组件之间的相对位置和间隙,对下栅格板表面平面度要求十分严格。另外,根据座装燃料组件的要求,在下栅格板面上装上与燃料组件数量相当的定位销对。因为要利用定位销确定每一组燃料组件在堆芯中的横向位置,对燃料组件定位销的安装技术要求是很严格的。同时,对应于每一燃料组件,在下栅格板上都开有对应的冷却剂流水孔。

在大亚湾核电厂中,定位销的数量为157对。相比于堆芯吊篮支撑板,堆芯下栅格板比较薄,其厚度约为50 mm,开了157个流通冷却剂的圆孔,当总质量约为100 t的燃料组件座装在下栅格板面时,就会使它产生很大的挠度,因此需要用一定数量的支撑柱来加强下栅格板的刚性,并将堆芯载荷传给吊篮底板。

5. 堆芯围板组件

堆芯围板组件的位置在吊篮以内、堆芯以外、上下栅格板之间。围板组件是由围板和辐板组成的,围板将布置燃料组件的整个堆芯活性区从外部紧紧围住,以便减少从燃料组件外面旁路流走的冷却剂,沿高度上布置了8层辐板,用于确保围板和堆芯吊篮间的距离,连接围板与吊篮,减少可能的水力振动。

冷却剂可以自堆芯吊篮和围板组件之间的空隙部分流过,用来冷却固体结构,此外还可以有效地限制垂直配置的围板内外两侧的压力差,从而减少在围板连接处发生水平泄漏的可能性。

6. 堆芯二次支撑和测量通道

堆芯二次支撑组件也称为防断支撑组件,其几何位置为堆芯吊篮支撑板下部。防断支撑组件是一个安全保护装置,在正常运行期间堆芯二次支撑组件不具备结构功能。该组件主要由支柱、缓冲器、防断中板和防断底板等组成,其主要功能是防止吊篮断裂事故对压力容器的直接冲击,减轻事故的后果。防断底板(也称为二次支撑底板)的外形与压力容器下封头底部形状相似,在结构布置上使防断支撑的底板与反应堆压力容器底面之间在反应堆处于热态时仍保持十几毫米的间隙,一旦吊篮组件发生断裂,堆芯突然垂直下落时,4只缓冲器靠其产生拉伸变形耗去大部分冲击能量,以防压力容器受到直接撞击而损坏。当吊篮断裂垂直下落后,防断底板相对压力容器内壁位移为十几毫米,这也相当于控制棒从反应堆堆芯抽出同样的高度,而这个抽出高度引起的反应性变化不至于造成反应堆超临界事故。

测量通道管由二次支撑组件(防断支撑组件)中的固定板(防断中板)定位。带有移动式堆内通量测量小型铀裂变室的柔性轴,可通过测量套管由堆外插入压力容器,进而穿入燃料组件中心的测量用导向管。

1.3.3 堆芯上部支撑结构

1. 堆芯上部支撑结构的组成及作用

堆芯上部支撑结构是一个由堆芯上栅格板、堆芯上部支撑筒、导向管支撑板和控制棒束控制导向管等组成的组合件。

堆芯上部支撑结构的主要作用如下:

(1)将堆芯组件定位、压紧,防止因冷却剂流动的水力作用使堆芯组件向上移动;

(2)是组成控制棒驱动线的重要构件,保证控制棒的对中并起导向作用,使控制棒在堆芯内能平稳地上抽、下插,执行控制反应性任务;

(3)支撑堆芯冷却剂出口温度测量装置;

(4)构成堆芯上腔室,提供冷却剂流出堆芯后的混合场所。

图 1 – 13 为堆芯上部支撑结构的剖面图。

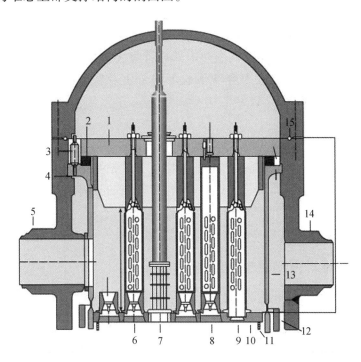

1—导向管支撑板;2—压紧弹簧;3—定位销;4—吊篮支撑凸台;5—出口接管;
6,8,9—支撑柱;7—导向管;10—堆芯上栅格板;11—堆芯围板;12—热屏;
13—吊篮;14—入口接管;15—"O"形密封环。

图 1 – 13 堆芯上部支撑结构的剖面图

2. 堆芯上部支撑结构各个部件的具体结构及特点

（1）堆芯上栅格板

堆芯上栅格板与堆芯下栅格板类似，为相对较薄的多孔板件，其上设置向下的定位销，以便压配燃料组件上管座上的定位孔，上栅格板直接压在燃料组件上部。堆芯上栅格板的主要作用如下：

① 将每一燃料组件对中并压紧定位；

② 与堆芯下部支撑结构的流量分配孔板、堆芯下栅格板等结构相配合，合理分配反应堆冷却剂的流量；

③ 固定堆芯上部支撑筒；

④ 固定控制棒束导向管；

⑤ 固定冷却剂搅混装置。

（2）堆芯上部支撑筒

堆芯上部支撑筒连接堆芯上栅格板和导向管支撑板，并使两者基本处于平行状态，堆芯上部支撑筒在堆芯出口高度处为冷却剂提供流道，此外还用作热电偶导管的支撑并使流到热电偶监测处的冷却剂得到适当搅混。

（3）导向管支撑板

导向管支撑板是一个焊接构件，由一块厚板、一个法兰和一个环形段组成。在厚板上固定着棒束控制棒导向管、热电偶导管和热电偶管座。环形段固定在厚板上，而厚板与法兰相连接。该法兰与堆芯吊篮上法兰间放置着压紧弹簧，并且一起被固定在反应堆压力容器和压力容器顶盖之间。所有堆芯测温热电偶导管集装到4个热电偶管座上，4个管座固定在导向管支撑板上，并通过压力容器顶盖上的管座及管座顶端的密封机构穿出压力容器。

（4）棒束控制棒导向管

控制棒束通过此导向管插入堆芯。导向管由上下两部分组成，上部用螺钉固定在导向管支撑板上，下端则由两个销钉插入堆芯上栅格板上的销孔中定位，控制棒束导向管不承受机械载荷。导向管的主要部分是方形管盒，包含间断的导向板和流水孔槽，下部是开口的异型钢管带有连接的导向组件。

将反应堆压力容器、堆内构件以及反应堆堆芯组装在一起，就构成反应堆本体结构。

1.3.4 反应堆堆内测量支撑结构

堆内测量支撑结构包括两部分，即堆芯冷却剂出口温度测量装置的支撑和堆芯中子通量分布测量装置的支撑。

1. 堆芯冷却剂出口温度测量装置的支撑

温度测量的目的主要有绘制堆芯温度分布图、监测反应堆运行功率水平和确定堆芯内的最热通道。

测量装置的一般布置方法是，将热电偶固定在堆芯上栅格板上选定的几个燃料组件的冷却剂通道的出口处，这些热电偶的导线包在被称为热电偶套管的密封不锈钢管中。这些套管沿着堆芯上部支撑结构的支撑柱布置并由它们支撑。热电偶套管分成几组，从贯穿压力容器上封头的仪表管座内通过。

在上封头贯穿处都有一机械密封装置,它既能防止运行时泄漏,又能在为换料必须拆下上封头时方便断开热电偶接线。

热电偶通过压力容器管座,在堆芯上部由压紧组件固定,按要求到达选定的燃料组件冷却剂出口处。

2. 堆芯中子通量测量装置的支撑

测量堆芯中子通量的目的是建立中子通量分布图(轴向和径向),以确定堆芯热点位置,并提供控制依据。

一般的测量方法是将装有微型裂变室的柔性不锈钢管贯穿压力容器下封头上的管座,并插入燃料组件中的测量导管内。当探头在燃料组件内移动时,自动记录仪就能直接画出轴向通量分布图,轴向与径向通量分布图交叉测量。

为了防止柔性管穿过压力容器底封头时引起冷却剂泄漏,需要再用一根套管(不锈钢)与底封头上的管座焊接,柔性管在其中贯穿并与其同在密封台用机械密封。

图1-14为堆内测量系统布置图。

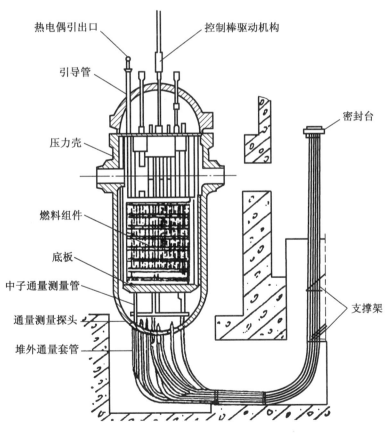

图1-14　堆内测量系统布置图

1.4 压水反应堆堆芯

堆芯又称为活性区,位于反应堆压力容器中心偏下的位置,在典型压水反应堆中,堆芯的几何位置处于上下栅格板之间。压水反应堆堆芯由核燃料组件、控制棒组件、固体可燃毒物组件、中子源组件和阻力塞组件组成。

1.4.1 核燃料组件

由若干个燃料元件棒组装成的便于装卸、搬运及更换的棒束组合体称为燃料组件。压水堆的燃料组件在堆芯中高温、高压、强中子辐照、高速冷却剂冲刷和强的水力振动等恶劣条件下长期工作,因此燃料组件性能的好坏直接关系到反应堆的安全可靠性、经济性和先进性。

现代压水堆普遍采用了无盒、带指形控制组件的棒束型核燃料组件,组件内的燃料元件按正方形排列。现代压水堆核燃料组件大多由燃料棒、导向管、定位格架和上下管座组成。在大亚湾核电厂中,燃料组件中的燃料棒呈 17×17 正方形排列。导向管与8层格架和上下管座连接,组成基本的燃料组件结构骨架,而燃料棒被支撑并夹紧在这个结构骨架内,棒的间距沿组件的全长保持不变,每个组件共有289个栅元,栅元中设有24根导向管和1根堆内中子通量测量管,其余264个栅元装有燃料棒。

中子通量测量导管位于组件中央位置,如果燃料组件处于堆芯需要测量中子通量的位置,测量导管就为插入堆芯内测量中子通量的探测器导向并提供了一个通道。根据燃料组件在堆内所处的具体位置,控制棒导向管为插入控制棒组件、中子源组件、可燃毒物组件、阻塞组件中的一类组件提供通道。

燃料棒夹持在燃料组件中,其上下两端分别与上管座、下管座之间留有间隙,其距离既允许燃料棒受热膨胀,而又不至于引起棒弯曲。燃料棒在组件中不直接承受机械载荷,并无结构上的功能,全部结构强度都由定位格架、上管座、下管座和控制棒导向管提供,也就是说,从结构上看,核燃料组件是由燃料元件棒和"骨架"结构两个部件所组成。图1-15展示了燃料组件的结构。

1. 燃料元件棒

燃料元件由燃料芯块、燃料包壳管、压紧弹簧、上端塞、下端塞和隔热片等组成。燃料元件棒是堆芯的核心构件,是核链式裂变反应的中心,也是设备的热源。为了确保燃料元件棒在整个寿期内的完整性,必须限制燃料和包壳的使用温度。用二氧化铀(UO_2)作燃料芯块,其最高工作温度应低于 UO_2 的熔点($2\ 805 \pm 15\ ℃$)。在目前的设计中,一般取 UO_2 的熔点为 $2\ 200 \sim 2\ 400\ ℃$。由于锆合金包壳材料的腐蚀转折点大约为 $400\ ℃$,在工程中要求其外侧工作温度在 $350\ ℃$ 以下($Zr-2$ 合金一般取 $316\ ℃$)。为防止燃料棒烧毁,还应确保在超功率运行时最小烧毁比不小于1.3。

UO_2 芯块叠置在 $Zr-4$ 合金包壳管中,上下两端布置氧化铝隔热片,顶部放置压紧弹簧,之后装上端塞,把芯块燃料封焊在里面,从而构成燃料元件棒。包壳既保证了燃料棒的机械强度,又将核燃料及其裂变产物包容住,构成了强放射性的裂变产物与外界环境之间的第一道屏障。

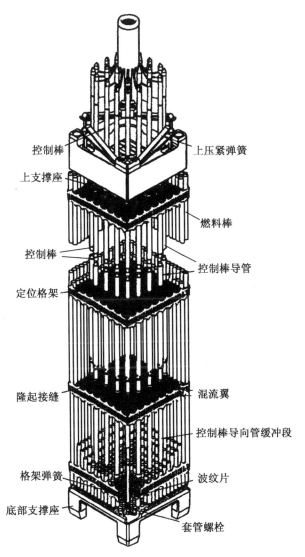

图 1-15 燃料组件的结构

　　燃料棒内有足够的预留空间和间隙,以便容纳燃料释放出的裂变气体,允许包壳及燃料的不同热膨胀和燃料肿胀,使包壳和端塞焊缝都没有超应力的风险。其中轴向空隙主要由压紧弹簧段提供,径向的间隙是指燃料芯块与包壳之间的空间,一般需要预先充填一定压力的氦气,这样一方面容纳裂变气体释放,另一方面改善间隙内气体的热传导性能。

　　如前所述,在叠装的燃料芯块柱与端塞之间装设一个不锈钢螺旋形压紧弹簧,以防止运输或操作过程中芯块在包壳管内窜动。改进型燃料组件燃料棒的端塞还设计成便于组件中燃料单棒抽换的结构,端塞上有一圈径向槽,便于专用的抽拔工具夹紧燃料棒。

　　堆芯具有很高的功率密度,为防止元件过热,必须保证最热的元件棒也能获得充分的冷却。为此必须限制堆内燃料元件的最大表面热流密度。实践中通常限定燃料元件棒单位长度的发热率,即线功率不超过 40 kW/m,相应的燃料元件最大表面热流密度约为 1.4×10^6 W/m^2。

　　图 1-16 和图 1-17 展示了燃料元件棒的尺寸和结构。

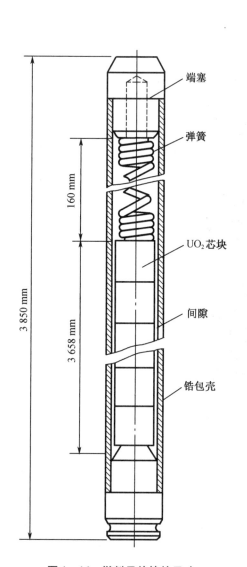

图 1-16　燃料元件棒的尺寸

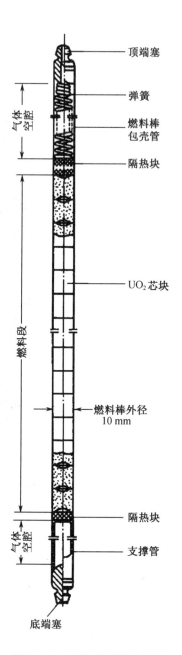

图 1-17　燃料元件棒的结构

（1）燃料芯块

燃料芯块设计要综合考虑物理、热工、结构等方面的因素,燃料芯块是由低富集度的二氧化铀粉末经冷压、烧结成所要求密度的块,经滚磨成一定尺寸(在大亚湾核电厂中所使用的燃料芯块尺寸:直径 8.19 mm、高度 13.5mm)的正圆柱体。

在反应堆运行时,由于燃料芯块自身热导率低,而其线功率密度很高,因此棒状芯块整体温度在冷热态时差别很大,且中心温度与表面温度之间存在巨大的温差,这将导致燃料芯块自身的热膨胀,燃料中心比表面有更大的膨胀量,以及由于结构刚性较差带来的角部长大效应。除此以外,随着反应堆运行时间增加,裂变反应不断发生,裂变气体的释放和铀核裂变为中等质量数原子核,都会导致燃料芯块的肿胀。

将芯块的两端面做成碟形,以便补偿中心部位较大的热膨胀和肿胀,减小包壳管可能产生的轴向变形,但端面只有碟形的芯块比平端芯块有更大"环脊",为此在中央浅碟形基础上还需对芯块进行倒角处理。所谓环脊,是由于燃料的热膨胀分均匀和非均匀两部分,在正常运行状态下,燃料芯块中存在温度梯度,有限圆柱体内部的温度比外部的温度高得多,因而内部伸长也就比外部大;当氧化物燃料元件受到辐照时,有时在元件棒沿轴向每隔一定距离就发生"环脊"现象。这些环节峰与芯块界面重合,并围绕包壳圆周伸展开来,使燃料棒的芯块与包壳之间的间隙变小。

图1-18示出了二氧化铀芯块的几种典型形态,其中冷态短圆柱形芯块(图(a))在热态条件下由于自身的肿胀效应,就会变成所谓"扯铃"状(如图(b)所示),在燃料元件中堆叠的燃料芯块在长时间辐照后就会形成"环脊"状,为了减轻"环脊"效应,在实际核电厂中常采用碟形端面+倒角方式加工燃料芯块(如图(d)所示)。应该注意,"环脊"的产生除了与燃料芯块初始形状有关以外,还与燃料释放功率的大小、功率增长速度、燃料燃耗、芯块密度、燃料芯块端面形状、燃料与包壳之间的间隙等参数有关。

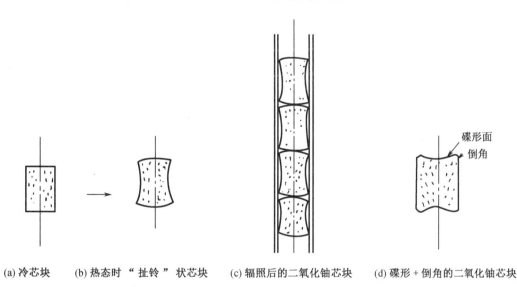

(a) 冷芯块　　　(b) 热态时"扯铃"状芯块　　　(c) 辐照后的二氧化铀芯块　　　(d) 碟形+倒角的二氧化铀芯块

图1-18　二氧化铀芯块的辐照变形

在燃料芯块的制备过程中,为了获得合适的芯块显微结构,燃料芯块一般采用粉末压制,并加入一些制孔剂,目的是使芯块烧结后内部可存留一些微细孔,预先存留的微细孔可以容纳绝大部分裂变气体,从而减缓芯块的密实化效应,这种效应是指燃料在运行过程中随着燃耗的增加而出现的密度增加、体积减小现象。

芯块端面呈浅碟形和芯块内部存在细孔这两项措施,对于防止燃料芯块的辐照肿胀、包壳蠕变、包壳破损有良好效果。

在运行中还应注意芯块与水的相互作用。由于UO_2容易吸收周围的水分,反应堆启动后,燃料吸收的水分将释放出来,水在辐照作用下可分解为氢氧根离子和氢离子,其中氢被锆合金吸收形成氢化锆,这将使锆合金材料性能变脆,因此应控制芯块内的含水量。通常规定燃料棒每3.66 m长度不得超过60 mg的水或每块芯块的含水量不得超过0.001%。

（2）芯块密度

芯块的密度对燃料芯块的导热系数、热容量等热工参数有很大影响,导热系数和热容量等又会影响同等条件下燃料芯块的整体温度和最高温度。为了使芯块的温度下降,应提高芯块的密度;但是为了尽可能提高燃料的燃耗,应采用低密度芯块。实践中一般认为目前芯块密度为理论密度的92%～95%是比较合适的,现代压水堆都采用约为95%UO_2的理论密度的芯块。大亚湾核电厂中所使用的UO_2芯块密度为10.4 g/cm³。

在某些因素,如径向温度梯度、辐照的影响下,燃料芯块可能会出现收缩,导致燃料密实化现象。根据不同机理密实化现象可分为热致密实化和辐照致密实化两种。其中热致密实化一般发生在低燃耗水平下,其机理是燃料的高温膨胀被包壳所限制,热净应力升高而导致的燃料密实化;辐照致密实化则是由于裂变过程中产生的裂变碎片使燃料内部的细孔变小,并进一步向晶界发展,从而导致燃料的密度升高,体积减小。无论哪一种密实化现象,都可能会造成燃料包壳的塌陷。一般说来,燃料密实化的速率取决于燃料的气孔尺寸、密度和晶粒大小等因素。实验表明,采用大晶粒(大于10 μm)并尽量减少小于2 μm以下的气孔的芯块,可以有效减少甚至消除燃料的密实化现象。

（3）集气空腔和充填气体

芯块和包壳间留有轴向空腔和径向间隙,它们的作用是:第一,补偿芯块轴向的热膨胀和肿胀;第二,容纳从芯块中放出的裂变气体,把由于裂变气体造成的内压上升限制在适当范围,以避免包壳或密封焊接处应力过大,同时轴向空腔处装入的不锈钢制压紧弹簧还可以限制芯块在燃料元件的运输和吊装过程中的轴向蹿动。

此外,为了降低运行过程中包壳管的内外压差,防止包壳管的蠕变塌陷和改善燃料元件的传热性能,现代压水堆燃料元件棒设计都采用了预充压技术,即在包壳管内腔预先充约3 MPa的惰性气体氦。这样,当燃料元件棒工作到接近寿期终了时,包壳管内氦气加上裂变气体的总压力同包壳管外面冷却剂的工作压力值相近。

（4）燃料元件包壳

压水堆燃料包壳管几乎都是由Zr-4合金冷拉而成的,即在常温、高于屈服应力、低于极限应力水平下拉制而成。燃料元件包壳的外径是燃料元件的关键尺寸,一般都是根据经验和实际需求,定出大概范围。然后计算出热工物理等方面的安全裕度,同时考虑水铀比等各种因素,最终确定其值。大亚湾核电厂的核燃料元件包壳外径为9.5 mm。

压水堆燃料元件包壳的壁厚设计主要是从结构强度和腐蚀两方面考虑。元件是靠包壳本身的强度来抵抗冷却剂的外压,以保证不发生塌陷而保持其形状。随着燃耗的加深,包壳管因燃料肿胀和裂变气体压力而造成的周向变形,不应超过由经验所确定的极限值(目前压水堆包壳的最大容许周向变量为不超过1%)。

另外,在化学上要注意以下两点:

（1）燃料包壳到燃料寿期末期的吸氢量不得超过容许值(有的文献认为,在寿期终了包壳含氢量为0.025%是可以接受的,但无论如何不应高于0.06%),这主要是为了防止燃料元件包壳的氢脆现象。

（2）在服役期间,燃料包壳的腐蚀量不得大到破坏包壳材料完整性的程度。一般要求燃料元件棒寿期终了包壳壁最大腐蚀穿透深度应小于原来壁厚的10%,或限制氧化层的最大厚度不超过2～3 μm。

在实际设计中,大多是参考过去的例子来确定包壳的厚度。事实上,算出了满足强度和腐蚀等原因的壁厚,再加上一定的安全裕量,就可以把由水力振动引起的挠曲、热应力等因素也包络了。大亚湾核电厂燃料元件包壳管壁厚为0.57 mm。

包壳管内壁和燃料芯块的径向间隙的大小与等效导热系数有密切关系,故该间隙是影响燃料芯块温度,特别是最高温度的重要因素。芯块的各种特性如导热系数、裂变气体的释放、蠕变和塑性形变等,都随着温度的变化而变化,因此间隙大小必须设计得当。大亚湾核电厂燃料元件芯块和包壳的直径间隙约为0.17 mm。

2.核燃料组件的"骨架"结构

燃料组件的"骨架"结构是由定位格架、控制棒导向管、中子通量测量管、上管座和下管座组成的。

(1)定位格架

在燃料组件中,燃料棒沿长度方向由8层格架夹住定位。定位格架既用来维持燃料元件的径向间隙,也是夹持燃料元件和加强燃料元件刚性的构件,同时还起到强化流体的扰动并使流动阻力尽可能小的功能。采用这种定位方法使棒的间距在组件的设计寿期内得以保持。格架的夹紧力设计成既使可能发生的振动减到最小,又允许有不同的热膨胀滑移,也不致引起包壳的超应力。

定位格架由Zr-4合金条带制成,呈17×17正方栅格排列,条带的交叉处用电子束焊双边点焊连接,外条带比内条带厚,内条带的端部焊在条带上,外条带端部由三道焊缝连接,使格架能在运输及装卸操作过程中很好地保护燃料棒。

图1-19和图1-20所示为定位格架的具体结构。在格架栅元中,由弹簧、刚性凸起来定位,两者共同作用使棒保持在中心位置。最终成形的弹簧组合件形成两个相背的弹簧分别顶住相邻栅元的两根燃料棒,这样弹簧作用在条带上的力自然抵消了,也就减少了格架承受的应力。在导向管栅元里,外条带上只有刚性凸起,不需设置弹簧。

定位格架通过条带上的调节片直接点焊在导向管上与其相连。在格架的四周外条带的上缘设有导向翼,并按照避免装卸操作时相邻组件的格架相互干扰的方式布置,在高通量区的6层格架(即从下至上第二层至第七层格架)在内条带上还设有搅混翼,以促进冷却流的横向混合,这也有利于燃料棒的冷却和传热。

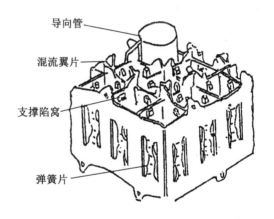

图1-19 定位格架结构

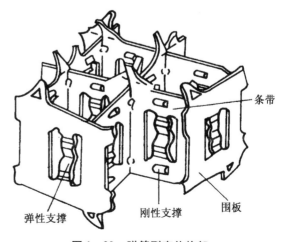

图1-20 弹簧型定位格架

（2）控制棒导向管

在标准的 17×17 燃料组件中,控制棒导向管占据其中的 24 个栅元,它们为控制棒插入和抽出提供导向的通道。导向管由一整根 Zr-4 合金管子制成,其下段在第一层和第二层格架之间直径缩小,在紧急停堆时,当控制棒在导向管内接近行程底部时,它起缓冲作用。缓冲段的过渡区呈锥形,以避免管径变化过快,在过渡区上方开有流水孔,在正常运行时有一定的冷却水流入管内进行冷却,而在紧急停堆时水能部分地从管内流出,以保证控制棒的冲击速度被限制在棒束控制组件最大的容许速度之内,且使缓冲段内因减速而产生的最大压力引起导向管的应力不超过最大许用应力。缓冲段以下在第一层格架的高度处,导向管扩径至正常管径,使这层格架与上面各层格架以相同的方式与导向管相连。

导向管缓冲段的结构、尺寸及其连接表示在图 1-21 中。

（3）中子通量测量管

放在燃料组件中心位置的通量测量管是用来容纳堆芯通量探测器的钢制套管。通量测量管由 Zr-4 合金制成,直径上下一致,其在格架中的固定方法与导向管相同。

（4）下管座

下管座是一个正方形箱式结构,它起着燃料组件底部构件的作用,又对流入燃料组件的冷却剂起着流量分配的作用。下管座由四个支撑脚和一块方形孔板组成,都用 304 不锈钢制造。支撑脚焊在方形孔板上形成一个水腔,以供冷却剂流入燃料组件,方形孔板上的孔布置成既起冷却剂流量分配的作用,又使燃料棒不能通过孔板,以防止燃料棒掉出活性区。

为了使导向管端塞定位和连接锁紧,在导向管的四周加工了凹口,采用 Zr-4 合金制螺纹塞头拧紧并焊在导向管的底部。

导向管与下管座的连接借助其螺纹塞头来实现,螺纹塞头的端部带有一个卡紧的薄圆环,用胀管工具使圆环机械地变形并镶入管座内带凹槽的扇形孔中;螺纹塞头旋紧在合金端塞的螺孔中将导向管锁紧在下管座中。

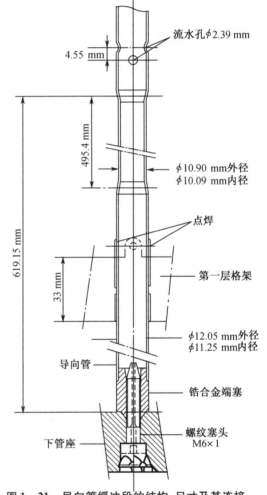

流水孔 φ2.39 mm

4.55 mm

495.4 mm

φ10.90 mm 外径
φ10.09 mm 内径

点焊

619.15 mm

第一层格架

33 mm

φ12.05 mm 外径
φ11.25 mm 内径

导向管

锆合金端塞

螺纹塞头
M6×1

下管座

图 1-21　导向管缓冲段的结构、尺寸及其连接

组件质量和施加在组件上的轴向载荷,经导向管传递,通过下管座分布到堆芯下栅格板上。燃料组件在堆芯中的精确定位由位于对角线上两个支撑脚上的定位销孔来保证,这两个定位销孔和堆芯下栅格板上的两个定位销相配合,作用在燃料组件上的水平载荷通过

定位销传送到堆芯支撑结构上。图1-21展示了导向管缓冲段与下管座的连接。

（5）上管座

上管座也是一个箱式结构，它起着燃料组件上部构件的作用，同时也构成了一个冷却剂流出燃料区域的水腔，加热了的冷却剂由燃料组件上管座流向堆芯上栅格板的流水孔，上管座还构成燃料组件相关部件的护罩。

上管座由承接板、围板、顶板、四个板弹簧和其他相配的零件组成。图1-22示出了燃料组件上管座的结构。除了板弹簧和它们的压紧螺栓用因科镍718制造之外，上管座的所有零件都用304不锈钢制造。

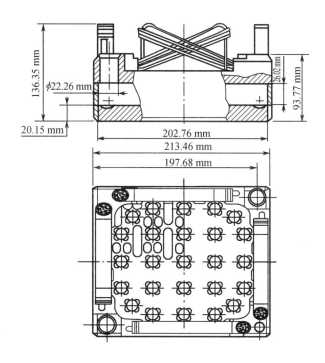

图1-22　燃料组件上管座的结构

承接板呈正方形，上面加工了许多长孔，让冷却剂流经此板，加工成的圆形孔用于与导向管相连，承接板起燃料组件栅格板的作用，既使燃料保持一定的栅距，又能防止燃料棒从组件中向上弹出。

导向管的上端有一节Zr-4合金焊接套管，套管上加工了一段内螺纹，其外与承接板相配合，并用不锈钢钉锁住，用导向管与下管座连接的相同方法，使导向管在圆周方向和轴向上都得到固定。借助这种连接方式，作用在燃料组件上的任何轴向载荷都能均匀地分布在导向管上。

上管座的围板是正方形薄壁管式壳体，构成了上管座的水腔。顶板则是正方形中心带孔的方板，以便控制棒束能够通过上管座插入燃料组件对应位置处的导向管，并使冷却剂从燃料导入上部堆内构件区域。顶板的对角线位置处加工了两个带有直通孔的凸台，通过其与上栅格板配合，使燃料组件顶部精确定位和对中。与下管座类似，上管座顶板上的定位孔也与上栅格板对应的定位销配合。

四个板弹簧通过锁紧螺钉固定在顶板上,弹簧向上凸出燃料组件,其自由端弯曲向下插入顶板的键槽内。当堆内构件吊装入堆时,堆芯上栅格板将板弹簧压下引起弹簧挠曲,由此产生的压紧力要足以抵消冷却剂引起的水流冲力。板弹簧的设计及其与上管座顶板键槽的配合方式,可以保证即使发生弹簧断裂这种概率极小的事故,也可以防止零件松脱掉入堆内,又能防止弹簧的任何一端卡入控制棒的通道,这样就避免了棒束控制组件正常运行中可能发生阻碍的风险。当燃料组件在制造厂内搬运和运往使用现场的过程中,上管座也为燃料组件的相关部件提供保护作用。

实际上单一燃料元件的刚性很差,通过将它们组装成燃料组件,将组件的重力载荷全部由上下管座、导向管等组成的"骨架"结构承受。尽管如此,燃料组件仍然非常"娇嫩",在操作过程中必须始终处于垂直状态,避免受到大的冲击。如必须将燃料组件放置于水平状态,要采用专门的托架。

1.4.2 控制棒组件

图1-23展示了棒束控制棒组件的概貌。在典型的17×17栅元结构中,所使用的棒束控制棒组件包括一组共24根吸收棒和用作吸收棒支撑结构的星形架。星形架与安置在反应堆容器封头上的控制棒驱动机构的传动轴相啮合。每一棒束控制棒组件都有其本身的驱动系统,可单独动作或若干控制棒组件编组动作。在紧急停堆时,每一棒束控制棒组件都可依靠自身重力作用快速插入堆芯,以防止发生对电厂有害的运行工况。

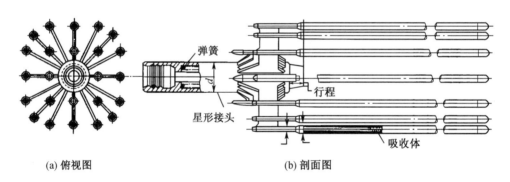

(a) 俯视图   (b) 剖面图

图1-23　控制棒组件

1. 棒束控制棒组件的作用

(1)通过吸收中子来控制核裂变的速率;

(2)在正常工况下,用于启动反应堆、调节堆功率和停堆;

(3)在事故工况下,使反应堆在极短时间内紧急停堆,以保证安全。

2. 棒束控制棒组件的设计要求

(1)卡棒准则

棒束控制棒组件的数目能保证在紧急停堆时,如果有一个反应性当量最高的组件不能动作亦能安全停堆,而在电站运行时能按适当的功率分布控制堆功率。

(2)弹棒准则

能保证在棒束控制棒组件或其驱动机构的任何零部件发生故障时,都能防止组件由堆芯弹出。

（3）寿命准则

棒束控制棒组件的设计寿命为 15 年，寿命只受燃耗的限制而不受机械性能劣化的限制。

3. 棒束控制棒组件的结构

棒束控制棒组件主要由星形架和控制棒构成。

（1）星形架

星形架由中心毂环、翼片和下部呈圆筒形的指状物等组成，它们之间用钎焊相连接。毂环上端加工多道凹槽，以便与传动轴相啮合并供吊装用。与毂环底端成整体的圆筒设置弹簧组件，以便在紧急停堆时，当棒束控制棒组件与燃料组件上管座的连接板相撞击时吸收冲击能。

固定弹簧用的螺柱及弹簧托环与毂环之间用螺纹连接，然后施焊，以保证运行时无故障，除弹簧（因科镍 718）及其支撑环（AIS1630 不锈钢）以外，星形架的所有部件均用 304 不锈钢制造。

吸收剂棒固定在星形架的指状物上，棒与指状物之间先用螺纹连接，然后用销钉保持接点紧固，最后将销钉焊接固定。销钉位置以下的吸收剂棒端塞直径减小，以增加棒的柔性，以便将组装时以及运行中与传动轴线之间的不对中效应减至最低程度。

棒束控制用的星形架结构见图 1-24。

（2）控制棒

在压水堆核电厂中，为了更有效地展平堆芯的功率分布，控制棒一般有两种类型，即黑棒和灰棒，也称为吸收剂棒和不锈钢棒。除了所使用的材料不同以外，所有控制棒的结构都是相同的。

黑棒中常使用的吸收剂材料为银-铟-镉合金或金属铪。核电厂中常见的银-铟-镉合金质量分数约为 80%、15% 和 5%。这种合金通常做成挤压成形的芯块，封装在不锈钢包壳中，两端有用钨极惰性气体保护焊接的端塞，防止吸收剂材料与冷却剂接触。灰棒中常使用的材料为不锈钢，其结构形式与黑棒相似。

控制棒元件的下端塞呈子弹头形状，以便在棒束控制组件移动时，控制棒能够平稳地导向进入燃料组件中的导向管。当控制棒组件完全

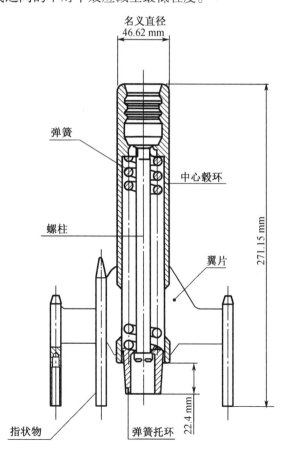

图 1-24 棒束控制用的星形架结构

从堆芯抽出时(即最高位置),吸收剂棒的总长度能够保证棒的下端仍保持在导向套管之内,使吸收剂棒和导向管保持对中。控制棒的上端塞具有螺纹端头,以便与星形架的指状物相连接,银－铟－镉或不锈钢的砌块在不锈钢包壳内,上端塞下面由预紧的螺旋形弹簧压紧定位。

根据控制棒组件中控制棒元件的类型,可将控制棒组件分为两类:黑棒束控制组件所含的24根吸收剂棒都是银－铟－镉合金制的黑棒;灰棒束控制组件只含有8根银－铟－镉合金制的棒,其余16根为不锈钢棒,灰棒组件吸收中子的能力较小。

根据一般核电厂的运行要求,控制棒组件分为调节棒和安全棒两组。调节棒组件主要用来调节负荷,抵消部分剩余反应性,补偿运行时各种因素引起的反应性波动。安全棒组件在正常运行工况下提到堆芯之外,当发生紧急事故时,要求在短时间(约为 2 s)内迅速插入堆芯而停堆。此外,控制棒组件应能抑制反应堆可能出现的氙振荡。

在现代压水反应堆中,通常使用束棒型控制组件,其优点如下:

(1)棒径小、数量多,吸收材料均匀分布在堆芯中,使堆芯内中子通量及功率分布更为均匀。

(2)由于单根控制棒细而长,增大了挠性,在保证控制棒导向管对中的前提下,可相对放宽装配工艺要求,而不致引起卡棒;而且由于提高了单位质量和单位体积内控制棒材料的吸收率,大大减小了控制棒的总质量。

(3)因为棒径小,所以控制棒提升时所留下的水隙对功率分布畸变影响小;不需另设挤水棒,从而简化堆内结构,降低了反应堆压力容器的高度。

图 1－25 展示了吸收剂棒和不锈钢棒的结构。

1.4.3 其他组件

其他组件包括可燃毒物棒组件、初级中子源组件、次级中子源组件和阻力塞组件四种,每一种组件都包括以下结构:

①一个压紧组件形成的支撑结构,四种堆芯相关组件的压紧组件结构都是相同的,它放置在燃料组件上管座的承接板上;

②24 根元件组成的棒束,每根棒的上端塞先用螺纹拧紧到压紧组件上,然后用销钉定位,最后将销钉焊接固定;

③24 根棒束中,可能全部是阻力塞,也可能是可燃毒物棒与阻力塞的组合,还可能包含所有四种棒,即一个组件中可包括可燃毒物棒、初级中子源棒、次级中子源棒及阻力塞。图1－26示出了堆芯相关组件的结构。

1. 压紧组件

压紧组件由底板、轭板、弹簧导向筒、内外两圈螺旋弹簧及销钉等组成,零部件全部用304 不锈钢制造。图 1－27 展示了压紧组件结构。

底板上留有冷却剂流经的通道,钻有固定可燃毒物棒、中子源棒和阻力塞的螺纹孔,底板与弹簧导向筒相焊,导向筒为内外两圈螺旋形压紧弹簧提供横向支撑。底板承放在燃料组件上管座的承接板上,而在这两块板之间留有水流通过的空间。

轭板由弹簧导向筒的槽沟内滑动的两个销钉定位和导向,轭板与弹簧导向筒配合,当上部堆芯板就位时,轭板压缩压紧弹簧,使堆芯相关组件定位。

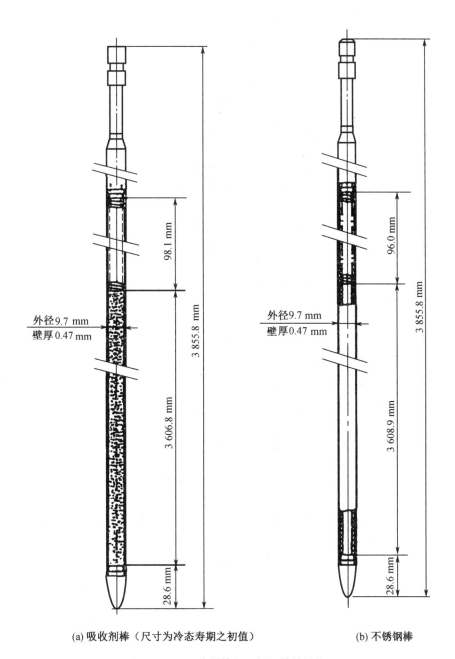

(a) 吸收剂棒（尺寸为冷态寿期之初值）

(b) 不锈钢棒

图 1-25 吸收剂棒和不锈钢棒的结构

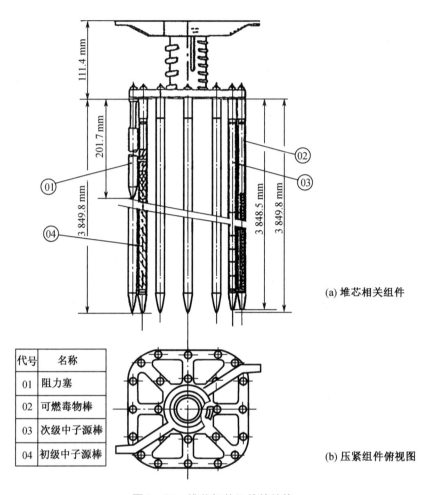

代号	名称
01	阻力塞
02	可燃毒物棒
03	次级中子源棒
04	初级中子源棒

(a) 堆芯相关组件

(b) 压紧组件俯视图

图 1-26 堆芯相关组件的结构

在压紧组件的底板上与燃料组件导向管相应的位置,加工有标准规格的螺纹孔,以便与堆芯相关部件,即可燃毒物棒、初级中子源棒、次级中子源棒和阻力塞等顶部的螺纹相配合;紧固之后再用销钉定位并点焊,以保证运行及操作过程中不会松动,而且必要时可以更换。

2. 可燃毒物组件

可燃毒物棒组件只用于第一燃料循环的全新堆芯,所需可燃毒物棒的数目取决于堆芯的初始总反应性。其功能是降低溶解在一回路冷却剂水中的硼浓度,保持慢化剂的负温度系数。图 1-28 展示了可燃毒物组件的结构,图 1-29 展示了可燃毒物棒的结构。

如图 1-29 所示,可燃毒物棒为装在 304 不锈钢包壳管内的一根硼玻璃管(成分为 $B_2O_3 + SiO_2$),硼玻璃管在内径全长用薄壁 304 不锈钢管状内衬支撑,内衬用于防止玻璃管坍塌和蠕变,而两个内部构件之间允许有位移,包壳管的两端用端塞塞住并施密封焊。内外包壳之间留有足够的气隙空间,以便容纳释放出的氦气,并限制其内压小于反应堆运行压力。

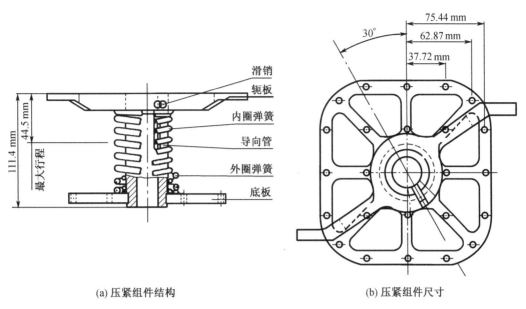

(a) 压紧组件结构

(b) 压紧组件尺寸

图 1-27 压紧组件结构

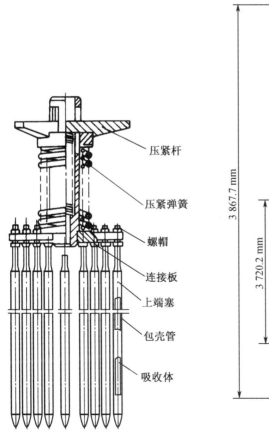

图 1-28 可燃毒物组件的结构

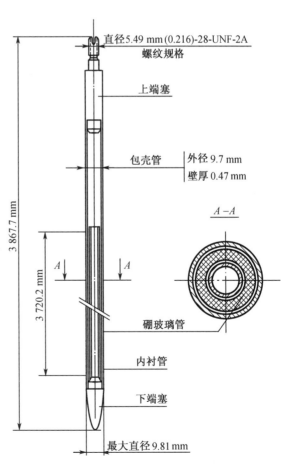

图 1-29 可燃毒物棒的结构

　　大亚湾核电厂的首次堆芯装有48个含12根可燃毒物棒的组件和18个含16根可燃毒物棒的组件,加上2个初级中子源棒组件中的32根,共有含896根可燃毒物棒的68个组件,在第一次换料时将可燃毒物棒组件全部卸出,换上阻力塞组件。

　　3.中子源组件

　　（1）中子源组件的主要作用

　　①提高堆内中子通量水平,增加仪表测量精度,为堆的安全启动提供可靠的依据。

　　②在反应堆启动时起"点火"的作用。

　　中子源设置在堆芯或堆芯邻近区域,每秒钟可放出$10^7 \sim 10^8$个中子。依靠这些中子既可以在堆芯内引起核裂变反应,又可以提高堆芯内的中子通量,克服核测仪器的盲区,使反应堆能安全、迅速地启动。

　　（2）中子源组件的分类

　　中子源组件分为初级中子源组件和次级中子源组件。

　　①初级中子源组件

　　初级中子源组件中的初级中子源棒的核心是封装在双层钢套筒内的锎-252,这一套筒由下部及上部的氧化铝制间隔棒定位,装在不锈钢包壳内位于堆芯下部约1/4高度处,包壳两端封装,上端塞顶部加工有螺纹,固定到压紧组件的底板上。

　　图1-30展示了初级中子源棒及中子源套筒的结构。在第一次换料时卸出,并换上阻力塞。

　　锎-252发生自发裂变可为监督初始堆芯装料和反应堆启动提供所需的中子源。初级中子源的工作寿期为首次启堆后的500~1 000天,该寿期与堆芯第一燃料运行周期相一致。

　　大亚湾核电厂的首次装料有两个初级中子源棒组件,每个组件所含的24根棒中,有1根初级中子源棒,1根次级中子源棒,16根可燃毒物棒和6个阻力塞。

　　②次级中子源组件

　　次级中子源组件中的棒元是利用初始非放射性的锑和铍混合物制成的芯块,从304不锈钢包壳的底部堆砌至棒的中部,而后用上下端塞封装,内部充氦气压力至

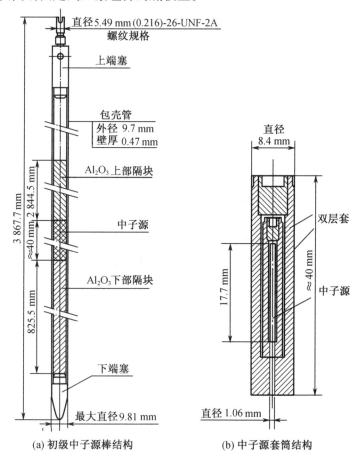

图1-30　初级中子源棒及中子源套筒的结构

（a）初级中子源棒结构　　　（b）中子源套筒结构

4.5 MPa,以防止堆芯寿期内由于冷却剂压力而使包壳塌陷。

次级中子源在反应堆内经中子辐照之后,锑-123 经历(n,γ)反应放出 γ 射线并衰变为锑-124;而铍经历(γ,n)反应,产生中子并释放氦原子核至次级中子源元件的空隙中。

大亚湾核电厂的首次装料中有两个次级中子源棒组件,各有 4 根次级中子源棒和 20 根阻力塞棒,加上两个初级中子源棒组件中的两根次级中子源棒,共有 10 根次级中子源棒,在满功率运行两个月之后,它们提供的中子源可在停堆 12 个月之后再启动反应堆。次级中子源棒在换料时保留在堆芯中。

图 1-31 展示了次级中子源棒的结构。

4. 阻力塞组件

阻力塞是由 304 不锈钢材料制成的短钢棒,下端呈子弹头形,通过上端部的螺纹固定到压紧组件的底板上构成阻力塞组件。阻力塞组件用于封闭不带棒束控制组件、可燃毒物或启动中子源的燃料组件中的导向管,增加水流阻力,从而减少旁路冷却剂流量。

前面所述的各种堆芯相关组件都包含阻力塞,而只有阻力塞组件中全部 24 根棒位都是阻力塞。表 1-3 列出了首次装料堆芯相关组件的种类及数量。图 1-32 和图 1-33 展示了阻力塞的结构。

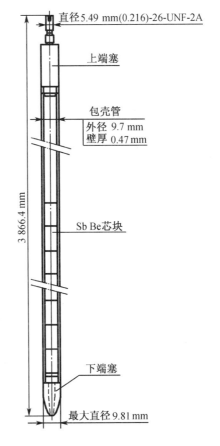

图 1-31 次级中子源棒的结构

表 1-3 首次装料堆芯的相关组件种类及数量

相关组件的类型	组件的部件				相关组件数量
	可燃毒物棒	初级中子源棒	次级中子源棒	阻力塞	
16 根可燃毒物棒组件	16	0	0	8	18
12 根可燃毒物棒组件	12	0	0	12	48
初级中子源棒组件	16	1	1	6	2
次级中子源棒组件	0	0	4	20	2
阻力塞组件	0	0	0	24	38
首次装料堆芯的相关组件总数					108

注:在第一次换料时所有可燃毒物组件和初级中子源组件都卸出并用阻力塞组件来代替。

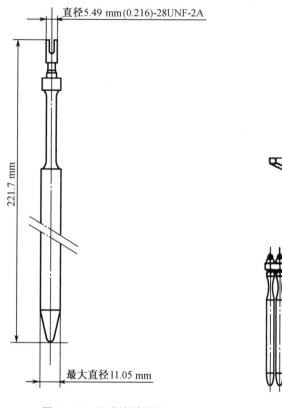

直径5.49 mm(0.216)-28UNF-2A

221.7 mm

最大直径11.05 mm

图1-32 阻力塞的结构

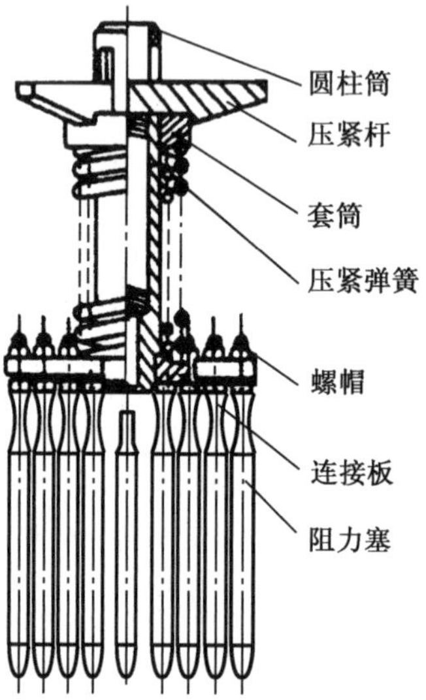

圆柱筒
压紧杆
套筒
压紧弹簧
螺帽
连接板
阻力塞

图1-33 阻力塞组件

1.5 AP1000 反应堆结构简介

AP1000 是美国西屋公司在具有非能动特征的先进压水堆 AP600 的基础上开发的。2002 年 3 月，西屋公司向美国核管会（NRC）提交了 AP1000 的最终设计批准以及标准设计认证的申请，2004 年 9 月获得了美国核管会授予的最终设计批准（FDA）。AP1000 是国际上公认的第三代核电技术之一。本节对 AP1000 反应堆压力容器及堆内构件进行简要介绍。

1.5.1 压力容器

图 1-34 示出了 AP1000 反应堆压力容器的结构剖面图。对比图 1-7 与图 1-35 可知，AP1000 沿用了传统压水反应堆压力容器的结构形式，但也进行了一些改进。AP1000 反应堆压力容器的设计寿命由二代反应堆的 40 年提高到了 60 年，其结构上的改进包括以下方面：

（1）在对应于堆芯的区段取消了焊缝，即堆芯包容环段是一段整体锻件；

（2）压力容器进口管嘴中心的水平位置高于出口管嘴 444.5 mm，压力容器的支撑设在 4 个进口管嘴下部；

（3）压力容器下封头取消了中子通量测量管贯穿件，堆内中子通量测量和温度测量都由堆顶进入堆芯；

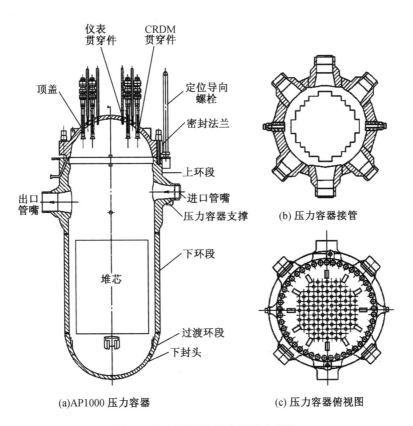

图 1－34　AP1000 反应堆压力容器

(4)压力容器上布置了 4 个进口管嘴、2 个出口管嘴以及 2 个直接注入管嘴。
AP1000 反应堆压力容器的主要技术参数列于表 1－4 中。

表 1－4　AP1000 反应堆压力容器的主要技术参数

参数	数值	参数	数值
设计压力/MPa	17.0(表压)	顶盖密封螺栓直径/m	0.178
设计温度/℃	343	进口管嘴内径/m	0.558 8
总高度/m	12.2	出口管嘴内径/m	0.787 4
筒体内径/m	4.04	堆焊层厚度/mm	5.59
筒体最小厚度/m	0.213 4	下封头厚度/m	0.152 4
顶盖密封法兰外径/m	4.78	进出口管嘴标高差/m	0.444 5
顶盖密封螺栓数量	45	直接注入管嘴内径/m	0.173

AP1000 反应堆压力容器的支撑组件由位于进口管嘴下的 4 个单独的空气冷却的箱型结构组成,4 个结构沿圆周方向按 90°均布,如图 1 – 35 所示。箱型结构由空气将混凝土冷却。为了减少高温管嘴向混凝土的传热,冷空气经由竖向导流板流过支撑,经换热后的热空气则由顶部排出。垂直和水平载荷从管嘴的垫块通过箱型结构顶部的底板传给钢结构。垫块与底板之间采用了滑动面配合,以减小管嘴径向热位移时产生的滑动阻力,而底板是润滑磨损板。箱型支撑结构最终将反应堆压力容器载荷传递给混凝土结构中竖向和横向的预埋件。

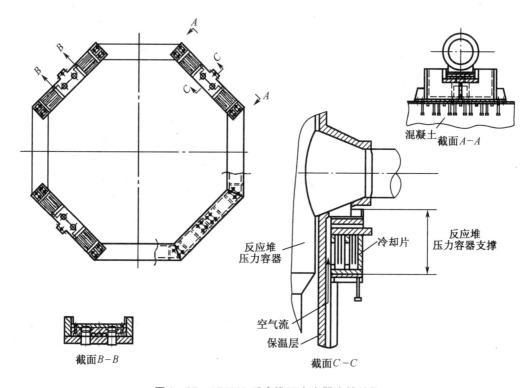

图 1 – 35　AP1000 反应堆压力容器支撑结构

1.5.2　堆内构件

AP1000 堆内构件由上部支撑结构、下部支撑结构组成,其剖面如图 1 – 36 所示。

图 1 – 37、图 1 – 38 分别示出了 AP1000 堆芯上部支撑结构和堆芯下部支撑结构。与传统压水堆相比,AP1000 在堆内构件的设计上也做了一些改进,主要包括以下方面:

（1）用整体性的堆芯围筒代替了传统压水反应堆中的堆芯围板,避免了围板螺栓松动脱落的问题,围筒与吊篮的定位选择在与堆芯区最近的四个位置;

（2）取消了堆芯下部支撑结构上用来贯穿中子探测装置的贯穿件,降低了事故条件下下封头失效的概率;

（3）堆内构件位置下移,堆芯下腔室容积减小,为了改善流量分配,堆芯底部设置一个环状多孔的流量分配裙。

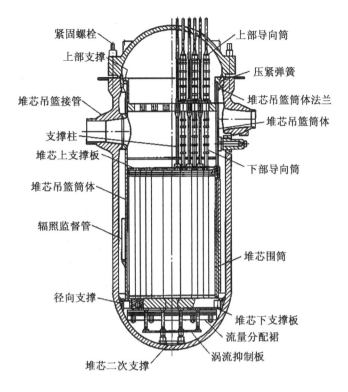

图 1-36　AP1000 堆内构件剖面图

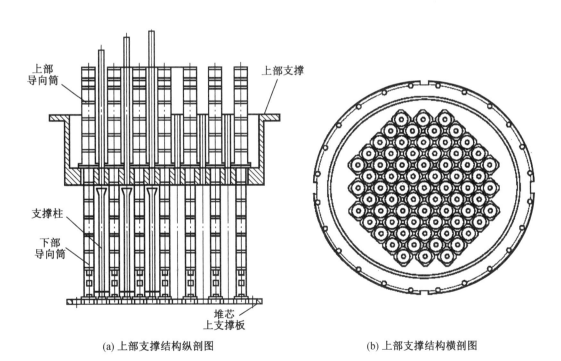

(a) 上部支撑结构纵剖图　　　　　　　　(b) 上部支撑结构横剖图

图 1-37　AP1000 堆芯上部支撑结构

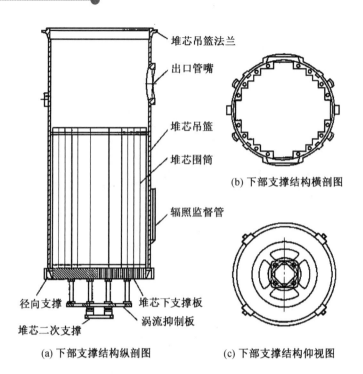

（a）下部支撑结构纵剖图　　　　　（c）下部支撑结构仰视图

图 1 – 38　AP1000 堆芯下部支撑结构

第 2 章　沸水反应堆结构

2.1　概　　述

2.1.1　沸水反应堆的概念及工作原理

沸水反应堆(简称沸水堆)与压水堆同属于轻水反应堆的范畴,沸水反应堆是以沸腾轻水为慢化剂和冷却剂,并在压力容器内直接产生饱和蒸汽的反应堆。沸水堆核电站的一般原理如图 2-1 所示,沸水反应堆冷却剂系统的工作原理如图 2-2 所示。

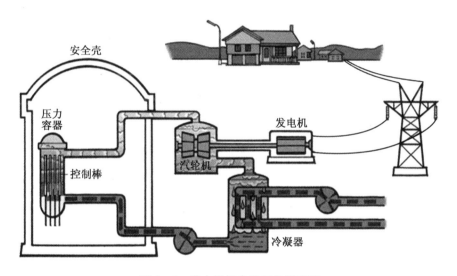

图 2-1　沸水堆核电站工作原理图

2.1.2　沸水反应堆与压水堆的区别

与压水堆核电站相比,沸水堆核电站有以下几个特点:

1.采用直接循环

沸水核反应堆产生的蒸汽直接被引入汽轮机,推动汽轮机转动而发电,这是沸水堆核电站和压水堆核电站最大的区别。沸水堆核电站因此省去了一个中间回路,即不需要独立的蒸汽发生器。沸水反应堆堆芯内可产生蒸汽,因此自然具有可压缩容积,也无须像压水反应堆那样配置稳压器。由于可直接产生蒸汽,反应堆堆芯内的系统压力也由15 MPa下降到 7 MPa 左右。这些特点一定程度上使得沸水堆系统较为简化,投资降低,但反应堆冷却剂汽化后直接被引入透平,蒸汽中带有一定的放射性,这会使汽轮机受到放射性照射,因而辐射防护和废物处理更为复杂。

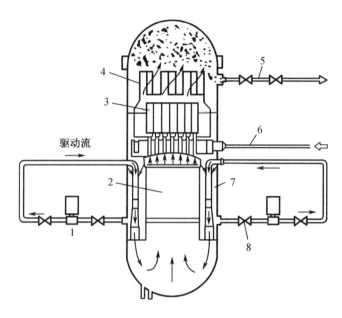

1—再循环泵；2—堆芯；3—汽水分离器；4—干燥器；
5—蒸汽管线；6—给水管线；7—喷射泵；8—阀门。

图 2-2　沸水反应堆冷却剂系统工作原理图

2. 堆芯允许出现饱和沸腾

沸水反应堆在设计上要求具有负的空泡反应性系数，这种负反馈作用具有较好的控制调节反应性和功率水平的性能，无须通过在冷却剂中加入硼酸的方法调整寿期初的过剩反应性，因此省略了压水反应堆中的化容系统。不利之处在于反应堆堆芯处于两相流动状态，可能带来流动不稳定性以及沸腾临界等问题。

3. 抑压式安全壳

压水反应堆核电厂一般采用干式安全壳，而在沸水反应堆核电厂中，则通常采用干湿安全壳配合的方式。湿井安全壳内存有大量水，在发生失水事故（LOCA）或主蒸汽管道破裂（MSLB）等事故条件下，采用这种配置方案可利用水对蒸汽的冷凝作用抑制安全壳内的压力上升。

2.2　沸水反应堆压力容器

沸水反应堆压力容器是用来容纳堆芯与堆内构件、防止放射性物质外逸的结构。沸水反应堆的压力容器为立式圆柱形容器，除了筒体、封头外，压力容器还包括内置泵支撑壳体、位于每个蒸汽出口管嘴上的流量限制器、围筒支撑及隔离内置泵进出口的泵台。压力容器的设计、制造、试验、检验都应遵循相关标准和设计规范的要求。压力容器及其支撑系统的设计，均需满足1级抗震设备要求。第二代沸水反应堆中压力容器的设计寿命为40年，先进沸水反应堆（ABWR）压力容器的设计寿期达到了60年。

ABWR压力容器不需要整体退火处理。在第1章中已经介绍过，压力容器材料在受到快中子累积照射后其脆性转变温度会升高。尽管如此,在 ABWR 压力容器 60 年寿期内,由中子辐射引起的脆性转变温度的变化,可以通过升高最低加压温度来适应(即具有足够的可运行空间),而且需要调节的参考温度预计不会超过 93 ℃。在反应堆压力容器活性区段之外的区域,辐照脆化更不成问题,因为在这些区域能量超过 1.6×10^{-13} J(1 MeV)的中子积分通量低于 1.0×10^{18} cm^{-2},这将不会对脆性转变温度造成大的影响。

2.2.1 沸水反应堆压力容器本体

与传统沸水反应堆不同,ABWR 采用了一体化结构,取消了由主泵、冷却剂管道及其他设备组成的冷却剂外循环回路,在内径为 7.1 m 的压力容器内布置了包括反应堆燃料组件、堆内构件、十字形控制棒、汽水分离器、蒸汽干燥器和内置循环泵在内的核蒸汽供应系统。ABWR 和以往的 BWR/6 堆内结构布置相似,主要在内部循环通道上做了修改。在流道内部不再设置喷射泵,10 台内置循环泵安装于下封头上。由于取消了传统沸水反应堆的再循环回路,堆芯失水事故发生概率及其影响都可以减小,高压堆芯喷淋喷雾器改为堆芯注水喷雾器;低压注水管道不再引入围筒内注水,而改用围筒外的注水喷雾器注水;上部栅格板与上部围筒为一个整体,使结构简化;底部堆芯围筒支撑结构用因科镍 600 合金制造,作为由不锈钢材料制作的围筒和由低碳合金钢材料制作的反应堆压力容器焊接的过渡段,减小了结构热应力,在控制棒底封头接管上和堆内探测器外壳导管上都采用了同样的连接方式。由于控制棒是从压力容器下封头插入,为了空出控制棒的移动空间和满足运行的需要,把堆芯下栅格板的轴向位置提高,内置泵的安装位置下移至低于堆芯高度,加长轴使电机下移更大高度,以避免电机绕组和其他部件的中子辐照活化。堆芯的支撑结构、控制棒驱动机构的安装和十字形控制棒的定位,以及上部堆芯支撑、汽水分离器和干燥器基本上不变,只是在局部做了修改。下面主要以 ABWR 为例,介绍核蒸汽供应系统里的主要设备,包括压力容器、堆内构件、内置泵和微动控制棒驱动机构等。

反应堆压力容器是用来容纳堆芯和堆内构件,并防止放射性物质外逸的重要屏障。与大多数商业化运行反应堆类似,ABWR 的压力容器总体上也是立式圆柱形容器,除了筒体封头外,还包括内置泵支撑壳体、流量限制器和围筒支撑等部件。为了满足压力容器在高温、高压、强放射性辐照条件下工作的特殊要求,保证核电站的安全,同时考虑反应堆压力容器加工制造的经济性,要求制造反应堆压力容器的材料具有适当的强度和较高的韧性,良好的可加工性能、抗辐照性能及热稳定性。另外对断面收缩率、冲击韧性及脆性转变温度等也有较高要求。表 2 - 1 列出了 ABWR 压力容器的主要设计参数。表 2 - 2 列出了 ABWR 压力容器的关键尺寸。

表 2 - 1 ABWR 压力容器的主要设计参数

设计参数名称	设计参数值
设计温度	302 ℃
运行温度	287 ℃
设计压力	8.62 MPa(表压)
试验压力	10.78 MPa(最大试验打压压力,表压)
直径	7 112.0 mm ± 51.0 mm

表 2 - 1（续）

设计参数名称	设计参数值
厚度	$174^{+20.0}_{-4.0}$ mm
高度	21 000 mm
质量	约 870 t

表 2 - 2　ABWR 压力容器的关键尺寸

0 m 位置	下封头内表面中心水平高度
裙座支撑面	3 250.0 mm ± 75.0 mm（标高）
堆芯板支撑面	4 696.2 mm ± 15 mm（围筒中间法兰顶部，标高）
围筒顶部法兰面	9 351.2 mm ± 20.0 mm（标高）
余热排出系统出口	10 921 mm ± 40 mm（标高）
减震器	13 766 mm ± 20.0 mm（标高）
上部法兰面	17 703.09 mm（标高）
围筒支撑的截面尺寸	（662 ± 20）mm × （153 ± 10）mm
控制棒导向筒外径	27.3 mm ± 5.0 mm

ABWR 压力容器结构如图 2 - 3 所示。ABWR 压力容器的上封头与筒体通过法兰用 80 个螺栓连接，法兰面上有双重镍合金"O"形密封环，在任何情况下都不允许有可检测到的泄漏。压力容器及堆内构件的质量由裙座支撑在混凝土基础上，裙座焊接在压力容器上，裙座与混凝土基础靠螺栓连接，由 120 个 M68 的地脚螺栓固定。

2.2.2　沸水反应堆压力容器的特点与制造

ABWR 压力容器是由低碳合金钢锻件和卷板拼焊组成的，自上而下共分为 11 个部分，其中 4 个部分为钢板卷制，其余部分为锻件。自上而下有 9 条环焊缝和 4 条纵焊缝，以及上封头上 4 条弧面对接焊缝和 1 个法兰结合面。上封头顶部为钢板拼焊，上下法兰为锻件，另有 2 个布置开孔的筒节为钢板卷焊，其余的筒节、裙座及下封头均为锻件。筒身上开的大孔共 17 个，4 个主蒸汽出口在一个筒节上，另外的 13 个开孔集中在第二个筒节上，高压注水及备用硼酸溶液控制系统位置最低。

在压力容器内表面，除上封头和部分管嘴外，都堆焊了防腐蚀的不锈钢或镍合金。主蒸汽出口管嘴由于流速高，为了防止其被冲刷腐蚀，堆焊了 308 不锈钢。在压力容器壁和堆芯下部支撑结构焊接的地方堆焊因科镍材料，下封头内堆焊镍 - 铬 - 铁合金，内置泵贯穿件堆焊镍 - 铬 - 铁合金或不锈钢。压力容器壁与堆芯活性区之间的水隙较大，压力容器壁在寿期内所受快中子辐照累积注量小于 10^{18} cm^{-2}，满足防止压力容器材料 60 年中子辐照脆化的要求。限制压力容器内表面材料以及堆内构件所使用的不锈钢材料的钴含量，使钴含量（质量分数）小于 0.05%，从而减少了冷却水中的放射性水平。

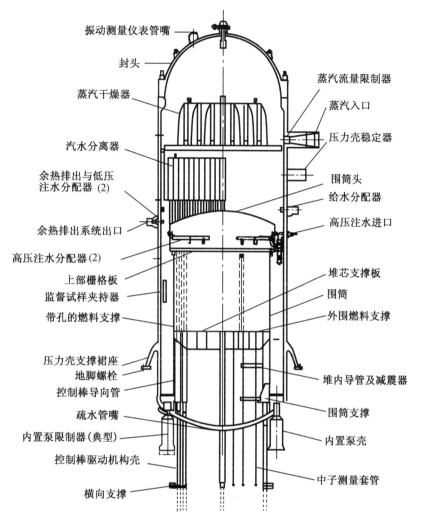

图2-3 ABWR压力容器结构

为了满足沸水反应堆压力容器在高温、高压和放射性辐照条件下工作的特殊要求,并保证核电站的安全,同时考虑反应堆压力容器加工制造的经济性,要求制造反应堆压力容器的材料具有适当的强度,较高的韧性,良好的可加工性能、抗辐照性能及热稳定性。此外,对断面收缩率、冲击韧性及脆性转变温度等也有较高的要求。ABWR压力容器制造所用主要材料见表2-3。

表2-3 ABWR压力容器制造所用主要材料

部件	加工方式	材料牌号
筒身及封头	钢板 锻件	$Mn - 1/2\ Mo - 1/2Ni$ $3/4\ Ni - 1/2\ Mo - Cr - V$ 低碳合金钢

表 2 – 3（续）

部件	加工方式	材料牌号
筒身及封头法兰	锻件	3/4 Ni – 1/2 Mo – Cr – V 低碳合金钢
带法兰管嘴	锻件	C – Si 低碳合金钢
疏水管嘴	锻件	C – Si 碳钢
附件/仪表管嘴	锻件、棒材、无缝钢管	Cr – Ni – Mo 不锈钢 Ni – Cr – Fe（UNS NO6600）
短管	锻件、棒材、无缝钢管	Ni – Cr – Fe（UNS NO6600）

用于制造压力容器的低碳合金钢板与锻件，要求是经过淬火后回火热处理的细晶粒钢，冶炼时要求真空脱氧，以尽量降低氧的含量，提高低碳合金钢的纯度。此外，用于反应堆堆芯区域的材料还有如下限制：

母材中　　$w(Cu) \leqslant 0.05\%$　　　　　焊缝金属中　$w(Cu) \leqslant 0.05\%$

$w(P) \leqslant 0.012\%$　　　　　　　　　　　　　$w(P) \leqslant 0.012\%$

$w(S) \leqslant 0.015\%$　　　　　　　　　　　　　$w(V) \leqslant 0.05\%$

　　　　　　　　　　　　　　　　　　　　　　　　$w(S) \leqslant 0.015\%$

压力容器制造材料的敏化控制，是通过使用已经实际验证的材料经适当的设计与工艺步骤来实现的，包括固溶热处理、堆焊抗腐蚀层、控制焊接的热输入、制造过程中的热处理控制及应力控制。所有直径 25.4 mm 的连接螺栓材料，在 13 ℃ 与最小预载荷条件下，要求最小的 V 形缺口冲击功为 61.01 J，横向膨胀 0.64，密封面螺栓最大允许抗拉极限为 1 172 MPa。

2.2.3　沸水反应堆压力容器的承压附件

压力容器的承压附件主要包括上封头顶部的排气/喷淋管嘴、下封头下部的控制棒驱动机构（CRD）外壳、主蒸汽出口接管上的流量限制器、筒体上的给水管道进口管嘴、堆芯注水进口管嘴及 ECCS 注水管嘴等。

压力容器上的控制棒驱动机构外壳，穿过压力容器下封头内的因科镍合金短管插入压力容器，并焊在该短管上，每个控制棒驱动机构外壳将载荷经短管传递给反应堆的下封头，这些载荷包括控制棒、控制棒驱动机构、控制棒导向管、4 瓣形燃料支撑件及燃料支撑件上的 4 个燃料组件的重力。控制棒驱动机构外壳带有横向支撑，是由奥氏体不锈钢制成的。

压力容器上封头上的排气/喷淋管嘴带有法兰，用于连接相关的实验仪表。疏水管嘴的焊缝是全焊透设计。给水管道进口管嘴、堆芯注水进口管嘴及应急堆芯冷却系统（ECCS）注水管嘴均带有热套管，与不锈钢管道连接的管嘴有不锈钢制的过渡段或延伸段。

这些过渡段或延伸段是在压力容器热处理之后焊在管嘴上的,以避免不锈钢的冶金敏化,使用的材料与所配管道相匹配。

在主蒸汽出口接管部位设置文丘里型流量限制器,它的作用是当主蒸汽管部分断裂时,在上游压力约7 MPa的情况下,将主管蒸汽流量限定在额定流量的200%以内,以保证在主蒸汽隔离阀关闭前,反应堆水位不低于堆芯上端,避免堆芯裸露。流量限制器与压力容器的连接见图2-4。

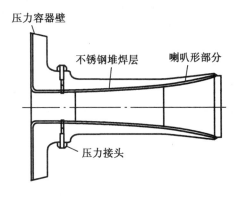

图2-4　流量限制器与压力容器的连接

流量限制器上没有活动部件,它的机械结构能承受主蒸汽管道断裂时高速蒸汽产生的作用力。流量限制器暴露在流速为45(蒸汽管段)~180 m/s(喉部)、含湿量为1%~10%的蒸汽流中,其管道内壁用308不锈钢堆焊,从而在不锈钢管道内表面形成保护膜。这种膜不会被蒸汽流冲刷掉,在高流速蒸汽环境中,具有出色的抗腐蚀、抗冲刷性能,可以防腐蚀。文丘里管喉部直径不超过355 mm。文丘里管喉部直径与主蒸汽管内径之比为0.5,在100%额定流量情况下,产生的最大压差大约为0.069 MPa。这一设计将主蒸汽管道断裂时通过管道限流器的流量限制在额定流量的200%以内,而且正常运行期间超过预定的运行限值时,触发主蒸汽隔离阀关闭。反应堆压力容器穹顶与文丘里管喉部是最高、最低压力的探测位置。流量限制器末端距压力容器中心为5 733 mm,整个流量限制器长约2 183 mm。

在运行过程中,要严密监测反应堆的压力、水位等关键参数;在整个寿期内,还要监督反应堆压力容器材料性能的变化。其中压力监测装置安装在法兰密封面上,用于测量以及传送信号到控制室,它指示反应堆上部法兰密封内侧与外侧的压力。水位监测采用16通道低水位监测装置,每4个一组,分别装在4个不同高度。监督压力容器材料性能变化的试样则放在监督试样夹持器上。

2.3　沸水反应堆堆内构件

以ABWR为例,沸水反应堆的堆内构件包括用来支撑反应堆堆芯的堆芯支撑构件及其他堆内部件。堆芯支撑构件包括堆芯围筒、围筒支撑(包括内置泵泵台)、上部栅格板、堆芯支撑板、燃料支撑、控制棒导向管、控制棒驱动机构外壳的非压力边界部分。其他部件包括围筒头及汽水分离组件、给水分配装置、余热排出系统(RHR)/ECCS低压注水分配装置、ECCS高压堆芯注水分配装置与管道、堆芯差压管、反应堆压力容器顶部排汽及喷淋组件、内置泵差压管、堆内导管及减震器、堆内管壳非压力边界部分、反应堆压力容器材料性能监督试样夹持器等。

2.3.1　堆内支撑构件

1. 堆芯围筒

ABWR中堆芯围筒是直径为5 600.6 mm×(50.8±10.0) mm的不锈钢圆筒,堆芯围筒提供隔离功能,将堆芯区域与压力容器隔离开来,与压力容器上筒体形成环状空间,将经过堆芯向上流动的冷却剂与向下的再循环流体分开。围筒由 4 个筒节焊接而成,每个筒节由 2 块或 6 块钢板卷焊而成。围筒的底部支撑在围筒支撑环上,支撑环由均布在下封头上的 10 个支撑腿支撑,在围筒支撑环和压力容器筒体之间,由水平的泵台支撑并固定。围筒的上、下部有法兰,用于以螺栓与堆芯支撑板的连接。上部筒体的顶部法兰支撑上部栅格板。整个围筒包围的体积分三个区域,上部区域是指上部栅格板之上及围筒头以下空间,中间区域是指堆芯支撑板以上及上部栅格板之下包围着燃料的区域,形成围筒部分最长的区域;下部区域是指焊在反应堆压力容器围筒支撑上的底部空间。

2. 围筒支撑

围筒支撑是焊接在压力容器内壁上的水平结构,主要由三个部分组成,即环形泵台、立式高跷支撑腿和围筒支撑环。围筒支撑结构支撑着围筒、泵扩散器、堆芯及泵的差压管。制造时首先将支撑环、支撑腿及泵台焊接成一个整体的环形结构,然后分别进行泵台与反应堆压力容器及支撑腿与下封头的焊接。围筒结构及其支撑方式如图 2 - 5 所示。

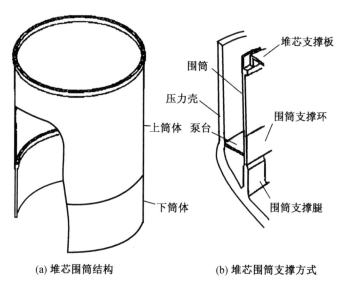

(a) 堆芯围筒结构　　　　　(b) 堆芯围筒支撑方式

图 2 - 5　堆芯围筒的结构及其支撑结构

3. 堆芯支撑板

堆芯支撑板结构及其支撑方式如图 2 - 6 所示。堆芯支撑板是圆饼形不锈钢锻件,向下的一面通过凸缘及桁条结构加强,整个组件用螺栓连接在围筒下部的法兰上。在堆芯支撑板上,除了钻有 205 个大孔用于控制棒导向管及堆芯支撑的安放,还有许多小孔为堆内中子测量导向管、外围燃料支撑件及启动用的中子源提供水平支撑及导向。

4. 上部栅格板

上部栅格板是一块带有方形流水孔的圆形板件,由不锈钢锻件整体铣削成型,其结构及支撑方式如图 2 - 7 所示,通过螺栓将上部栅格板的下法兰固定在围筒的上法兰上,其圆柱形表面形成上部围筒的延伸,上部栅格板的顶部法兰供围筒封头的安装。每个方孔为 4 盒燃料组件提供水平支撑和导向。对于外围的燃料,一个方孔支撑的燃料组件少于 4 个。燃料支撑底部带有孔,供锚固堆芯中子监视器及启动用的中子源。上部栅格板圆周上的两个弧形凹道为内置泵叶轮在拆装时提供通道。

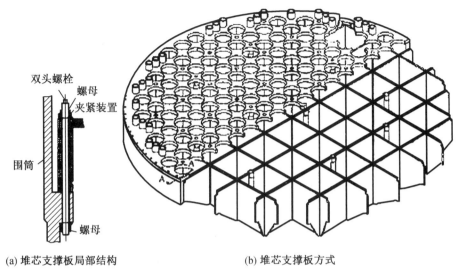

(a) 堆芯支撑板局部结构   (b) 堆芯支撑板方式

图 2 - 6   堆芯支撑板局部结构及支撑方式

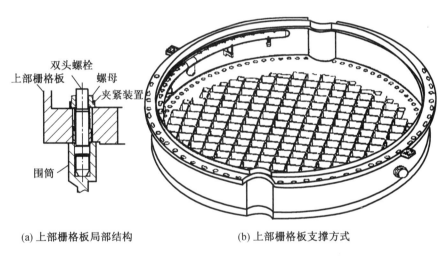

(a) 上部栅格板局部结构   (b) 上部栅格板支撑方式

图 2 - 7   上部栅格板局部结构及支撑方式

5. 燃料支撑

在沸水反应堆堆芯中,燃料组件的支撑有两种基本形式,即外围燃料支撑及中央燃料支撑。外围燃料支撑位于堆芯周边且不靠近控制棒的位置,每个外围燃料支撑结构支撑一盒燃料组件,燃料支撑上开有一个小孔,以保证外围燃料组件中能通流适当的冷却剂流量。除了外围燃料支撑以外的就是中央燃料支撑,每个中央燃料支撑在水平与垂直方向上支持4盒相邻的燃料组件,支撑件上开有4个孔,以保证适当的冷却剂流量分配到每一盒对应的燃料组件。中央燃料支撑安置在控制棒导向管上部,控制棒导向管由堆芯支撑板水平固定,控制棒穿过中央燃料支撑中心的十字形孔。

6. 控制棒导向管

沸水反应堆中的控制棒导向管设置在反应堆压力容器内,其上端固定在堆芯支撑板上,下端则连接控制棒驱动机构套管,这一点与压水反应堆不同。沸水反应堆中的控制棒导向管从控制棒套管顶部延伸,穿过堆芯支撑板上的孔。每个导向管作为控制棒底端的导向以及中央燃料支撑件的支撑,导向管的下部由控制棒的套管支撑,燃料及燃料组件所受的重力经控制棒导向管、控制棒驱动机构套管、立管传递到反应堆压力容器的下封头。控制棒导向管上的孔靠近控制棒导向管顶部及堆芯板以下,供冷却剂流通。

2.3.2 其他部件

1. 围筒头及汽水分离组件

在沸水反应堆中,围筒头及汽水分离组件主要包括上法兰、螺栓、分离器及与之相连的立管,这些部件构成堆芯排气混合腔室,是蒸汽与水的混合腔体,采用相互独立的轴流式安装。该组件支撑在立管顶部,立管则焊接在围筒头内。汽水分离组件由一系列三级式分离装置平行排列组成,汽水两相混合物从堆芯上部的空腔经过立管进入汽水分离器的下端,当经过汽水分离组件进口处的叶片时,汽水混合物向上运动的同时产生旋转运动,利用两相不同的离心效果来分离水和蒸汽。汽水分离组件的结构如图 2 - 8 所示。

2. 蒸汽干燥器

由于沸水堆中的汽水混合物经过汽水分离组件后仍然具有较大的湿度,不能直接通往汽轮机做功,因此需要进一步对蒸汽进行除湿干燥。蒸汽干燥器就是进一步提高蒸汽干度的设备。ABWR 的蒸汽干燥

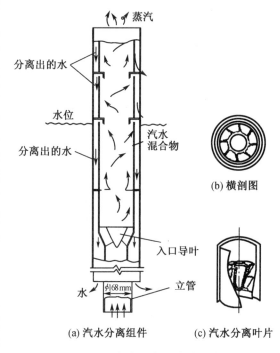

图 2 - 8　汽水分离组件的结构

器由 6 个干燥组件构成,每个干燥组件都是由干燥单元和两侧固定用的圆孔网板构成。干燥单元是由整块薄钢板压制成的波浪形板上焊接断续的波浪形翼片而形成的,翼片由薄钢板压制而成,波浪形板所使用的材料为 SUS36L 不锈钢,蒸汽干燥器通过进一步分离蒸汽中的水分而使蒸汽干燥。蒸汽干燥器及组件结构如图 2 - 9 所示。

3. 给水分配装置

在沸水反应堆中还配置给水分配装置,ABWR 的给水分配装置共 6 个,沿反应堆压力容器内壁与给水管呈 T 形连接。给水分配装置是不锈钢集管,位于反应堆压力容器和围筒之间环形空间上方的混合腔室,每个给水管嘴上通过三通连接两个独立的给水分配装置,它被加工成与容器曲率相匹配的形式。分配装置的三通进口经过双层热套管连接在反应堆压力容器上管嘴的安全端(过渡段),所有的接头焊缝均为全焊透焊缝。分配器由螺栓固定在反应堆压力容器壁的托架支撑上。

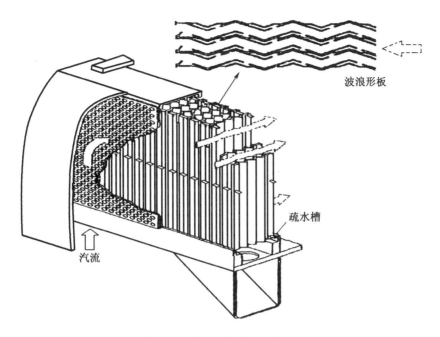

波浪形板

疏水槽

汽流

图 2-9　蒸汽干燥器及组件结构

4. 余热排出/紧急堆芯冷却系统低压注水分配装置

两个余热排出(RHR)系统分配装置的设计特征与给水分配装置的相似,它们具有相同的余热排出(与应急堆芯冷却)功能,在紧急堆芯冷却系统(ECCS)模式下这些分配装置维持反应堆压力容器的低压注水。

余热排出系统的两条管线通过两个对角布置的管嘴进入反应堆压力容器,连接到分配装置上,分配装置的三通入口通过一个热套管连接在反应堆压力容器管嘴安全端,所有的接头采用全焊透焊缝。

5. 紧急堆芯冷却系统高压堆芯注水分配装置及管道

高压堆芯注水分配装置及管道用于事故情况下引导高压紧急堆芯冷却系统水流至堆芯上端。以 RHR 低压注水管线相同的方式,每根高压堆芯注水系统管线(共 2 根)经对角的管嘴进入反应堆压力容器。除弧形分配装置外,包括连接三通在内都沿上部栅格板内表面布置,并由上部栅格板局部支撑。通过在分配装置三通入口与管嘴内套装的接头之间插入弹性管接头,支撑两个分配装置,并调节热膨胀。

6. 反应堆压力容器排气与顶部喷淋组件

反应堆压力容器排气与顶部喷淋组件的管嘴部分是反应堆冷却剂压力边界。在换料停堆冷却阶段,反应堆顶部喷淋组件对反应堆压力容器及堆内构件产生的蒸汽进行喷雾冷凝,以维持反应堆压力容器顶部空间的饱和状态。顶部喷淋系统能快速冷却反应堆压力容器上部法兰部位,以便于换料。同时,在反应堆压力容器注水换料前,可以利用蒸汽管塞隔离压力容器。

组件的顶部排气侧,在启动和运行阶段,用于蒸汽与不凝结气体排出。在停堆与水压试验注水期间,蒸汽与不凝结气体可以排放到干井设备储槽内。当蒸汽管道封堵或压力容器在停堆放水时,空气经排气孔进入容器内。

7. 空气与内置泵差压管线

这些管线包括再循环流量控制系统的堆芯流量测量子系统、堆芯差压管线及内置泵差压管线,它们通过反应堆底部贯穿件分别进入压力容器。4 对堆芯差压管线经 4 个贯穿件进入封头 4 个象限,分别到达堆芯支撑板的上方与下方。在正常运行条件下,检测燃料组件下部外侧区域的压力及堆芯支撑板下部压力。类似地,4 对内置泵差压管线伸至泵台的上下方,用于检测泵正常运行工况下泵两侧的压力。

8. 堆内导向管及减震器

导向管保护堆内测量元件不受下封头腔室内水流的冲击,并提供堆芯内固定探头的定位,以及作为校验用显示器的插入、抽出通道。堆芯中子测量导向管,从堆芯中子监测管顶部延伸到堆芯支撑板顶部,ABWR 核测量系统分为启动量程和功率量程两个区段,其监测系统分为如下两部分:

(1)启动量程中子监测器系统(SRNM)　由 10 个带核裂变电离室的固定式探测器系统组成,其测量范围覆盖源量程和中间量程区段。

(2)局部功率量程监测器系统(LPRM)　52 个探测器组件在堆芯径向均匀分布,每个探测器组件内有 4 个轴向等距离分布的独立裂变室,用于测量局部功率。测量信号通过平均功率量程监测系统(APRM)给出反应堆平均功率,并通过变化功率量程监测系统(OPRM)监测堆内功率分布的波动。移动式堆芯探测器(TIP)共有 52 组带小型裂变电离室的堆芯移动探头,定期(一个月左右)依次进入每个 LPRM 探测器组件内探测堆芯局部功率,用于 LPRM 探测器的检定。

位于两个不同高度上的不锈钢减震器、夹持器格架、连杆和垫片等对导向管提供水平支撑及刚性,减震器与围筒及围筒头连接,装配后对螺母点焊,以防止在反应堆运行期间松脱。

9. 监督试样夹持器

为了监测压力容器材料在堆内照射条件下的力学、结构性能,在压力容器与围筒之间设有辐照监督试样夹持器,以固定辐照样品。辐照监督试样夹持器是焊接篮式结构,用来容纳冲击与拉伸试样小盒。夹持器由附在反应堆压力容器内侧的托架支撑,位于活性区范围。夹持器的安装位置应使样件暴露在与反应堆压力容器壁同样的环境中,并且经受最大中子通量的照射。

2.4　沸水反应堆内置泵

ABWR 与以前的沸水反应堆在冷却剂循环上最大的不同之处,就是用内置泵代替了外部循环管道和外置循环泵。在 BWR/5 和 BWR/6 中,再循环系统由两个回路构成,每个回路分别设置一个离心式循环泵、两个截止阀、一个流量控制阀、一个接压力容器的吸入总管、一个泵出口总管接一个集合分支管再由分支管进入压力容器内接连两个喷射泵组成再循环回路。围绕在压力容器圆形屏蔽墙外的环向一周内,有 10 个分支管,每个管接两个喷射泵,单个循环泵的电功率为 5 800 kW,两个总功率为 11 600 kW。由于再循环系统要占据相当大的空间,并且循环泵的位置要放在压力容器底封头的下面,以保证离心泵有足够的吸入压头,所以在竖直方向上,BWR/5 就更长了。ABWR 在压力容器下封头上环形布置了

10台内置泵,它的优点如下:

(1)取消外部循环管道,在压力容器下部无大口径开口,避免了堆芯顶部以下的大破口失水事故,从而避免堆芯裸露,减少了应急堆芯冷却系统中泵的容量。

(2)内置的循环回路变短、变直,大大减小了回路阻力,降低了冷却水循环所消耗的功率,泵的功率只有BWR/5外循环泵的73%。

(3)回路不再占用安全壳内空间,取消带放射性的阀门和泵,避免了维修和在役检查过程中的辐射剂量。

(4)内置泵比原来的循环泵容量小,数量多,耗电少,改善了可运行性。通过调节内置泵的流量,可以实现70%~100%的功率调节。

2.4.1　内置泵的布置

在压力容器与堆芯围筒之间有一环形空间,这一环形空间被泵台隔成上、下两个部分。泵台位于下封头上,泵台上均布10个孔,供安放10台内置泵。内置泵通过泵的扩散器固定在泵台上,泵与压力容器及围筒的相对位置及泵的分布如图2-10和图2-11所示。内置泵使冷却剂在堆内强制循环,泵台上部自上而下的冷却剂经过内置泵到反应堆下部腔室,然后向上经过下栅格板及堆芯,蒸发后经汽水分离组件,分离出的水向下返回环形空间。

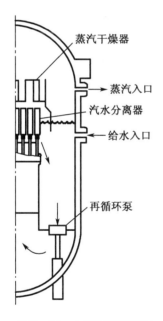

图2-10　内置泵与围筒的
相对位置

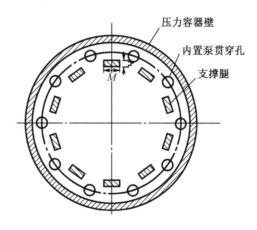

图2-11　内置泵与压力容器的
相对位置及泵的分布图

2.4.2　内置泵的结构

如图2-12所示,内置泵是由湿式电动机驱动的单级泵。内置泵的主要部件有叶轮、泵轴、扩散器、电动机转子、电动机定子、防反转装置以及轴承等。叶轮及扩散器为锻件整体铣削成型。泵轴很长,一直延伸到下面的电动机中。电动机转子的轴是空心的,允许泵轴穿入,泵轴与电动机转轴的连接处在电动机的最低处,采用螺栓连接。电动机外壳焊接在反应堆压力容器下封头的接管上,构成反应堆压力容器的一部分。由图2-12可看出,叶轮泵轴从压力容器内部安装,电动机转子可以从压力容器下部装入。选择长轴,使电机可以安装在压力容器下封头最低位置,从而减少电机绕组的辐照活化。之所以选择湿泵,主要是考虑避免电动机绕组的辐照活化与电机转子的密封问题。

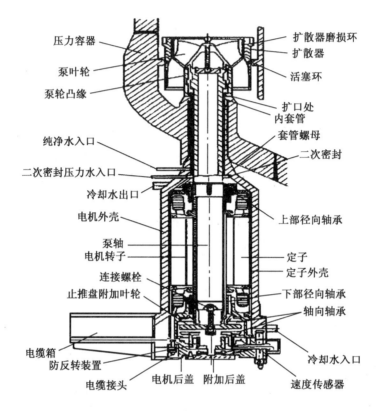

图2-12   内置泵结构图

电动机外壳下部设置一个密封组件,即最下端的电动机盖。电动机盖具有反应堆压力边界封闭功能,同时也是保证推力轴承不转动的结构。电动机盖是由单个嵌入式金属垫片与一个"O"形环密封的。另一个重要部件是延伸套管和延伸套管螺母。延伸套管是薄壁的因科镍管,包围在泵轴外。在它的上端有外翻凸缘,下端外表面有螺纹,靠近下端的内表面有突起和凹槽。延伸套管的功能是在热态瞬态和泵运行条件下,将泵扩散器夹紧在压力容器泵接管内部安装端。夹紧力是通过两种方式施加的:一是延伸套管螺母拧在延伸套管下端,螺母拧到电动机腔室的上部范围,压紧延伸套管上端翻边与扩散器上配套的凸边;二是当延伸套管被液压预拉伸时,规定的预载荷施加在扩散器上。

2.4.3   内置泵的密封

泵轴上接近叶轮的地方有一个凸缘,泵的固定导向叶轮上有一扩口处,当泵停止旋转时,泵轮靠重力落下,坐在扩口处,凸缘起塞子的作用,阻挡压力容器中水向下大量泄漏,形成泵轴的一次轴封。泵轴中部的二次密封是膨胀结构,停堆进行内置泵检修时,二次密封水系统运行,二次密封内充水胀紧,实现与泵轴之间的密封,从而避免堆内水的微量泄漏。

膨胀结构的二次密封是由弹性材料制成的,装在电动机腔室的上部(延伸套管下端之下)。当它起作用时,密封功能是防止来自压力容器的堆内水向下流进电动机腔室,以便电动机腔室的排空以及再循环电动机从电动机壳内抽出修理或维护。当反应堆停堆、电动机停止时,可以手动操作再循环电动机的膨胀密封系统,以起到密封作用。一根压力平衡管线连接在起密封作用的管线上,并向下连接到电动机壳疏水出口,当内置泵正常运行时该压力平衡管线打开。内置泵轴下端有一个辅助叶轮,当内置泵运行时,辅助叶轮的作用是产生一个差压,形成一个小的向外的压力,防止可能出现的密封收缩,以保证旋转的泵轴与可膨胀密封之间不接触。

正常运行时堆内的冷却剂与电动机外壳内的压力大致相同,由净化水将堆内的水与电动机内的水隔离,净化水压力略高于堆内压力,净化水来自控制棒驱动用水,二次密封水来自专门的维修用水系统。

2.4.4　内置泵的运行

正常运行时,10台内置泵同时工作。即使有一台泵停止运行,剩下的9台泵仍能实现100%功率输出;当其中3台泵停止运行时,剩下的7台泵仍能实现90%的功率输出。泵及驱动电动机在0.7 s内,可以从对应于额定堆芯流量的转速降低到该转速的1/2。反应堆输出功率在70%～100%之间的调节不需要移动控制棒,通过改变再循环流量即可实现。无论是功率调节还是由其他原因导致的10台泵不能同时,所有运行中的泵都保持相同的速度。内置泵的速度调整是通过改变设置在各个循环泵上的静态供电电源频率实现的。10台泵分成4组,分别是2台两组和3台两组。4组泵沿圆周相间布置,分别由4条母线供电,其中两组3台泵的电源采用了带有飞轮的再循环泵电动发电机组的供电设计,当丧失电源时,利用电动机的惯性可以供电3 s以上。

2.4.5　内置泵的运行监测

每台内置泵设置2个速度探头、2个外壳振动探头和1个加速度探头,用于监测内置泵的转速与振动。2个速度探头、2个外壳振动探头和1个加速度探头布置在电动机罩壳上,其中2个速度探头用来监测轴的速度和轴的振动。

2.5　微动控制棒驱动机构(FMCRD)

2.5.1　控制棒驱动系统的驱动方式及特点

在沸水反应堆中,控制棒组件一般从压力容器的下部插入堆芯,其控制棒驱动系统大多采用步进式水力驱动方式,或电机驱动和水力驱动并用的混合驱动方式。ABWR采用后一种驱动方式,其中电机驱动用于正常运行工况,可满足控制棒抽出、插入及微动位置调节功能;水力驱动用于紧急停堆工况,以满足控制棒从堆芯底部快速插入堆芯的沸水反应堆安全设计要求。ABWR的控制棒驱动系统具有如下特点:

(1)正常运行工况下具有良好的运动特性,允许小的功率变化,改善了启动时间和功率调节的机动性;

（2）有多种停堆方式，在水力驱动的基础上增加了电机驱动；

（3）排除掉棒和弹棒反应性事故。

2.5.2 控制棒驱动系统的组成

微动控制棒驱动系统由三个主要部分组成：电机/水力微动控制棒驱动机构、水力驱动单元和控制棒驱动水力附属系统。

1.电机/水力微动控制棒驱动机构

控制棒驱动机构分为正常运行时的电机驱动和快速停堆时的水力驱动两种形式，由联轴器、滚珠螺杆、滚珠螺母、空心活塞、外管、管接头及电机等组成。ABWR 共有 205 套这样的机构。

在控制棒驱动机构的中心部位设置滚珠螺杆，与该滚珠螺杆啮合的是滚珠螺母。滚珠螺杆的下端通过短管接头同电动机驱动轴连接，电动机驱动轴的转动带动滚珠螺杆旋转，使得滚珠螺母上下移动。空心活塞的上端与控制棒连接，放在滚珠螺母上面，滚珠螺母承受空心活塞和控制棒的全部重力。正常操作控制棒时，滚珠螺母的上下移动实现控制棒的插入和拔出。快速停堆时，水压施加于空心活塞上，将其与滚珠螺母分离，进行快速插入。另外，在空心活塞的下部设有止动销，它在与滚珠螺母分离时才动作。空心螺塞与滚珠螺母连接后，该止动销将被解除。外管用来容纳控制棒驱动机构，使得快速插棒时的水压不直接作用在壳体上。同时，外管的上端与控制棒导向管连接，即使壳体发生破损也可以防止控制棒驱动机构落下。在外管的内上部设有由碟形弹簧构成的缓冲机构，在快速插棒时对空心活塞减速。

构成短管接头的部件有与电机直接连接的驱动轴、分离检测用磁铁、由螺旋弹簧构成的分离检测装置、支撑驱动轴的轴承、密封材料，以及容纳这些部件和构成压力边界的轴封壳体。电机为永磁步进电机，设置在短管接头下部。该电动机在停止时可以保持控制棒在该位置。另外，电动机设有同步位置检测装置，通过驱动轴的旋转可检测出控制棒的位置。在依靠水力驱动快速插棒时，电机将滚珠螺母向插入方向驱动，配合水力实现快速插棒动作。在控制棒驱动机构壳体的外部装有快速停堆位置检测探头。在探头内部装有一系列的磁动位置开关，指示快速停堆时控制棒的位置。

2.水力驱动单元

水力驱动单元为水力驱动快速插棒提供高压水。每个水力驱动单元包括充有高压的氮水蓄能器、阀和其他部件，并连接着两套微动控制棒驱动机构。ABWR 中共有 103 套独立的水力驱动单元。另外，在正常运行工况下，水力驱动单元还为微动控制棒驱动机构提供一股洗涤水流。

3.控制棒驱动水力附属系统

控制棒驱动水力附属系统为水力驱动单元提供清洁的除盐水，定期给快速插棒蓄能器充水，并作为控制棒驱动机构洗涤水流的水源。与压水反应堆设计概念相似，在沸水堆中，其微动控制棒驱动系统的功能分为安全功能和功率调节功能。安全功能是指提供快速插棒功能，每套设备独立支持一根控制棒的驱动。每套设备具有保持控制棒于一确定位置，并在正常工况、事故工况和发生地震工况条件下，防止控制棒意外抽出的功能。每套设备具有检测控制棒与驱动机构分离的能力，有效防止了掉棒事故的发生。在驱动机构压力边界破坏的情况下，提供防止或限制控制棒从堆芯弹出的措施，从而避免了反应性快速引入所导致的燃料及堆芯损坏。功率调节功能是指在堆芯中通过调节控制棒中子吸收体的位置,控制堆芯反应性的变化,精细调节和确定控制棒位置的变化量,从而能够优化功率控制和堆芯功率分布形状。

电机驱动和水力驱动并用的驱动方式,满足了控制棒从堆芯底部插入的沸水反应堆设计要求。与从顶部插入的压水堆磁力提升控制棒驱动机构相比,电机驱动的功能起到了与磁力提升器相似的功能,水力驱动的功能完全实现了重力场对控制棒的作用。无论在正常运行工况下,还是在事故工况下都能够满足反应堆的控制要求。从原理上来说,电机驱动和水力驱动并用的驱动方式具有与压水堆控制棒驱动机构一样的完整性、安全性和可靠性。

电机驱动螺杆转动,使螺母上下移动,可让控制棒定位于其行程的任何位置。这样,在正常运行工况下,该系统具有良好的运动特性,允许小的功率变化,大大改善了反应堆启动时间和功率调节的机动性,这也是电机驱动螺杆螺母微动的具体表现。控制棒与驱动活塞的联轴器连接结构旋转45°的设计,以及止动销、空心活塞与螺母的分离检测装置,控制棒驱动机构整体通过导向管吊挂在堆芯下栅格板上的结构设计,使控制棒掉棒和弹棒的可能性大大降低。以致在事故分析中,可以不考虑控制棒掉棒和弹棒事故,控制棒驱动机构从底部插入沸水反应堆,因而更加安全可靠。在ABWR中把每套控制棒驱动机构对应一套水力驱动单元的驱动形式,改为两套控制棒驱动机构对应一套水力驱动单元的驱动形式,减少了50%的管线和水力驱动单元。

2.6　沸水反应堆燃料组件

2.6.1　概述

沸水反应堆的堆芯由燃料组件、控制棒和一些堆芯测量元件组成。例如ABWR堆芯包含872个燃料组件、205个控制棒和52组测量堆芯功率分布的探测元件。每4盒燃料组件之间布置一个控制棒组件,构成一个控制单元。在沸水堆堆芯内,处于单相状态的冷却剂从底部经过节流装置的调节,进入每个燃料组件构成的冷却剂的通道,在燃料组件中经过加热直至沸腾,以汽水混合物形式从堆芯上部流出,带走堆芯产生的热量。控制棒组件从压力容器下部插入反应堆堆芯,通过控制棒的移动以控制堆芯的功率水平。利用装在元件盒间隙中的堆芯测量元件进行堆芯的功率分布测量。

与压水堆一样,沸水反应堆的堆芯设计应满足以下条件:

(1)提供足够的燃料以维持链式裂变反应并产生需要的热量;

(2)燃料包壳作为放射性裂变产物的第一道屏障,应保持在正常运行和事故瞬态下的结构完整性;

(3)在规定的寿期内,应保持堆芯的结构完整性和流道尺寸的稳定性,提供足够的冷却剂流量以带走各工况下堆芯产生的热量;

(4)保持组件和堆芯的结构完整性和尺寸稳定性,任何工况下确保控制棒通道和控制棒的可插入性。

2.6.2 核燃料组件

沸水堆所使用的核燃料组件是由包围燃料元件的固体元件盒和燃料棒束两部分组成，如图2-13所示。

1.元件盒

与压水反应堆中所使用的燃料组件相比，沸水堆中所使用燃料组件的一个重要特征就是采用了带盒的结构形式。燃料元件盒的主要功能是作为燃料组件的主要结构部件，保护燃料棒束，为燃料组件提供结构强度和刚度，并可控制事故工况下的燃料组件的动态响应以及在LOCA条件下帮助应急堆芯冷却水流向单独的燃料棒束；将冷却剂分成两区，防止燃料组件间的横向流产生不利影响，保证燃料元件的冷却绝大部分以两相对流传热方式进行，确保整个堆芯高度范围内有不沸腾的冷却剂存在，即使在堆芯上部，中子也能被慢化；4组燃料组件元件盒形成的十字形通道为十字形控制棒组件在其中的上下移动提供导向和轨道。

元件盒是由Zr-4合金制成的方形盒，在元件盒上方沿每一对角方向各焊一块三角形薄板，使其坐在燃料棒束上管座的连接孔板上，由连接孔板承受和传递元件盒所受的重力，并将承受的载荷传递到支撑燃料组件的堆芯下板上。元件盒相邻的两个侧面，在其靠近上方的部位设有纽扣形或其他形状的凸起，使堆芯栅元内4组燃料组件形成适当的间隔，为十字形控制棒上下移动提供通路。元件盒与燃料棒束的固定连接是通过限位器来实现的，限位器也用来防止燃料棒束的转动和振动，如图2-14所示。元件盒下端与燃料棒束下管座下连接孔板之间的配合连接是靠指状弹簧实现的，指状弹簧填满元件盒底部和下连接孔板之间的间隙，并由燃料棒下端固定其位置，从而确保了旁通流量维持在通过燃料组件总流量的10%不变，即使在燃料盒辐照生长和蠕变等变形情况下也大致如此。

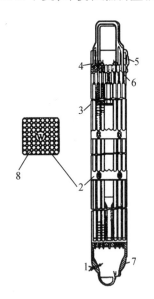

1—旁流孔；2—定位格架；3—元件盒；
4—上管座；5—限位器；6—膨胀弹簧；
7—下管座；8—水棒。

**图2-13　泊崎刈羽核电厂
7号机组燃料组件**

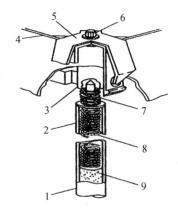

1—燃料棒；2—包壳管；3—燃料组件的上管座；
4—元件盒；5—限位器；6—螺帽；7—膨胀弹簧；
8—气腔弹簧；9—燃料芯块。

图2-14　元件盒限位器

2.燃料棒束

沸水堆中所使用的燃料组件一般也是正方形排列的棒束结构,其中最常用的是 8×8 的燃料棒束,主要由上管座、下管座、7 层定位格架和 64 根棒组成。下面具体介绍燃料棒束各部分的结构。

(1)上管座

上管座由整体的 304 不锈钢铸件加工而成,包括把手和上连接孔板两部分。上管座的把手是用于吊装燃料组件的构件。上连接孔板为多孔部件,其外边缘具有与元件盒匹配的定位面,四个角各有一个向上延伸的小圆柱,用于固定元件盒。四个小圆柱中的一个钻有轴向带内螺纹的孔,与帽状螺钉配装固定元件盒限位器。此外,上连接孔板还有两种轴向通孔,一种是为燃料棒在燃料棒束上端提供横向定位的定位孔,并保证燃料棒在轴向可自由伸长;另一种是流量孔,为流经燃料棒束的冷却剂提供出口。

(2)下管座

下管座也是由整体的 304 不锈钢铸件加工而成,包括管嘴和下连接孔板两部分。管嘴为方锥形构件,侧面开孔为流入燃料组件的冷却剂提供入口。管嘴下端为圆形座,位于堆芯下板的支撑座上,为燃料组件底部轴向和横向定位提供保证。下管座的下连接孔板和上管座的上连接孔板相似,即存在着流量孔和定位孔。流量孔可以均匀分配流入燃料组件的冷却剂;定位孔为燃料棒在燃料棒束下端提供轴向和横向定位。下管座两个相邻侧面各设一个小孔,以提供适量的旁通流量(约为燃料组件总流量的 10%)。旁通冷却剂流经堆芯燃料组件之间的区域,冷却控制棒组件或堆芯核仪表。下连接孔板也是承受燃料棒重力和棒上端塞压紧弹簧力的构件。此外,下管座还具有将轴向和横向载荷传递给堆芯下板的功能,其中在正常运行条件下,以传递燃料组件重力作用的轴向载荷为主。

(3)定位格架

沸水堆所使用的燃料组件也需要设置定位格架,各层定位格架沿燃料棒轴向相距一定的跨度均匀分布。每层定位格架都是由 Zr-4 合金条带和因科镍-X 弹簧组成的。采用 Zr-4 合金材料是因为其对中子的吸收截面小,且对含氢材料敏感性较低。定位格架上的每个栅元借助适当的弹簧力夹持燃料棒,从而保证了燃料棒之间的设计间距,并将燃料棒的流致振动及其造成的燃料棒包壳微振磨蚀限制在可接受的范围之内。同时在定位格架把加速度载荷通过燃料棒施加于元件盒的传递过程中,定位格架仍具有使燃料棒适当定位的能力。定位格架设计继蛋篓形、环形和环箍形逐步优化后,选材上也经历了因科镍、双金属(条带为锆合金、弹簧为因科镍)、全锆和因科镍(低压降)的发展。目前认为 ABWR 燃料组件的定位格架以低压降因科镍定位格架为优选,其由 Zr-4 合金条带和因科镍-750 弹簧制成。另外 BWR/6 定位格架为蛋篓形,ABWR 则改为环箍形。

(4)元件棒

在沸水堆 8×8 燃料组件中,全部栅格位置上都是元件棒,即 64 根元件棒。其中 BWR/6 燃料组件有连接棒 8 根,水棒 2 根,燃料棒 54 根;ABWR 燃料组件有连接棒 8 根,水棒 2 根,燃料棒 52 根。三种棒的结构和尺寸基本相同,但在组件中位置和功能不同,所以设计细节有所不同。

水棒是沸水反应堆中所特有的设计。所谓水棒是在 Zr-2 合金管内不装二氧化铀燃料芯块的棒,其上下端部管壁上各钻几个孔,以使冷却剂自由流入和流出。水棒的功能主要是增加燃料棒束中心位置的热中子注量率,以展平燃料棒束内中子注量率的分布。同时水棒还有利于增强堆芯上部中子慢化,对展平燃料棒束的轴向功率分布也有所帮助。另外,定位格架的轴向定位也是靠水棒来完成的。

(5)燃料棒

每根燃料棒均由上端塞、下端塞、燃料芯块、包壳管、气腔弹簧和吸氢器组成,燃料棒与压水堆燃料组件的燃料棒基本相同,只是棒径较大、燃料富集度品种较多和上下端塞结构不同,如图2-15所示。

上下端塞端部各有一个细长的圆棒,分别位于上下连接孔板的定位孔中。其中上端塞的细长圆棒,在装入上连接孔板固定孔之前,先套上因科镍膨胀弹簧,然后将其再插入固定孔中,从而使膨胀弹簧受到上连接孔板的压缩,将燃料棒稳固地坐在下连接孔板上,这种结构设计在满足连接、定位的同时,也允许燃料棒的轴向膨胀或伸长。

BWR/6燃料芯块为95%理论密度的烧结二氧化铀芯块;ABWR所使用的燃料芯块密度则达到97%理论密度。与压水堆中所使用的燃料芯块类似,在沸水堆中的燃料芯块也采用了边缘倒角方式,以减轻运行寿期内芯块和包壳之间的相互作用。此外,在ABWR中,燃料的分区装载不仅体现在沿反应堆堆芯的径向,甚至在单根燃料棒中也采用上高下低的富集度,因此燃料富集度种类较多,这样做的好处是降低了局部功率峰因子。低富集度的燃料棒位于燃料棒束的四个角和邻近水隙边缘的地方;较高富集度的燃料棒

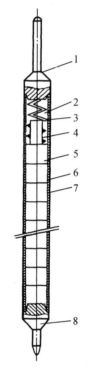

1—上端塞;2—气腔;3—气腔弹簧;
4—吸氢器;5—燃料芯块;6—倒角燃料芯块;
7—包壳管;8—下端塞。
图2-15 燃料棒结构

用于燃料棒束的中下部。此外,燃料棒束中选取若干根含钆(Gd)燃料棒,用于改进燃料棒束径向和轴向功率分布,并允许堆芯内装更多的可裂变物质。含钆棒中钆以 Gd_2O_3 形式与 UO_2 混合,在堆中随其贫化或燃烧而逐渐释放反应性。图2-16所示为ABWR中8×8燃料组件典型的多种富集度燃料装载情况。

沸水堆燃料元件棒的包壳由低中子吸收截面和传热性能极好的Zr-2合金制成。Zr-2合金存在对氢化相对敏感的缺点,因此元件盒和定位格架条带都选用Zr-4合金制作,因为我们更关注这些部件的抗氢化能力,而非传热性能。鉴于沸水堆燃料棒棒径较大,燃料与包壳的相互作用(PCI)较压水堆燃料棒严重,所以包壳采用锆衬里(约0.1 mm)设计来缓解PCI。气腔弹簧由不锈钢制作,用来产生轴向压紧力,使燃料芯块柱中各芯块彼此之间保持轴向接触,防止装卸和运输过程中燃料芯块的轴向蹿动。

(6)吸氢器

吸氢器为沸水堆的设计可选项,其主要是由置于气腔内吸氢能力强的纯锆或其他材料制成的小管,目的是防止含湿气体或含氢材料进入包壳管内使之氢化而造成破损。另外ABWR燃料棒内预充了0.5 MPa的氦气,而BWR/6燃料棒内填充的则是0.3 MPa的氦气,其主要目的是推迟燃料芯块和包壳的接触,缓解PCI。

边与边的中心

7	N	5	N	4	N	3	N	3	N	4	N	5	N	7	N
7	N	5	N	4	N	3	N	3	N	4	N	5	N	7	N
5	N	3	N	3	N	2	N	2	N	2	N	3	N	5	N
5	N	3	N	3	N	2	N	2	N	2	N	3	N	5	N
4	N	3	N	2	N	1	N	1	N	6	N	2	N	4	N
4	N	3	N	2	N	1	N	1	N	6	N	2	N	4	N
3	N	2	N	1	N	6	N	W		1	N	2	N	3	N
3	N	2	N	1	N					1	N	2	N	3	N
3	N	2	N	1	N	WS		6	N	1	N	2	N	3	N
3	N	2	N	1	N			6	N	1	N	2	N	3	N
4	N	2	N	6	N	1	N	1	N	2	N	3	N	4	N
4	N	2	N	6	N	1	N	1	N	2	N	3	N	4	N
5	N	3	N	2	N	2	N	2	N	3	N	3	N	5	N
5	N	3	N	2	N	2	N	2	N	3	N	3	N	5	N
7	N	5	N	4	N	3	N	3	N	4	N	5	N	7	N
7	N	5	N	4	N	3	N	3	N	4	N	5	N	7	N

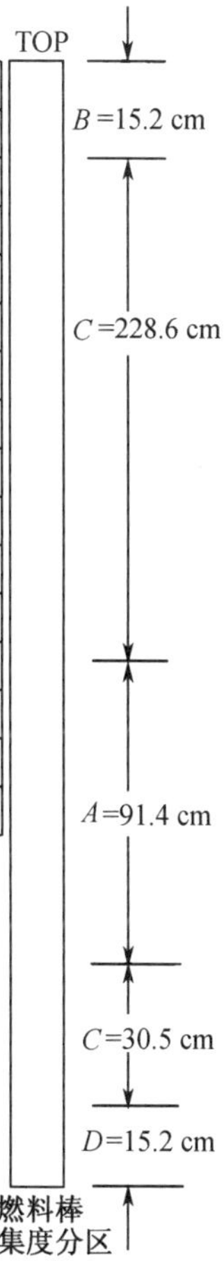

TOP

$B=15.2$ cm

$C=228.6$ cm

$A=91.4$ cm

$C=30.5$ cm

$D=15.2$ cm

燃料棒富集度分区

富集度标志号	富集度^{235}U质量分数
1	3.80%
2	3.30%
3	2.40%
4	2.20%
5	2.00%
6	1.70%
7	1.50%
N	0.71%

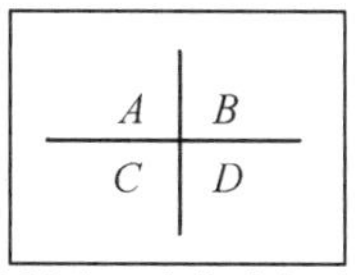

A	B
C	D

燃料分区富集度标志

WS—定位棒；W—水棒。

图2-16 典型的多种富集度燃料装载情况

（7）连接棒

每盒燃料组件共有8根,即沿燃料棒束每边的第3根和第6根是连接棒。连接棒设计与燃料棒设计完全相同,只是上下端塞不同。连接棒上下端塞各有一个细长带外螺纹的棒,其下端塞拧入下管座下连接孔板带内螺纹的固定孔内;上端塞先套上因科镍膨胀弹簧,随后再将上端塞头部带外螺纹的细长棒穿过上管座上连接孔板的固定孔,用锁紧垫片套在细长棒上,最后用不锈钢六角形螺母拧紧到合适程度,再将锁紧垫片的两组舌片一组向上弯,另一组向下弯,各卡入相应切口内,防止燃料棒及螺母旋转和松动。8根燃料棒组成一整体,只在燃料组件吊装和悬挂时承受燃料组件的重力作用,运行期间燃料棒由下管座支撑。表2-4是泊崎刈羽核电厂7号机组燃料组件的主要设计参数。

设计参数名称	数值	设计参数名称	数值
燃料组件棒排列形式	8×8	燃料富集度（质量分数）	
燃料棒数/（根/组件）	60（含连接棒）	初始装料：Ⅰ型	1.2%
水棒数/根	1	Ⅱ型	2.5%
水棒外径/mm	34	Ⅲ型	3.5%
燃料组件高度/mm	4 470	平均	2.6%
燃料棒长度/mm	4 066	换料	3.5%
燃料棒活性长度/mm	3 710	Gd_2O_3含量（质量分数）	7.5%以下
燃料棒直径/mm	12.3	燃料棒预充氦气压力/MPa	0.5%
包壳管厚度/mm	0.86	燃耗（MW·d/t）	
燃料芯块直径/mm	10.4	初始装料组件平均燃耗	27 000
燃料芯块高度/mm	10	换料组件平均燃耗	39 500
燃料芯块密度	理论密度的97%	燃料组件最高燃耗	50 000
燃料芯块－包壳管间隙/mm	0.2		

2.6.3　沸水堆核燃料组件的发展

为了进一步改进燃料组件的性能，GE 和日本的有关公司对沸水反应堆燃料组件进行了广泛的研究，推出了从 GE8 到 GE13 各种型号的燃料组件。

（1）GE8　1986 年引入，8×8 布置，2 根或 4 根水棒，采用轴向分区加钆，改进了上固定板机构（减少流道孔内肋条）以减少两相流流阻，铀燃料的峰值燃耗已达 60 000 MW·d/t。

（2）GE9　1989 年引入，8×8 布置，1 根粗水棒（占 4 个燃料棒位置），粗水棒有利于提高核效率；轴向变富集度和钆含量，改变热工裕度和停堆裕度，高性能的环圈支撑格架改进了热工性能和燃料循环成本，峰值燃耗达 60 000 MW·d/t。

（3）GE10　1990 年引入，布置与 GE9 类似，主要改进是采用新型的元件盒结构，在不牺牲结构性能的情况下加强拐角厚度并减少总钆量，在沿流道方向增加产生流动扰动的凸起。改进元件盒结构以提高临界功率，峰值燃耗也为 60 000 MW·d/t。

（4）GE11 和 GE13　都是 9×9 布置，燃料棒线功率密度、温度和裂变气体释放率都较低，改进了燃料的工作状态和热工裕度，两根大的中心水棒进一步提高了核效率，8 根半长短棒的引入增加了稳定性裕度，GE11 峰值燃耗已达到 70 000 MW·d/t。GE13 主要结构设计类似于 GE11，但格架采用因科镍材料，大大减少了格架的流动阻力，从而提高了临界功率能力，另外还增加了一个定位格架，预计峰值燃耗可达 70 000 MW·d/t。

（5）GE12　1994 年引入，10×10 燃料组件，其中包括 78 根全尺寸燃料棒和 14 根部分尺寸的短燃料棒，预计峰值燃耗可达 70 000 MW·d/t。

短燃料棒长度约为全长燃料棒长度的 60%，短燃料棒的设计依据是压降和预计的堆芯热工裕量优化。因为采用这种设计减少了两相流压降，从而提高了热工水力稳定性。GE11/13 燃料组件共 81 个棒位，全长燃料棒 69 根，短燃料棒 8 根，粗水棒 2 根占 4 个棒位。

从 7×7 燃料组件发展到 10×10 燃料组件，燃料组件盒的尺寸不变，在具有互换性的同时大大降低了同等功率下的平均线功率密度,相对于 7×7 组件,8×8 组件平均线功率密度降低到 76.5%,9×9 组件降低到 60%,10×10 则降低到 49%。燃料组件在这方面的改进一方面大大减轻了燃料在运行中承受的热负荷,减缓了燃料组件性能的下降;另一方面也为提高机组的额定功率创造了条件。燃料芯块及棒径变小,有利于改善燃料的热传导性能,改变燃耗过程中的燃料行为。燃料组件盒由等厚度改为变厚度,纵向增加凸起,不仅增加了结构强度,还改善了流道的交混性能和流动性能。水棒的变化改进了中子慢化,对核设计和燃料管理起到了正面作用。上管座和下管座分别采用降低和升高压降设计,改进了流动稳定性。采用短燃料棒,降低了两相流压降,使轴向水铀质量化重新分布,优化了燃料棒束铀质量,改进了冷停堆裕量。

2.6.4 控制棒组件

1. 典型沸水堆控制棒组件结构

沸水堆控制棒组件具有提供足够停堆裕量,控制堆芯内功率分布和反应性的功能。其中对反应堆运行期间的功率分布控制,是借助控制棒组件在堆芯中的布置和插棒深度实现的。控制棒组件与控制棒组件驱动机构连接,通过驱动机构使之快速插入堆芯,引入足够负反应性,使反应堆在紧急事故情况下快速停堆;通过驱动机构使之步进插入和抽出,使堆芯反应性减小或增大,从而达到降低或提升反应堆功率的目的。BWR/6 控制棒组件主要由十字形骨架和控制棒元件组成,如图 2-17 所示。

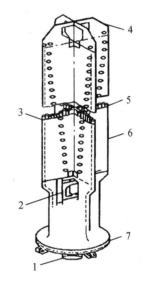

（1）十字形骨架

沸水堆控制棒组件的十字形骨架是由上下十字形构件、中心柱和保护套(形成翼板)焊接在一起组成的刚性骨架。上下十字形构件由不锈钢铸件加工而成,为控制棒组件上下部提供结构刚度,其中上十字形构件位于控制棒组件顶部,为把手结构,供吊装控制棒组件操作抓取用。使控制棒成一字形排列和在

1—联轴器;2—连接柄;3—保护套;4—把手;
5—控制棒;6—翼板;7—速度限制器。

图 2-17 BWR/6 控制棒组件

其上安装滚轮(共 4 个),为控制棒组件顺畅插入或抽出堆芯提供方便。下十字形构件位于控制棒组件的底部,包含 4 个定位的滚轮和 1 个降落伞形状的速度限制器。速度限制器为 2 个同心圆锥体,当控制棒组件下落时,强迫水通过下圆锥体的沟槽流进两个圆锥体之间的区域。上圆锥体使水转向,并从速度限制器的边缘下降流出,产生一个向上的作用力,从而减缓下落加速过程,达到限制控制棒组件下落的目的。另外,在下十字形构件的中央设有联轴器与驱动机构的驱动轴连接,为控制棒组件上下移动提供驱动力。

中心柱为十字形杆状不锈钢结构件,位于控制棒组件的中心,上下分别与上下十字形构件焊接,而径向与 4 个构成控制棒组件翼板的保护套盒焊接,从而组成一整体,为控制棒组件提供结构刚度。

保护套为一字形带有冷却孔的不锈钢盒,每组控制棒组件共有 4 个,每个保护套为 18 根控制棒提供就位空间,因此每组控制棒组件共有 72 根控制棒,保护套管既是构成控制棒

组件翼板的构件,也是保护控制棒包壳免受运动损伤的构件,同时还具有让冷却剂流入或流出冷却控制棒和为控制棒组件上下移动提供导向的功能。

（2）控制棒元件

控制棒元件由不锈钢上端塞、下端塞、包壳管、钢球和 B_4C 组成,如图 2 - 18 所示。控制棒元件中上端塞、下端塞、包壳管和钢球均由不锈钢制成,内装的吸收体为接近理论密度75%的 B_4C 粉末,包壳管与上、下端塞焊接密封。为了防止 B_4C 粉末在使用过程中下沉而影响反应性或功率控制,以及便于硼 - 中子反应的氦气释放,将控制棒内的 B_4C 粉末沿轴向分成若干段,并在控制棒包壳管外向内压出轻微的凹环以实现钢球的定位,钢球之间的距离约为 460 mm,钢球和凹环之间的距离约为 12.7 mm。控制棒棒径为 4.8 mm,包壳管容纳硼 - 中子反应释放出来的氦气。若 B_4C 粉末的密度较高,可在其两端加填充物以适应较多的氦气释放。

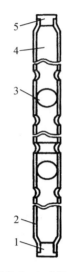

1—下端塞;2—包壳管;3—钢球;
4— B_4C ;5—上端塞。

图 2 - 18 控制棒元件

BWR/6 控制棒组件的冷却由如下旁通流量或漏流完成:燃料组件下管座旁流孔;燃料组件下管座和元件盒之间的旁流;燃料组件下管座和燃料组件支撑座之间的旁流;燃料组件支撑座和堆芯板之间的旁流;堆芯板和围板之间的旁流;在堆芯板上为控制旁通流量而开的孔所提供的冷却流量等。

辐照引起 B_4C 吸收体包壳或容器的应力腐蚀开裂是沸水反应堆控制棒机械寿命的主要限制因素。自从 1978 年发现 B_4C 肿胀问题以来,人们相继改变了设计和选材,延长了控制棒组件的使用寿命。GE 公司后来又推出两种改进型控制棒组件。

2.沸水堆控制棒组件发展

为了进一步改进控制棒组件的性能,历史上也对控制棒组件的设计进行了一系列研究。其中一种是 Duralife(长寿命)系列的控制棒组件设计。它与原设计的不同之处是采用了低钴合金和高纯304 不锈钢管材,以及高辐照区采用铪板作吸收体。各系列控制棒组件的翼板设计特征如下:

（1）Duralife120 吸收体全部采用 B_4C ,翼板、销和滚轮采用高纯 304 不锈钢,其中销和滚轮不含钴。Duralife140 具有 Duralife120 的全部特征,但在一个吸收体段的顶部采用铪(Hf)。Duralife160 具有 Duralife120 的全部特征,但是在每个翼板外边缘的最高燃耗位置采用 Hf 吸收棒。Duralife190 具有 Duralife160 的全部特征,但是在翼板顶部的高燃耗位置采用 Hf 作吸收体,此外,还采用较重的速度限制器。Duralife215 具有 Duralife190 的全部特征,但是在较厚的翼板中增加了 B_4C 吸收体材料的用量,该设计规定用于 C - 栅格的核电厂。Duralife230 类似于 Duralife215,但设计规定用于 D - 栅格的核电厂。

（2）另一种是 Marathon 控制棒组件设计,与 Duralife 系列相比,其翼板的机械设计是不同的。Marathon 控制棒采用外为方形、内为圆管形的构件焊接以构成控制棒组件的每块翼板。这种设计降低了控制棒组件的质量,增大了吸收体的体积。此外,采用分段的中心柱代替以前的全长中心柱,也减轻了组件质量。构成翼板的每个内圆外方的构件,由抗应力腐蚀开裂的高纯 304 不锈钢制作。4 个拐角的突出部分用作在元件盒之间移动的摩擦表面,每块翼板由 14 个或 17 个这样的构件组成。如果要延长寿命,可在控制棒组件顶部把手下面的矩形区域使用 Hf 板,也可根据用户要求改变尖端部分的长度。

(3)日立公司、东芝公司和 GE 公司合作推出了两种全铪吸收体的控制棒翼板设计,用于沸水反应堆的栅元配置。一种是 Hf 板,板的设计也是十字形,每块翼板采用两块铪板。两块铪板通过不锈钢销与保护套固定,并将两块铪板分开,其间存在空隙,充满水来慢化和吸收超热中子和快中子。为了在保证停堆裕量的前提下减轻质量,采用 4 种具有不同厚度的铪板设计,即翼板顶部(峰值辐照位置)的铪板最厚,约 2 mm,而沿翼板逐步向下分三级减薄,直至约 1 mm。另一种是铪棒,结构与用 B_4C 的结构类似,只是用铪吸收棒代替 B_4C。所有的铪吸收棒悬挂于每块翼板的顶部,翼板上半部铪吸收棒的直径为 5 mm,下半部变细为 3 mm。

至于 ABWR 的控制棒组件设计,则采用了如图 2 – 19 所示的控制棒组件设计。虽然 ABWR 的控制棒与 BWR 的通用控制棒组件设计基本相同,但是其设计细节仍有差异。ABWR 堆芯中有 205 根十字形翼状控制棒,在控制棒翼中添加 B_4C 或铪。铪相对于 B_4C 的优点就是使用寿期长,在辐照期间不发生肿胀;缺点是价格高,中子吸收率也比 B_4C 低。因此铪吸收体用于对应力腐蚀裂纹最敏感的区域。

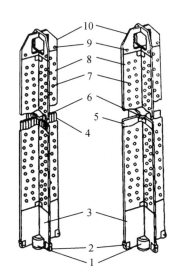

1—联轴器;2—下滚轮;3—下十字形构件;
4—B_4C 控制棒;5—Hf 板;6—中心柱;
7—冷却孔;8—保护套;9—上滚轮;
10—上十字形构件。

图 2 – 19 ABWR 用两种控制棒组件

2.6.5 中子源组件

沸水堆中子源棒与压水堆用中子源棒一样,也有一次和二次中子源之分。一次中子源棒也为 ^{252}Cf,用于初始堆芯的启动;二次中子源棒也为 Sb – Be,经辐照激发后用于换料后反应堆的再启动。

2.7 ABWR 堆芯和燃料管理

ABWR 堆芯主要由燃料组件、控制棒组成,燃料组件盒水隙中还布置着核测量装置,如图 2 – 20 所示。

在 ABWR 堆芯中共布置有 872 个燃料组件,首炉堆芯装载如图 2 – 21 所示,燃料的平均富集度为 2.217%。换料组件的富集度由具体的燃料管理方案决定,在 K6/K7 中选择铀 – 235 含量为 3.8% 的燃料。根据核设计,首炉堆芯可能在某些位置用空棒束代替富集铀的燃料棒束。在以后的堆芯换料中,再被其他燃料棒束替代。ABWR 的一个燃料棒束内有多种不同的燃料棒,有普通燃料棒,有含氧化钆的燃料棒,各燃料棒的富集度也不同,一根燃料棒的轴向不同区域可装不同的燃料芯块,轴向一般分为 5~6 个区:两端各有一个天然铀区,装载天然铀燃料芯块,起到降低泄漏和提高转化比的作用,其他由下而上分别是功率形状区、主体区、停堆区等,根据需要可装载不同富集度的燃料芯块或含氧化钆的燃料芯块。

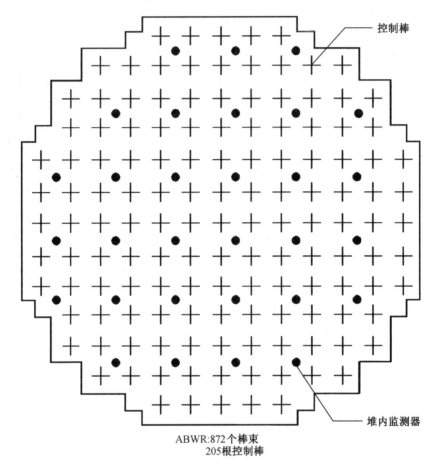

ABWR:872个棒束
205根控制棒

图 2-20　ABWR 堆芯

　　ABWR 堆芯中的控制棒有 205 根处于组件盒外的宽水隙中,控制棒翼内是 B_4C 粉末或铪吸收体。为平衡反应堆内由下往上空泡份额逐步增加而造成的功率分布不均匀,控制棒从堆芯下部插入。在 ABWR 运行时采用控制栅堆芯设计和运行方案,如图 2-22 所示。该方案的基本特点是在 ABWR 功率运行期间,仅有少部分固定的控制棒(一般小于总控制棒束的 1/10,如 K6/K7 为 13 根)组成一个控制棒组在堆芯内移动来补偿整个寿期内的反应性变化。每根控制棒和它周围的 4 组燃料组件组成一个控制栅,为减小功率运行期间控制棒移动引起的功率分布扰动,控制栅中的燃料组件是平均富集度较低的低反应性燃料组件,在功率运行期间除控制栅外的其他控制棒都完全抽出至堆外。

　　ABWR 的核测量功能全部由安装在燃料组件盒之间水隙导管内的探测器及其系统完成。由于 ABWR 不会像 PWR 那样由于氙而导致轴向功率分布的波动,因而不需要设置堆外核测量仪表监测上部堆芯和下部堆芯功率的变化和差值,这有利于提高堆内功率及分布测量的可信度和精度。

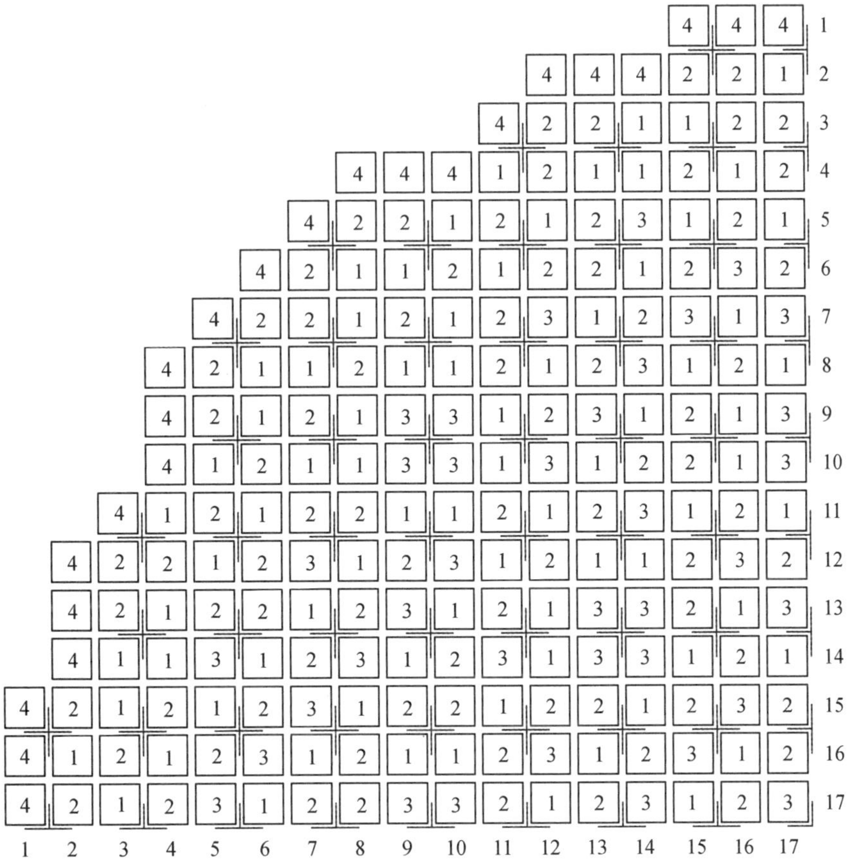

														4	4	4	1
											4	4	4	2	1	1	2
										4	2	2	1	1	2	2	3
								4	4	4	1	2	1	1	2	1	4
							4	2	2	1	1	2	1	2	1	2	5
						4	2	1	1	2	1	2	1	2	1	2	6
					4	2	2	1	1	2	3	1	2	3	1	3	7
				4	2	1	1	2	1	1	2	1	2	3	1	2	8
				4	2	1	1	1	3	3	1	2	3	1	2	1	9
				4	1	2	1	2	1	2	1	2	3	1	2	1	10
			4	1	2	1	2	1	2	1	2	1	3	1	2	1	11
		4	2	2	1	2	1	2	1	2	1	1	2	1	2	2	12
		4	2	1	2	1	2	1	2	1	2	1	2	1	2	1	13
		4	1	1	2	1	2	1	2	1	2	1	2	1	2	1	14
4	2	1	2	1	2	1	2	1	2	1	2	1	2	1	3	2	15
4	1	2	1	2	1	2	1	1	2	1	3	1	3	1	2	1	16
4	1	2	1	2	1	2	1	2	1	2	1	2	1	1	2	3	17
1	2	3	4	5	6	7	8	9	10	11	12	13	14	15	16	17	

组件型号	富集度	组件数
1	高富集度, 3.18%	308
2	中富集度, 2.18%	324
3	低富集度, 1.23%	148
4	天然铀, 0.71%	92

图 2-21 ABWR 首炉堆芯燃料装载图

ABWR 核测量仪表分为启动量程和功率量程两个区段,其监测系统分为如下几个部分:

(1)启动量程中子监测器系统(SRNM)由 10 个带核裂变电离室的固定式探测器系统组成,其测量范围覆盖源量程和中间量程区段。

(2)局部功率量程监测器系统(LPRM)共有 52 个探测器组件在堆芯径向均匀分布,每个探测器组件内有 4 个轴向等距离分布的独立的裂变室,测量局部功率。测量信号通过平均功率量程监测系统(APRM)给出反应堆平均功率,并通过变化功率量程

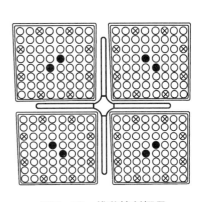

图 2-22 堆芯控制栅元

监测系统(OPRM)监测堆内功率分布的波动。

（3）移动式堆芯探测器(TIP)共有52组带小型裂变电离室的堆芯移动探头,定期(一个月左右)依次进入每个 LPRM 探测器组件内探测堆芯局部功率,用于对 LPRM 探测器的检定。

第3章　重水反应堆结构

3.1　概　　述

重水反应堆也是发展较早的核电站动力反应堆之一。从20世纪50年代初起,加拿大原子能有限公司(AECL)就开始研究采用重水作慢化剂、天然铀作燃料的动力反应堆,简称CANDU型反应堆。CANDU型核电站自从1962年投入运行以来,已经积累了大量运行经验,新建的标准600 MW级CANDU-6核电站是CANDU堆在技术上成熟的标志之一。经过改进和发展,CANDU堆能与低浓缩铀轻水堆(BWR和PWR)相竞争,成为当今工业界可选的核电技术之一。我国秦山三期重水堆核电站引进加拿大原子能有限公司两台CANDU-6重水堆核电机组,总装机容量为2×728 MW,两台机组已分别于2002年12月和2003年7月投入商业运行。

如图3-1所示为CANDU-6核电站工作原理图,其与压水堆核电站的基本流程完全一样。总体来看,CANDU核电站也有两个主回路(除最终冷源回路):一回路也可称为反应堆冷却剂系统,主要由反应堆堆芯、主泵、蒸汽发生器和稳压器等组成;二回路由蒸汽发生器、汽轮发电机组、冷凝器和给水泵等组成。加压重水冷却剂通过闭合回路中的燃料通道和蒸汽发生器循环,燃料产生的裂变热量传输给轻水以产生蒸汽,蒸汽用来驱动汽轮发电机发电。做过功的乏汽在冷凝器中凝结成水,经处理后重新被送回蒸汽发生器。与通常的压水堆一样,堆芯和一回路所有带核的设备完全被包容在安全壳内,与二回路汽轮发电机系统以及环境隔离,所以CANDU核电站实际上也是压水堆核电站的一种特例。此外,除了反应堆本体之外,核蒸汽供应系统所用的主要设备如蒸汽发生器、稳压器等,常规岛部分所采用的汽轮发电机等一系列设备,CANDU核电站与压水堆核电站也基本一样。据统计,CANDU核电站与普通压水堆电站相比,大约75%的设备基本上是相同的。对先进CANDU反应堆ACR-1000而言,这个比例甚至会更高。

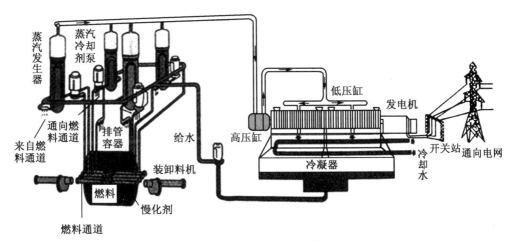

图3-1　CANDU-6核电站工作原理图

CANDU 与压水堆核电站的主要差异在于堆芯结构。如第 1 章所述,压水堆核电站堆芯布置于可拆卸的压力容器内,燃料组件、控制棒组件以及其他堆内构件全部装在压力容器里面。而 CANDU 堆芯的承压边界是由几百根直径很小的水平压力管组成的。高温高压冷却剂在管内流动,同时每个压力管内装有 12 个简单而短小的燃料组件。CANDU 反应堆可以实现不停堆换料,在换料时两台装卸料机分别与选定通道的两端相接,使得新燃料和乏燃料组件可以出入。这些燃料通道从一个卧式圆筒形的排管容器的两端穿过,燃料通道外侧和容器内壁的空间则充满低温(约 75 ℃)低压的重水慢化剂,而整个排管容器置于充满水的屏蔽箱体之内。

3.1.1 CANDU 重水堆的主要特点

1. 用重水作慢化剂和冷却剂,用天然铀作燃料

常用慢化剂的慢化特性如表 3 – 1 所示。

表 3 – 1　常用慢化剂的慢化特性

	H_2O	D_2O	Be	C
慢化能力 $\xi\Sigma_s/m^{-1}$	1.53×10^{-2}	1.77×10^{-3}	1.6×10^{-3}	6.3×10^{-4}
慢化比 $\xi\Sigma_s/\Sigma_a$	70	100	150	170

相对于压水反应堆中常用的轻水,重水的中子吸收截面小,慢化能力大,因而具有以下优点:

(1)不需要花巨资建造铀浓缩工厂或从国外进口浓缩铀,有利于无铀浓缩能力的国家自力更生发展核电;对于有铀浓缩能力的国家,也可节省铀浓缩分离功作为它用。

(2)从重水堆卸出的燃料燃烧充分,铀 – 235 含量低于浓缩铀厂尾料的富集度,这样就可以不用把乏燃料储存起来(称为"一次通过式"燃料循环),并且在需要时可直接提取其中的钚使燃料循环大大简化。

(3)重水堆采用天然铀作燃料,每千瓦年的净产钚量高于除天然铀石墨堆以外的其他堆型,其燃料转化比(约 0.80)高于轻水堆(约 0.5),属于铀资源利用率较高的堆型。

(4)由于天然铀燃料生产不需要铀浓缩的一系列复杂工艺和大量的能量消耗,而且天然铀燃料组件的结构和制造工艺也较轻水堆简单,所以重水堆的燃料成本大约是轻水堆的1/2。

2. 制造工艺相对简单

CANDU 堆芯由几百个小直径的燃料通道组成,而不是一个巨大的容器,从而避免了制造技术难度很高的轻水堆压力壳及其他大型设备。

3. 年容量因子高

CANDU 堆采用不停堆换料运行方式,省去了轻水堆每年或每 18 个月一次的停堆换料时间(一般 1.5 ~ 2 个月)。采用不停堆换料运行方式,可以及时卸出破损的燃料元件,降低了对冷却剂回路的污染,也有利于提高核电站的利用率。在汽轮机组发生故障甩去全部负荷,但不要求停机时,反应堆可不停堆,发电机改为电动机方式运行,最长可达 90 min(通常压水堆核电站是 1 ~ 2 min),只要故障一消除,可直接提升功率,这对提高电站利用率也是有利的。所以目前运行的核电站中,CANDU – 6 的年容量因子最高。

4. CANDU 重水堆固有安全性好

(1)与轻水堆相比,CANDU 堆多了两道防止和缓解严重事故的热阱,即重水慢化剂系统和屏蔽冷却水系统。慢化剂系统重水量很大(CANDU-6堆为264.5 t),大于主热传输系统冷却剂的量(CANDU-6堆为192.4 t),具有导出相当于5%额定功率的衰变热的能力。在严重事故下,即使应急冷却堆芯注水系统失效,只要慢化剂热阱存在,热量可以从燃料通道传给慢化剂,燃料也不会熔化,燃料通道的完整性就能保持。此外,即使丧失慢化剂热阱,只要屏蔽冷却水系统能正常运行,仍能保持排管容器外壳的完整性。

(2)高温高压的冷却剂与低温低压的慢化剂在实体上是相互隔离的,这样就避免了采用高强度、大尺寸的压力容器,使设备制造变得相对容易。反应性控制装置插在低温低压(压力接近大气压,温度小于69 ℃)的慢化剂中,不会受到高压高流速的水流冲击,不会发生弹棒事故。

(3)天然铀装料的平衡堆芯后备反应性小。不停堆换料方式可大大减小为补偿燃料燃耗而需储备的全堆后备反应性,此值在压水堆约为0.3,而 CANDU 堆约为0.08,在反应性控制系统失控时引入的正反应性比较小;缓发中子寿命长(1~0.9 ms),在反应性控制系统失控时功率瞬变过程比较慢,这些都减轻了事故后果的严重性。

(4)反应堆配备工作原理完全不同的两套独立的停堆系统。1号停堆系统为28根机械传动的镉停堆棒,2号停堆系统是在堆容器外有6罐装有质量分数为0.8%的硝酸钆毒液,安全上有足够的裕度。另外,除有应急柴油发电机之外,还有大容量的备用柴油发电机(秦山三期每台机组有两台,每台容量8 000 kW)。这些都提高了重水反应堆的固有安全性。

5. 可大量生产同位素

全世界90%的钴-60都是 CANDU 堆生产的。生产钴-60的原理可用下式表示:

$$_{27}^{59}Co + _{0}^{1}n \longrightarrow _{27}^{60}Co + \gamma \qquad (3-1)$$

在其他反应堆上生产钴-60,多以消耗铀-235为代价,而在 CANDU 堆内生产钴-60是将原本长期插在堆芯的21根不锈钢调节棒组件更换成钴-59调节棒组件,并接受中子辐照后产生的,生产量特别大。钴-60的换料是在每年两星期的停堆维修时进行的,不影响发电。所以 CANDU 堆能低成本大量生产同位素。

6. CANDU 堆热中子通量比轻水堆高

CANDU 堆不仅适用于生产高活度放射性同位素,还有处理长寿命锕系和长寿命裂变产物的应用前景。

3.1.2 CANDU 反应堆的几个主要问题

(1)重水堆的燃料燃耗浅(7 000~9 000 MW·d/t),换料频繁,乏燃料产生量大。

(2)慢化剂带走的热量(约占总裂变功率的4.4%)未能利用,降低了电厂的热效率,增加了成本。

(3)CANDU 堆有正的冷却剂温度系数,尤其是正空泡系数,属于不安全系数。

(4)压力管的寿命只有25年。现代核电反应堆的设计寿命一般都是40年,甚至达到60年,而 CANDU 堆的压力管虽经20多年的不断改进,但其使用寿命也只能达到25年。在 CANDU 堆寿期内全部更换一次压力管,不仅费时费力、不经济,而且会产生大量放射性废物,处理起来也很困难。

（5）重水管理复杂,氚排放量较大。CANDU 堆的冷却剂和慢化剂都是重水,全堆装载量是 457 m³。重水是非常昂贵的,初次装载就占电站投资的 10%,所以要尽量减少重水的泄漏。重水中氘受中子辐照后生成氚,氚对人体的健康是不利的。慢化剂系统中的氚含量更高,所以减少氚含量的重要措施也是尽量减少重水泄漏。减少重水泄漏的主要措施有:重水系统的静止连接部件（如管道）尽量采用焊接而不用法兰,滑动接触的部分（如轴密封）尽量采用机械连接,尽量采用弹簧箱（波纹管）阀门等。为了提高电厂的经济性和安全性,泄漏的重水必须加以收集、净化、浓缩及回收利用。

3.2　重水反应堆本体结构

本节以 CANDU – 6 重水反应堆为例,说明重水反应堆本体结构。CANDU – 6 重水反应堆本体结构如图 3 – 2 所示,反应堆本体主要包括排管容器、端屏蔽、燃料通道组件及反应性控制机构等几个部分。

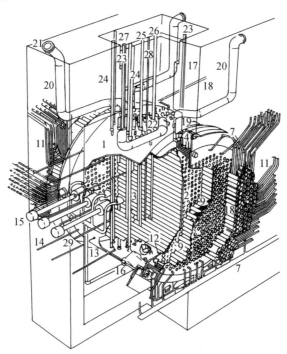

1—排管容器;2—排管容器侧管板;3—排管容器管子;4—密封圈;5—装卸料机构侧管板;6—栅格管;7—端部屏蔽冷却管;8—进口 - 出口密封装置;9—钢球屏蔽;10—端部装置;11—给水管;12—慢化剂出口;13—慢化剂进口;14—水平通道探测装置;15—电离室;16—抗震装置;17—排管容器室墙壁;18—慢化剂膨胀储箱;19—幕式屏蔽块;20—压力释放管;21—爆破盘;22—反应性控制装置管嘴;23—窥视孔;24—停堆棒装置;25—调节棒装置;26—机械控制吸收体装置;27—液体区域控制装置;28—垂直通量测量装置;29—液体停堆注射管嘴。

图 3 – 2　CANDU – 6 重水反应堆本体结构

3.2.1 排管容器和堆腔室

排管容器是一个两端带有端屏蔽的水平放置的圆筒形不锈钢容器,其主壳体的直径是7.65 m,堆芯内侧长5.94 m,壳体壁厚28.6 mm。端屏蔽支撑横跨排管容器的几百个水平燃料通道,并作为换料机室的辐射屏蔽。每个端屏蔽由位于每个燃料通道的栅格管连接的内外管板和一个外壳组成。排管以中心间距为28.6 cm 的正方格排列,排管同周边的壳体连接。两头的端屏蔽墙同时为排管容器和燃料通道提供支撑,每个端屏蔽的内外管板之间填有钢球和轻水,为工作人员提供屏蔽。端屏蔽冷却系统也是堆腔室冷却系统的一部分,重水反应堆排管容器及堆芯结构如图3-3所示。

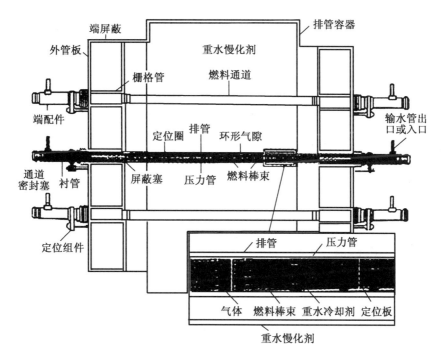

图3-3 排管容器及堆芯结构

排管容器内注满低温低压重水慢化剂,重水慢化剂从两边对应且呈扇形分布于壳体侧边的管嘴进入排管容器,从排管容器底部两个出口排出。整个排管容器安装在衬有钢覆面并充满轻水的预应力混凝土堆腔室之内,顶部开口由反应性控制机构平台封闭。反应性控制机构平台是填充混凝土的钢制箱体结构,设有很多开口,以便反应性控制装置从中穿过,该平台起着支撑反应性控制机构的上端部、驱动机构、屏蔽、连接管道和电缆的作用。

3.2.2 燃料通道组件

如图3-2所示,380个燃料通道构成了主热传输系统的堆内部分。对应于每一个燃料通道组件,都包括锆铌合金压力管、Zr-2合金排管、不锈钢端配件(两端部)、屏蔽塞(每端内外夹板之间)、端密封塞(端配件顶部),以及4个位于压力管和排管之间的环形定位圈。每个压力管容纳12个燃料棒束,并沿轴向排列于堆内。压力管和与之共轴的排管之间的环形空间充满二氧化碳气体，该气体在压力管中高温高压的重水冷却剂与排管外低温低压的慢化剂之间起隔热的作用。Zr-2合金排管的每一端与不锈钢端屏蔽开口采用紧压式连接头固定。排管是排管容器压力边界的组成部分。每一端的端配件有一个供水管出入口，冷却剂由此进出燃料通道。加压重水在燃料棒束间隙中流过，将燃料中的热量带走。相邻通道的冷却剂朝相反方向流动。压力管内径大约为104 mm，壁厚大约4 mm，长度大约6.3 m。经过大量的试验验证，压力管的两端采用滚压方法与各自的端配件连接可保证紧密可靠。

3.3　重水反应堆燃料元件

CANDU堆燃料元件是由天然UO_2陶瓷芯块、包壳管、端塞、隔离块、支撑垫、包壳管内壁石墨涂层和端板七种部件组成的棒束。CANDU-6反应堆燃料组件结构如图3-4所示。

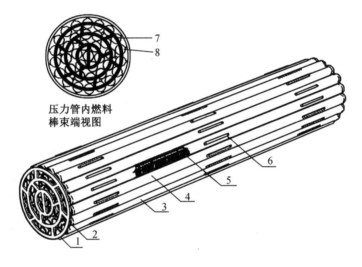

压力管内燃料棒束端视图

1—端塞；2—端板；3—燃料芯块；4—包壳管；
5—石墨涂层；6—支撑垫；7—隔离块；8—压力管。

图3-4　CANDU-6反应堆燃料组件结构

3.3.1　燃料棒束

CANDU堆所使用的燃料棒束是由若干根按同心圆方式排列的燃料棒与两块端板焊接而成的圆柱状结构。其中CANDU-6燃料棒束由37根燃料棒组成，中心1根、第一圈6根、第二圈12根、第三圈18根，相应的同心圆的直径分别为29.769 mm、57.506 mm和86.614 mm。每个燃料棒束的质量约为25 kg，结构材料的质量占燃料棒束总质量的10%以下，UO_2燃料质量占燃料棒束质量的90%以上。表3-2为CANDU-6反应堆燃料棒束的主要设计参数。

表 3 - 2 CANDU - 6 反应堆燃料棒束的主要设计参数

名称	参数	名称	参数
芯块		燃料束	
直径/mm	12.20	棒内压/MPa	0.1
堆积高度/mm	480	棒间间隙/mm	1.55
芯块个数(名义)	30	棒与压力管间间隙/mm	1.03
密度(名义)/(g·cm^{-3})	10.60	燃料束长度/mm	495.3
氧铀比	2.000 ~ 2.015	棒料束直径/mm	102.4
总硼当量(相对于铀)	1.184	二氧化铀质量/kg	21.8
包壳管		锆 - 4 合金质量/kg	2.3
外径/mm	13.10	总质量/kg	24.1
厚度/mm	0.40	运行工况	
石墨层厚度(最小)/μm	3	SI3 燃料通道冷却剂流量/(kg·s^{-1})	26.5
隔离块		SI3 燃料通道冷却剂压力降/kPa	840
长度/mm	8.26	燃料束在堆内的驻留时间(平衡换料工况)	
宽度/mm	2.29	平均(堆芯内部/堆芯外部)等效满功率天	248
厚度(最小)/mm	0.64		
支撑块		最大(堆芯内部/堆芯外部)等效满功率天	352
支撑面长度/mm	25.4		
支撑面宽度/mm	2.03	燃料束名义功率/kW	800
厚度/mm	1.0	峰值棒线功率/(kW·m^{-1})	57.3
端板		平均卸料燃耗/(MW·h·kg^{-1})	171.7
直径/mm	90.8	峰值棒燃耗/(MW·h·kg^{-1})	312.1
厚度/mm	1.52		

1. 燃料棒

燃料棒内大约装有 30 个二氧化铀芯块,其两端采用电阻焊将这些芯块密封在锆 - 4 合金包壳管内,以防止冷却剂进入,防止氚和裂变产物溢出。

(1)燃料芯块

CANDU 反应堆中所使用的燃料芯块为天然铀,由二氧化铀粉末经成形、烧结制成,其密度大于或等于 10.45 g/cm^3,氧铀比为 2.000 ~ 2.015。使用高密度燃料芯块可以使堆内有尽可能多的裂变材料和尽可能小的体积变化。与压水反应堆相似,为了在反应堆运行过程中容纳燃料芯块的体积热膨胀、肿胀以及为释放的裂变气体提供空间,芯块端部一般也设计成浅碟形。芯块的高度由综合设计确定,主要考虑应尽量减小包壳管环脊应变、制造简易和经济性好。燃料芯块端部也会采用倒角加工,以便使芯块在载荷作用下和燃料棒制造、连续装料过程中掉边最少,同时降低芯块表面膜压力,提高燃料芯块结构的稳定性。燃料芯块包壳管的直径在与端塞焊接处会有所减小,为了消除此区域由于芯块和包壳间相互作用而产生的包壳破坏的可能性,燃料制造者可选择减径芯块或有锥度的端部芯块。燃料芯块圆柱表面经无心磨床磨削，以得到较高光洁度，保证芯块与包壳间的良好接触并有利于热传导。

（2）包壳

鉴于 Zr – 4 合金比 Zr – 2 合金在重水堆冷却剂下有更好的抗腐蚀性能和较低的吸氢/氘量，可减少包壳氢脆，包壳管材料采用 Zr – 4 合金。包壳管内表面涂有一层薄石墨（CANLUB）层，以减少包壳受应力腐蚀开裂的可能性，石墨层对芯块与包壳间的热传导和芯块温度的影响可忽略不计。燃料棒内空隙充有氦气，氦气用于燃料棒制造过程的泄漏检查，高浓度氦气（大约80%）还可改善芯块与包壳间的导热性。

2. 端塞

燃料棒是通过两个端塞和包壳管的电阻焊接来实现定位的，Zr – 4 合金制成的端塞有适当的外形轮廓以便与燃料束操作系统相衔接实行不停堆换料。对端塞的设计，要求其受到操作系统施加的载荷时有足够的机械强度。

3. 端板

端板焊接在燃料棒端塞上以保持燃料束形状。端板不仅要有足够的强度以保持燃料束形状，而且还要让燃料束受到的轴向载荷能够分布到大多数燃料棒上去，而不是集中在少数燃料棒上。同时，端板要有足够的柔性以容纳燃料棒间不同的轴向热膨胀，并允许燃料束弯曲和扭转。端板应足够薄以使中子吸收材料用量最少，并使相邻燃料束燃料芯块之间的距离最小。

4. 隔离块

端板保持了燃料束端部燃料棒之间的间隙，而隔离块则保持了燃料束中的燃料棒之间的间隙。隔离块都钎焊在所有燃料棒的中部。隔离块固定时其主轴与燃料棒包壳的轴成很小的角度，在两个相邻燃料棒上的两个隔离块的倾斜方向相反，这种倾斜增加了隔离块之间的接触宽度，可减少隔离块间卡住的可能性。

5. 支撑垫

燃料棒束是由其最外圈燃料棒端部和中部钎焊的支撑垫来支撑的。支撑垫可防止包壳管与压力管的任何机械接触，因而支撑垫的外轮廓应保证燃料棒束在堆芯驻留期间和换料操作期间对压力管内表面的损伤最小，并使支撑垫的设计对压力管的局部腐蚀最小。

3.3.2 CANDU – 6 燃料组件的主要特点

CANDU 堆中所采用的燃料棒束虽然结构简单，但它对尺寸、完整性、物理性能及化学成分的要求是非常高的。CANDU 燃料组件的主要特点如下：

（1）中子经济性好

CANDU 堆燃料元件的包壳管壁厚只有沸水堆燃料元件包壳管壁厚的 1/2，相当于压水堆燃料元件包壳管壁厚的 2/3。由于使用了薄壁包壳，中子的寄生吸收很小。如皮克灵堆燃料元件全部结构材料仅占燃料棒束质量的 8%，结构材料的寄生吸收仅占燃料束中子吸收截面的 0.7%。

（2）安全性好

CANDU 堆的设计采用高密度的 UO_2 烧结芯块，又使用短尺寸棒束，这就使得 CANDU 堆燃料实际上不存在密实化而引起燃料坍塌的问题，减少了燃料的弯曲变形。燃料棒束的最外层燃料棒表面钎焊支撑垫,便于燃料束在压力管中滑动,使燃料束和压力管间保持一定间距,减少了燃料棒之间的相互摩擦和碰撞,也可避免元件烧毁。包壳管涂有石墨层,提高了燃料功率和线功率裕度,使燃料能够适应更大范围的功率波动,大大减小了元件的破损率。

（3）生产成本低

由于 CANDU 堆燃料是天然 UO_2 陶瓷芯块,比轻水堆低浓铀芯块加工费用低得多,而且所用锆合金结构材料也比轻水堆燃料元件少,所以 CANDU 堆燃料元件生产成本较低。

（4）生产和运输方便

CANDU 堆燃料组件结构简单,一共只有 6 种零部件,尺寸短小,无须占用很大的生产面积;质量较轻,不需要使用笨重的起重设备;6 种零部件结构简单,容易加工,省去了像轻水堆燃料元件中的结构复杂和价格高的定位格架,这就给生产燃料元件的工艺和运输都带来了方便,并且使用了压力电阻焊、钎焊和棒束组装点焊等新工艺,再加上严格的质量管理,不仅保证了质量,也有利于提高生产率。并且由中小型动力堆向大型动力堆发展时,CANDU 燃料元件厂也无须扩建。

3.3.3　燃料元件的进展和发展

从 1962 年第一个 CANDU 型示范重水堆达到临界并投入商业运行以来,燃料元件的基本结构没有变化,但是设计参数和制造工艺却有很大改变。CANDU 堆燃料元件的研究进展和发展主要体现在以下几点:

（1）燃料棒直径变小,燃料棒束中的燃料棒根数增加,与此相适应,棒束直径也增大;

（2）随着燃料棒束平均卸料燃耗的提高,额定单管功率大幅度提高;

（3）早期的 CANDU 堆燃料棒之间的间隙用绕丝结构维持,1972 年之后改用钎焊隔离块结构;

（4）对材料的要求有所提高,如 UO_2 烧结芯块的密度由 10.3 g/cm^3 提高到 10.6 g/cm^3,原料成分中硼和氟的含量控制更加严格,结构材料由 Zr – 2 合金改为 Zr – 4 合金;

（5）从 1972 年开始,在包壳管内壁涂上一层石墨,这种具有石墨涂层的燃料元件称为 CANLUB 元件,能减小燃料元件的破损率;

（6）燃料元件棒束的制造工艺也有发展,如燃料棒的端塞密封焊接由氩气保护焊改为压力电阻焊,棒束组装焊接由铆焊或熔焊改为点焊等。

3.3.4　燃料设计的优化

CANDU 堆采用天然铀燃料、重水慢化、重水冷却和不停堆换料方式。虽然中子经济性好,能灵活决定停堆大修的周期和时间的优点,但却存在燃料燃耗浅、换料频繁、操作量大、乏燃料产出量大和中间储存费用高等缺点。而且 CANDU – 6 机组安全裕量小,当机组运行10 年后,由于老化现象可能导致堆芯进口温度上升,安全裕量下降,可能需要降功率运行。

为了解决 CANDU 堆燃料循环中存在的问题,从 20 世纪 90 年代初加拿大原子能公司及其合作者就一直致力于开发新的燃料循环方案,提出的主要方案如下。

1. 用轻水堆的乏燃料作 CANDU 堆的燃料

如图 3 – 5 所示,用轻水堆的乏燃料作 CANDU 堆的燃料,不仅节省了大量的铀资源,又提高了燃料的燃耗。天然铀中铀－235含量为0.711%（质量分数），而乏燃料中铀－235的含量为0.8%~0.9%，钚－239的含量为0.6%~0.8%，可裂变燃料的含量约为1.5%，核反应能力足够，目前提出的具体途径有如下三种：

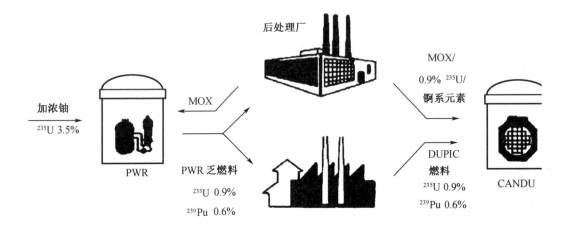

图3－5　LWR/CANDU联合燃料循环

（1）DUPIC(direct use of spent PWR fuel in CANDU)燃料

PWR乏燃料用干法处理，使U－Pu与部分裂变碎片分开。U－Pu不分离，只能除去部分裂变碎片，燃料仍具有高放射性，必须遥控加工。一种是将燃料直接制成CANDU的几何尺寸，把PWR乏燃料元件切成CANDU堆元件，拉直，两端焊上端盖（原件也可制成双包壳），由于轻水堆原件直径较小，制成的棒束可以是48根或61根，与原37根棒束相比，线功率显著下降；另一种是将PWR乏燃料去掉包壳，把芯棒制成粉末，压成"新"CANDU芯棒，烧结，再装入CANDU包壳，制成标准的CANDU元件。DUPIC与常规的后处理相比，它的优点是应用干法过程，没有化学液体，比常规后处理要简单、便宜得多。

（2）MOX(mixed oxide fuel)燃料

轻水堆乏燃料经湿法处理，使U－Pu与裂变碎片分开，铀和钚混合形成MOX燃料。

（3）回收铀（RU）燃料

轻水堆（LWR）乏燃料经过后处理后，目前传统的做法是把钚制成MOX燃料在轻水堆中再循环，而铀－235作为废料储藏。由于0.9%正好是CANDU堆的最佳富集度，AECL提出把它作为CANDU的燃料加以应用，这样可以重新获取约40%的能量，燃耗可以从原来压水堆的35 000~42 000 MW·d/t加深14 000~18 000 MW·d/t。而从CANDU堆卸出的乏燃料则已是富集度约为0.2%的贫化铀了，它比重新浓缩后再返回压水堆利用要经济得多，并生产更多的能量。而且乏燃料的体积将减小大约50%，对于拥有轻水堆的国家，CANDU堆将成为一种不可或缺的补充堆型，与轻水堆组成LWR/CANDU联合体系，提高燃料资源的利用率，降低核电成本。

2. 低浓铀（SEU）燃料

用加浓到0.9%~1.5%的铀－235作为CANDU堆燃料，其优越性如下：

（1）燃料循环成本降低30%；

（2）减少乏燃料数量；

（3）提高运行安全裕度；

（4）提高额定功率；

（5）提高铀利用率。

3. 钍循环

钍在地表有丰富的储量，约为铀的 3 倍。钍本身不是可裂变材料，经中子辐照后转变为可裂变材料铀 – 233。如果铀 – 233 得到回收，天然铀的需求量可减少 90%。

钍燃料在 CANDU 堆中可分为一次循环和直接再循环两种，其中一次循环方案又可分为如下两种方案：方案一为混合燃料通道，钍核驱动燃料装在不同的燃料通道里，换料速度独立可调，燃料管理比较复杂；方案二为混合棒束，钍核驱动燃料装载到同一棒束内，钍和稍加浓缩铀具有同样的驻留时间，燃料管理简单。技术参数如下：

①UO_2 在外面两圈元件中，中央 8 根元件装 ThO_2。

②棒束平均燃耗为 22 MW·d/kg，钍燃耗为 10.4 MW·d/kg，稍加浓缩铀为 25 MW·d/kg。

③均一堆芯，换料简单，每次更换两支棒束。钍在 CANDU 堆中"直接再循环"是将经过辐照的中间 ThO_2 元件重新插入新 SEU 棒束中央，每个循环 ThO_2 可获得 20 MW·d/kg，使 ThO_2 的燃耗得到最大限度的提高。

ThO_2 燃料具有以下特点：

①钍比铀的导热性高 50%，因而燃料运行温度低，熔化温度比 UO_2 高 340 ℃；

②ThO_2 是钍的最高氧化态，因而燃料不会再进一步氧化而释放大量裂变产物和气溶胶；

③钍循环的乏燃料放射性比铀乏燃料小 90% ~ 99%，产生的锕系元素也少。

3.3.5　CANFLEX 燃料棒束

加拿大的 AECL 和韩国的 KAERI 经过 10 多年的研制，开发出 CANFLEX（CANDU flexible fuelling）燃料棒。CANFLEX 是目前 CANDU 堆先进燃料循环最合适的载体，如图 3 – 6 所示。CANFLEX 最显著的特点是具有突出的热工水力效率，并能采用不同的燃料装载方式（如天然铀、稍加浓缩铀、轻水堆乏燃料、钍铀燃料和 MOX 燃料等）。每个 CANFLEX 燃料棒束共有 43 根燃料元件棒，其中中心 1 根和第一环的 7 根燃料元件的外径为 13.5 mm，第二环和第三环共 35 根燃料元件的外径为 11.5 mm。而且 CANFLEX 燃料棒束在 1/4 和 3/4 燃料棒束平面上增加了 CHF – 提高块（CHF enhancing button），这种结构在燃料棒束横截面上的分布形式如图 3 – 7 所示。CANFLEX 燃料棒束与 37 根元件的标准燃料棒束相比峰值功率将降低 20%，使得燃料棒束可以有更高的燃耗。CANFLEX 在设计上增加的 CHF – 提高块能加强冷却剂湍动，降低冷却剂空泡产生的可能性，从而提高传热效果，使得运行安全裕量提高。

当采用天然铀时，CANFLEX 燃料棒束不仅能提高电站运行的安全裕量，还能帮助遭遇老化效应的 CANDU 电站恢复其额定效率。当采用稍加浓缩铀时，除了能提高电站运行的安全裕量和缓解电站因老化而降低功率运行的问题外，燃料棒束的燃耗可以达到天然铀燃料的 3 倍左右。

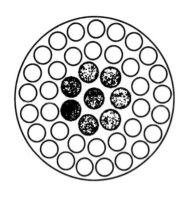

图 3 – 6　CANFLEX 燃料棒束
横截面

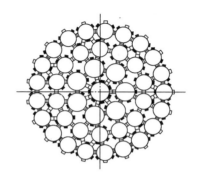

图 3 – 7　CHF – 提高块在燃料棒束横
截面上的分布形式

3.4　重水反应堆停堆装置

3.4.1　停堆棒装置

28 个停堆棒装置构成了 1 号停堆系统的吸收和执行部分,该系统主要执行快速停堆功能。当该系统测出反应堆安全关键参数超过设定值时,即满足要求的停堆信号时,通过切断离合器的直流电源,停堆装置的吸收元件部分将被释放,吸收元件在导向管内穿过燃料通道区域,进入慢化剂区域。

停堆棒装置结构如图 3 – 8 所示,主要由几部分组成:装有不锈钢套管的镉吸收棒、一个垂直的导向管及导向管延伸段、驱动机构、加速弹簧、套管、屏蔽塞、反应性控制平台的贯穿部件和棒就位指示器。每个停堆棒是用缠绕在驱动机构滑轮上的不锈钢丝绳悬挂起来的。

驱动机构是一个电动机驱动的绞盘,绞盘的一头是一个电磁离合器,将滑轮轴和齿轮盘耦合在一起。当直流电磁离合器断电,滑轮在棒的重力作用下可自由移动。在紧靠反应性控制机构平台的上方,驱动机构用螺钉固定在套管的顶部并加以密封。在棒刚开始下落的前 0.6 m 冲程上,设有一个压紧弹簧以提供小的加速度。当停堆棒掉到底部时,由驱动机内的可旋转的液力阻尼器给予缓冲。当停堆信号解除后,停堆棒在电动机驱动下提起,棒的轴向位置由滑轮轴上的旋转式电位计传感器来测量。

3.4.2　机械吸收棒装置

安装在反应堆堆芯顶部的 4 个机械吸收控制装置是反应堆功率调节系统的吸收体和执行部件的组成部分。当离合器通电时,机械吸收棒可以不同的速度在燃料通道之间插入或抽出堆芯。当离合器断电后,机械吸收棒在重力作用下落入堆芯。

机械吸收棒装置同停堆棒装置的结构基本一样,不同的是机械吸收棒装置装有加速弹簧和棒就位指示器,并且在吸收棒底部有一个节流孔以降低下落速度。

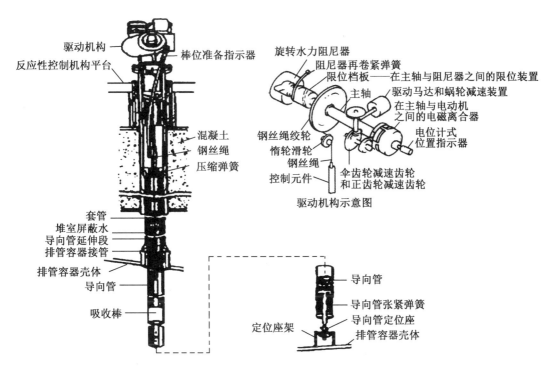

图3-8 停堆棒装置结构

3.4.3 调节棒装置

CANDU-6反应堆中有21根垂直安装的调节棒。这些调节棒通常情况下完全插入堆芯的燃料通道之间,构成了反应堆功率调节系统的一部分。其主要目的是:调整中子通量的分布和克服反应堆降功率引起的氙毒;装卸料机发生故障时,则用于维持电站的连续运行(一般可达几周)。调节棒一般靠驱动机构驱动,并且以2~5根棒组的形式插入或抽出堆芯。每个调节棒装置包括调节棒、垂直导向管及延伸段、套管、屏蔽塞和驱动机构。调节棒由薄壁不锈钢管和中心的不锈钢补偿棒组成,吸收元件盒中心补偿棒中的吸收体含量沿其长度方向是不同的,以满足不同的中子吸收要求。每个调节棒悬挂在其驱动机构的不锈钢绳上,轴向位置是用耦合在滑轮轴上的电位计传感器来指示的。

不锈钢吸收管材料为304L不锈钢,分3排布置在堆芯中心区域,每排有7个调节棒组件。不锈钢调节棒组件有A、B、C、D四种类型。根据反应堆通量分布情况,堆芯中的不锈钢调节棒组件分为长棒和短棒两种,长棒(A、B、C型)在中心区,长343 cm,外围用短棒(D型),长114 cm。满功率运行时,全部调节棒插入堆芯;装换料机故障时,为补偿燃耗,调节棒分7组分别提出堆芯,为防止功率畸变超过限值,采用逐步降功率的运行方案。

可用钴棒代替不锈钢棒,消耗原本被不锈钢控制棒吸收的中子。钴调节棒组件不但具备不锈钢调节棒组件的反应性控制功能,而且能在堆内辐照后产生医疗和工业用的放射源[60]Co,在不影响核电站安全和发电能力的情况下,实现对损耗中子的重新利用。

用钴调节棒组件替代不锈钢调节棒组件,须满足以下条件:

①调节棒组反应性控制当量基本不变,调节棒组分组微积分反应性控制当量不发生大

的改变；

②平衡堆芯的功率分布不发生大的变化；

③停堆重新启动时，调节棒组件须具有补偿氙毒的能力；

④停堆或降功率时，调节棒组件须有调节功率的能力。

每组钴调节棒组件的中心是1根贯穿全长、直径为9.53 mm的锆合金中心棒，其上装有6束或16束钴棒束，下端装有定位凸板、间隔管和锁紧螺母，上端装有定位凹板、压紧弹簧、连接头、钢丝绳连接螺母和钢丝绳。压紧弹簧装在连接头和定位凹板之间，它能始终保证钴棒束之间紧密配合，防止钴棒束产生转动以及补偿不同部件之间热膨胀差和辐照肿胀差，钴调节棒组件如图3-9所示。

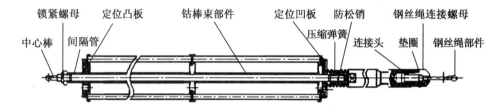

图3-9　钴调节棒组件结构示意图

A、B、C型钴调节棒组件的钴棒束尺寸基本相同，但钴棒数目、钴棒和锆合金棒的布置不同。各类型调节棒组件的结构及棒束尺寸列于表3-3中。在表3-3中，钴棒和锆棒分布形式是指组成钴调节棒组件的钴棒束某个横截面上钴棒和锆棒的分布形式，如A中"2钴1锆120°分布"是指A型组件的每个钴棒束由2根钴棒和1根锆棒组成，并以120°间隔沿周向分布在钴棒束横截面上。下端板为凹板，上端板为凸板，上、下端板与锆合金中心管焊接。所有钴棒束组装成钴调节棒组件时，相邻两端板应凹凸定位相配。上、下端板上开有3个内环孔和3个或4个外环孔。内环孔供慢化剂通过，外环孔组装钴棒和锆合金棒。钴棒由密封在包壳管里的钴块、锆合金包壳管及上下两个端塞组成。锆合金包壳管与上下两个端塞采用焊接密封。钴块采用压制烧结工艺制成，表面镀镍，以防止钴氧化。钴棒内充0.1 MPa氦气。各类型钴调节棒组件的钴块尺寸相同（$\phi 6.22$ mm×25.1 mm）。A、B、C型钴调节棒组件的每根钴棒装8块钴块，钴棒长212.13 mm。D型调节棒组件每根钴棒装7块钴块，钴棒长186.98 mm。

表3-3　各类型调节棒组件的结构及棒束尺寸

钴调节棒组件类型	钴棒束数目	钴棒和锆棒分布形式	钴棒束尺寸
A	16	2钴1锆120°分布	$\phi 62.8$ mm×214.30 mm
B	16	4钴90°分布	$\phi 62.8$ mm×214.30 mm
C	8	3钴120°分布(中间)	$\phi 62.8$ mm×214.30 mm
	4×2	1钴2锆120°分布(两端)	$\phi 62.8$ mm×214.30 mm
D	6	2钴1锆120°分布	$\phi 62.8$ mm×189.15 mm

3.4.4 液体注入停堆装置

液体注入停堆系统是2号停堆系统的堆内部件,如图3-10所示。这是另外一套独立的快速停堆系统,是通过将毒物(硝酸钆溶液)注入慢化剂来实现的,毒物由横穿过排管容器燃料通道间隙的锆合金注射管进入堆芯。在 CANDU-6 反应堆中,有6个毒物注射管。当2号停堆系统接收到停堆信号时,连接高压氮气箱和毒物箱的快速动作阀门被打开,高压氮气将毒物箱内的液体强制通过注射筒注入慢化剂中,当毒物注射箱中的浮球达到毒物箱底部的特定位置时,毒物停止注入并将排管容器内的慢化剂与氮气隔离开。每个液体注入停堆装置包括堆内注入喷嘴、注水管、套管,以及通过堆腔室壁的组件,每个注入喷嘴上开有定向的一排孔使液体毒物达到最佳弥散效果。

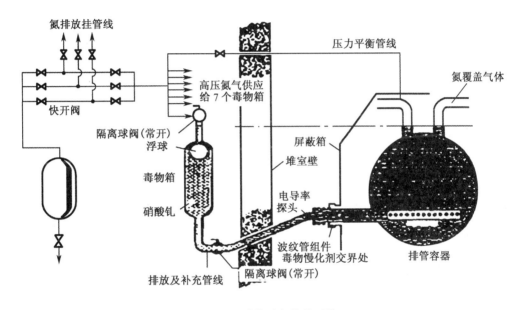

图3-10 液体注入停堆系统

3.4.5 电离室组件

在 CANDU-6 反应堆中共有6个电离室,每个电离室有3个洞,每个洞中可容纳一个电离单元、开闭器和启动仪表。反应堆功率调节系统(RRS)配有3个电离室,用于测量中子通量,这些电离室位于堆芯的一侧。每个电离室除了包含一个用于 RRS 的电离单元外,还有一个用于停堆系统的电离单元和停堆测量管。还有3个相似结构的电离室是专为2号停堆系统而设立的,位于堆芯的另一侧。每个电离室组件包括电离室壳体、通道管、堆腔室壁贯穿组件、端塞、电离室仪表、电缆开闭器组件及其连接件,如图3-11所示。

电离室的壳体不穿过排管容器壁,其内部同堆腔室外的反应堆厂房大气相通。壳体和穿过堆腔室壁的通道管是按低压容器设计的,穿过的部分其外表面同堆腔室内的水接触。为屏蔽 γ 射线,电离室的仪表腔周围装有铅,因而其中的仪表只对中子敏感。开闭器组件包括一个装在推杆头上的硼圆筒,推杆往后延伸入内屏蔽塞中,到达嵌在外屏蔽塞中的气缸。

3.4.6 自给能堆内通量探测器

反应堆调节系统和 1 号停堆系统的堆内通量探测器垂直安装在堆芯中,而 2 号停堆系统中的通量探测器则是水平安装的。如图 3 - 12 所示,每个通量探测器装置由通量探头组件、导向管、套管、贯穿反应性控制机构平台或堆腔室墙及其相关的密封件组成。通量探头组件包括一个在制造厂就已密封的带屏蔽塞并且连接到接线器外壳的传感器管子,该传感器管子中装有一定数量的分别带套管的探测元件。在管子中充有一定压力的高纯氦气并加以密封,以使探测器免遭可能的腐蚀,其中的氦气也有助于探头与导管之间的热传导。

每个通量探头组件的堆内部分由装入导管中的全长传感器管子构成,管内装有一束 12 个带套管的探测元件,其中 11 个套管可用来将带不同长度导线的可更换自给能探头元件垂直插到堆内指定的位置。所有通量探头组件装有少于 11 个探头,其中空的位置用屏蔽塞堵住。

3.4.7 轻水区域控制组件

对于重水冷却重水慢化的 CANDU 堆,轻水也是一种中子吸收体(毒物)。轻水区域控制系统利用了这个事实,提供短期总体和空间分布的反应性控制,构成反应堆功率调节系统的一个组成部分。位于堆内的轻水区域控制系统由 6 个位于堆芯中的管状立式区域控制装置组成。每个区域控制装置包含 2 个或 3 个区域控制隔室,共有 14 个这样的区域控制隔室。通过区域控制装置的特别布置,14 个区域控制隔室相对均匀地分布于整个堆芯,因而将堆芯划分成 14 个区域,以达到控制通量分布的目的。通量控制是通过控制 14 个区域控制隔室内的水位来实现的。

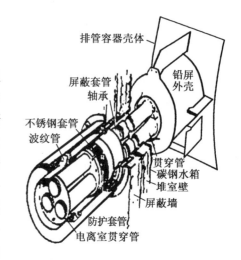

图 3 - 11　电离室组件结构示意图

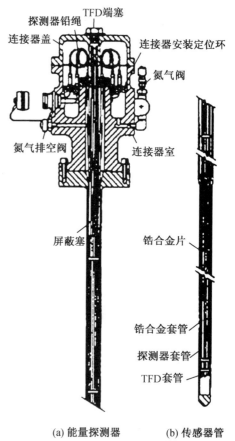

(a) 能量探测器　　(b) 传感器管

图 3 - 12　自给能堆内能量探测器结构

3.5 新一代先进重水慢化反应堆(ACR)的设计

沿用渐进革新的发展策略,AECL 新设计的反应堆 ACR-700 (advanced CANDU reactor)将保留CANDU 的基本特点,基于多年来积累起来的技术和丰富的工程经验,新产品具有可靠的技术基础,同时继承和发挥这种堆型在燃料和设备易于制造和本土化、高中子经济性和燃料循环的灵活性、固有和非能动安全特性、全数字化控制和运行高度自动化、防御严重事故的能力等方面的优势。新设计采用了以下关键革新技术:

(1)新型燃料组件设计(CANFLEX);

(2)稍加浓铀燃料和轻水冷却剂;

(3)紧密栅距的堆芯设计;

(4)改进燃料通道的运行性能;

(5)强化非能动安全排热;

(6)应用智能运行支持技术。

针对稍加浓缩铀燃料和轻水冷却剂,堆芯物理设计进行了重新优化,相应地系统设计也进行简化和优化,同时为了大幅度缩短建造工期,将大量采用模块化技术和预制组合件等方法。ACR-700 可实现单位造价降低40%,主要是通过以下几个方面来实现的:重水的减少及相关系统的简化(大约7.5%);反应堆尺寸的缩小(大约6%);蒸汽动力循环系统改进(大约7%);系统部件和设备(如装卸料机)的简化(10%);建造设计的改进(4%);产品提交方面的改进(大约5.5%)等。

堆芯物理设计时进行的重要革新包括采用加装稍加浓缩铀燃料的 CANFLEX 新型燃料组件,减小燃料通道之间的栅距,用轻水作冷却剂。优化设计的结果是得到一个栅距紧密的堆芯,燃料通道中心线之间的间距从28.575 cm 减小到22 cm。类似于 CANDU-6 的功率水平,新设计堆芯的排管容器内径减小约30%。表3-4 为 CANDU 堆与 ACR-700 的参数对比情况。

表3-4 CANDU 堆与 ACR-700 参数对比

参数	CANDU	ACR-700
燃料通道数	380	280
热功率/MW	2 064	1 982
总电功率/MW	728	731
栅距/mm	286	220
^{235}U 的质量分数	0.71	2.0
堆芯平均燃耗/(MW·d/kg)	7.5	20.5
最大燃料元件燃耗/(MW·d/kg)	17	26
满功率时平均每日换棒数目	16	5.8
满功率时平均每日要换料的通道数	2	2.9

由于模块化堆芯的优点，为提高功率输出可增加燃料通道数目，比如功率升到 1.20×10^6 kW，只需 480 个燃料通道，而这种百万千瓦级堆芯的排管容器直径比目前 CANDU – 6 的还要小大约 1 m。ACR – 700 参考设计的燃料为富集度 2.0% 的铀 – 235，中心元件棒中装有少量的可燃毒物镝，堆芯平均燃耗可达 20.5 MW·d/kg，大约是目前 CANDU – 6 的 3 倍，这使得单位能量相对应的乏燃料体积显著减小。

因为通量分布稳定均匀，ACR 堆芯的径向功率均匀化分布因子（平均值/最大值）高达 0.93。由于 CANFLEX 新型燃料组件采用更细的 43 根元件棒和强化传热措施，在相同组件功率条件下元件棒的线功率比目前的 37 根燃料棒要低大约 20%，另外 CHF 强化技术使通道的临界功率至少提高 10%，而且还可以进一步改进。新型燃料组件的应用加上平坦的通量及功率分布，使热工裕量显著提高，这使得 ACR 堆芯可以在更高的单个燃料通道功率和燃料棒束功率水平上安全运行。

新的堆芯设计保留了 CANDU 堆燃料循环的灵活性，特别适合使用含钚的燃料。详细的堆物理仿真计算表明，如果使用各种含钚驱动的燃料 MOX 和钍燃料，中心元件棒不需要加装任何可燃毒物，冷却剂空泡反应性自动变成负的。由于极好的堆芯物理特性，并且可以不停堆换料，整个堆芯都可以 100% 应用这些先进燃料循环。ACR 更加重视考虑钍燃料的应用和钍燃料循环。ACR 利用 Th 产生 ^{233}U 有两种燃料循环方式：①闭式循环方式，即经过后处理回收乏燃料中的 ^{233}U 并制成新燃料；②开式循环方式，即采用 1 次通过循环方式。前者回收成本较高，目前还不成熟；后者是以铀为基础的燃料循环和钍循环之间的连接。ACR 中实施"混合棒束"的装载方案，其中铀棒循环 5 次，钍棒循环 1 次，简称为"5 次循环 1 次通过"换料方式。

采用稍加浓缩铀燃料和轻水冷却，加上堆芯尺寸的显著缩小，不仅所需的重水量大约减少了 75%，而且相关的高压高温重水系统和设备也可以得到显著简化，包括去掉一些不必要的系统。由于应急冷却水与主热传输系统中的冷却水都是轻水，两者之间的界面变得简单和更加可靠。系统复杂性的降低，有利于机组造价的进一步降低，减小维修的复杂性，加速调试过程。对于 ACR – 700 参考方案，堆芯体积减小 60%，相应地安全壳厂房体积可显著减小。由于冷却剂压力和温度参数提高，可以只用两个蒸汽发生器，同时汽轮机尺寸和相关设备也相应缩小，也有利于改善造价和运行经济性。

另外，清华大学和加拿大原子能公司合作开发了钍基先进核能系统（TACR），适合于一些铀资源贫乏而钍资源较丰富的国家，有望成为解决燃料来源问题的一种方案。燃料组件中心放置的是用于增殖的 ThO_2，压力管和排管之间充满 CO_2，稳定运行时起保温绝热作用，燃料通道横截面如图 3 – 13 所示。

从减小元件棒线功率峰值、改善热工水力性能、加大运行和安全裕度的角度出发，研究人员提出了 71 根棒和 61 根棒的新型燃料组件的概念。为了保证先进 CANDU 堆燃料设计的可持续性，除了燃料棒的尺寸和排布方式（位置）以外，71 根燃料棒束组件采用和 ACR 燃料组件 CANFLEX 完全一致的结构和成分（包壳、冷却剂、压力管、气隙、排管、慢化剂）。如图 3 –

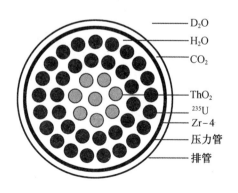

	D₂O
	H₂O
	CO₂
	ThO₂
	²³⁵U
	Zr-4
	压力管
	排管

图 3 – 13　燃料通道横截面

14 所示,71 根燃料棒束的元件棒排布采用和 CANFLEX 一样的 1/7 对称结构。在保持元件棒总体积不变的前提下,将 4 圈燃料增加为 5 圈。这使得 71 根燃料棒束组件和 CANFLEX 总的燃料装量相同。

对于全铀原料,61 根燃料棒束组件采用 1/6 对称结构, 元件棒分 5 圈布置, 共 61 根元件棒。棒束的设计准则和 71 根棒燃料组件相同,即保持燃料元件棒总体积和 CANFLEX 棒束一致。另外还有内 3 圈粗和内 2 圈粗的设计之分,如图 3 - 15 所示。经比较分析,对于两种结构的 61 根燃料棒束组件,内 2 圈粗的结构从冷却剂空泡反应性、功率和燃耗分布以及燃料经济性等几个方面来看都优于内 3 圈粗的结构。61 根燃料棒束很好地降低了元件棒功率峰值,但功率和燃耗分布不如 CANFLEX 和 71 根燃料棒束组件平坦。61 根全铀燃料棒束的冷却剂空泡反应性仍然是正值,与 71 根燃料棒束组件相比,并没有明显改善。

对于钍铀原料,与 TACR 相比,61 根燃料棒束组件和 71 根燃料棒束组件的元件线功率峰值均有所降低,但燃料元件棒数目的增加使冷却剂空泡反应性增大。相比较而言,61 根燃料棒束组件能够达到负的冷却剂空泡反应性,明显好于 71 根燃料棒束组件,但同时 61 根燃料棒束组件带来了功率和燃耗分布不均匀的问题。

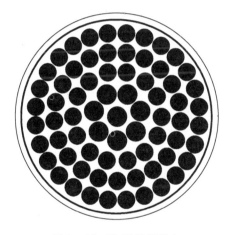

图 3 - 14　71 根燃料棒束

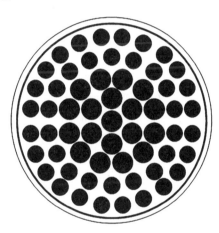

图 3 - 15　61 根燃料棒束

第4章　反应堆材料的性能

4.1　概　　述

核能是一种清洁能源,它的应用一方面缓解了化石燃料日益枯竭的能源危机,另一方面减轻了烟气排放造成的日益严峻的环境危机。随着核能的不断发展,人们的核安全意识也在不断提高。核能发展的首要因素是必须保证反应堆的安全性,同时还应不断提高它的可靠性和经济性,这除了需精心设计、建造和运行外,合理地选择材料也是保证上述三性的关键。人类发展历史表明,材料不仅是人类赖以生存和创造文明的物质基础,而且是带动经济发展和社会进步的先导。历史学家以材料命名一个时代,如石器时代、青铜时代、铁器时代等,这更加有力地说明了材料是人类进步的里程碑。因此对核材料来说,它既是核能建设的物质基础,又是核能发展的先导,两者互相依赖,又互相促进。例如要提高安全性,要提高反应堆的热效率,则核燃料及结构材料必须能耐高温。尤其在核反应堆工程中,除了通常较高的机械强度、抗腐蚀性、易加工性、良好的导热性等性能之外,还要求堆内结构材料的中子吸收截面小,其他结构材料在高的中子和 γ 注量率辐照下性能稳定,这就排除了某些材料在反应堆中的应用。事实上有许多很好的堆型设计因无法找到合适的材料而不得不放弃。因此,反应堆的创始人费米早在 1946 年就曾指出"核技术成功的关键是堆内强辐射下材料的行为"。此外也应注意到不同堆型和不同用途对材料的要求也有所不同。例如在热中子堆内最重要的就是热中子俘获截面必须很小,而在快中子堆内对此要求就不必那么严格,但快中子堆的堆芯体积小,功率密度相当高,传热性能就显得很重要了。因此,在反应堆这样一个具有强的中子和 γ 射线辐照的环境下,材料的选择是一项非常复杂而又重要的工程。为了保证反应堆安全运行和设计寿命,各部件在服役期间,必须具有稳定性、完整性和可靠性。因此反应堆材料的性能应满足下列要求:

(1)核性能　除堆外结构材料外,反应堆内所用材料都要求中子吸收截面及活化截面小,半衰期短,含长半衰期元素少,以便减少堆芯中子损耗,降低临界质量和放射性的危害。但控制材料要求中子吸收截面大。

(2)力学性能　材料应具备足够的强度、塑韧性和耐热性,以保证结构的稳定性和完整性。

(3)化学性能　对流体材料要求化学稳定性好,腐蚀性小;对固体材料要求抗局部腐蚀、抗全面腐蚀和抗高温氧化能力强,对晶间和应力腐蚀不敏感,对冷却剂和燃料相容性好。

(4)物理性能　导热率大、热膨胀系数小、熔点高(快堆冷却剂除外)、晶体和键结构稳定。

(5)辐照性能　对辐照不敏感,辐照肿胀和辐照引起的性能变化小,辐照产生的感生放射性小。辐照期间无相变,无元素或相的沉淀析出,组织和结构稳定。杂质和气体含量应尽量少,尤其应严格控制磷、硫和残余元素含量。

(6)工艺性能 冶炼、铸造、锻压、热处理和冷、热加工以及焊接性能均应良好;淬透性大(对结构钢而言),无时效脆性和无回火脆性,以及无二次硬化和延迟脆性等倾向。

以上是对反应堆材料性能的原则要求,实际上不可能这样理想,一般是根据具体用途和规范要求,结合材料的成分、工艺、性能、成本和抗辐照、耐腐蚀以及焊接性能等因素,综合考虑而选择材料的。总之,反应堆诸设备的材料必须按其使用条件合理选择,必须符合国家制定的相应规范和标准。

4.2 材料的物理性能

4.2.1 密度

材料的密度定义为每单位体积所具有的质量,即材料的质量与其体积之比。密度的常用符号为"ρ",其单位为 kg/m^3。反应堆内所用的金属材料以及陶瓷体等都是原子按照特定的晶胞结构有规则地排列而成的,因此材料的密度与原子质量以及晶胞结构所占的体积有关。根据晶胞结构形式的差异,不同材料可以划分为多种晶系,比较典型的包括体心立方、面心立方和密排六方等。理论上讲,只要晶胞的质量和体积一定,所对应的材料的密度便一定。对于没有任何缺陷的材料,其晶胞结构和晶胞体积都是可知的,因此就可以计算出其密度,这一密度称作材料的理论密度,可用式(4-1)计算。在表4-1中列出了一些常用金属和二氧化铀燃料的室温理论密度:

$$\rho_{th} = \frac{晶胞原子数 \times 相对原子质量}{晶胞体积 \times 阿伏伽德罗常数} \tag{4-1}$$

表4-1 常用金属和二氧化铀燃料的室温理论密度

材料	理论密度/(mg/m^3)	晶体结构	材料	理论密度/(mg/m^3)	晶体结构
Li(3)	0.534	体心立方	Zr(40)	6.505	密排六方
U(92)	19.06	正交晶系	Nb(41)	8.57	体心立方
Pu(94)	19.86	单斜晶系	UO_2	10.97	面心立方
Be(4)	1.848	六方晶系			

但由于晶格缺陷或气隙的存在,材料的实际密度和理论密度会有差异,因此我们一般通过测量的方法来获取材料的实际密度。在反应堆中考虑到燃料使用过程中辐照效应和裂变气体的存在会对材料造成严重的损伤,因此在燃料的加工过程中会在材料内保留一定的气隙,从而反应堆燃料的实际密度并不等于理论密度,而要小于理论密度。不同类型的燃料所对应的实际密度也不同。如压水堆燃料的密度是理论密度的93%~95%,而在高燃耗的快堆中燃料的密度更低,仅为理论密度的85%。燃料的密度常用理论密度的百分数来表示,即%TD。晶体材料的体积及体积随温度的变化与晶结构有关,因此密度的变化也与晶体结构有关。

金属和合金在发生相变时,密度也会发生相应变化,如铁在加热过程中发生同素异构转变,由体心立方的铁素体转变为面心立方的奥氏体,密度也会发生变化;加工工艺也会影响密度的变化,如金属铸件经过冷、热加工后密度会增加,这是由于具有孔隙、气泡的疏松铸件在压力加工下固结;而致密的金属在大压缩比下冷加工时密度会减小,这是由于冷加工使空间点阵发生畸变,导致金属内部的空位和位错增加。金属材料在热处理后得到不同的组织结构,密度随组织变化而有所变化,如钢淬火后得到马氏体组织,密度减小,因此实际密度要通过测定来得到,尤其是反应堆材料,核燃料在堆内经过裂变、迁移、肿胀等一系列变化,密度会发生很大变化;包壳和其他结构材料在辐照下也会发生肿胀等,从而导致密度发生变化。

4.2.2　导热系数

众所周知,热量传递主要有导热、对流和辐射三种方式。目前,反应堆内裂变产生的巨大能量主要通过固体燃料或结构材料的导热作用传递给冷却剂,并被冷却剂带走。因此在反应堆材料的选择过程中,衡量材料的导热效果是非常重要的。例如,在反应堆运行过程中,核燃料能够高效地将其内部所产生的热量导出,不仅影响反应堆的经济性,更决定了反应堆运行的安全性。否则在发生反应堆失水事故时,将存在堆芯熔化的风险。因此,导热系数是衡量反应堆材料优劣的一个重要物理参数。

傅里叶导热定律指出,单位时间内通过单位面积的热量正比于温度的梯度,其方向与温度梯度相反,其数学描述为

$$q = -\lambda \frac{\mathrm{d}T}{\mathrm{d}x} \tag{4-2}$$

式中,q 为热流密度,单位是 W;λ 为导热系数,也称作热导率,其单位是 W/(m·K)。热导率是物质的热物性参数,不同的物质其值的变化范围很大,常用材料的热导率如表 4-2 所示。

表 4-2　常用金属和合金材料的热导率　　　　　　　　单位:W/(m·K)

金属	Na	K	Be	Mg	Al	Ta	Fe	Co	Ni	Cu	Ag
λ	140	100	160	172	226	55	94	70	62	392	415
合金材料	Cd	Ti	Sn	Pb	Bi	Sb	Zr	U	UO_2	碳钢	18-8S.S
λ	98	51	66	35	10	19	23.7	25	8.4	63.3~80.4	16.0~22.1

热导率是衡量热流密度通过材料速率的物理量。物质的热传导过程就是能量的输运过程。在固体中能量的载运者可以是自由电子、晶格振动波(声子)和电磁辐射(光子),因此固体导热包括电子导热、声子导热和光子导热。在绝缘体内几乎只存在声子导热一种形式,而金属则主要依靠电子导热和声子导热。由于许多金属在一定范围内声子的散射平均自由程随温度升高而变小,因而热导率反比于热力学温度。正如金属是热的良导体一样,绝大多数金属材料也具有较高的电导率,热导率与电导率之间存在一定的关系:

$$\lambda/\sigma T = L = 2.44 \times 10^{-8} \ \mathrm{W} \cdot \Omega/\mathrm{K}^2 \tag{4-3}$$

式中　σ——电导率,Ω·m;

　　　L——洛仑兹常数。

二氧化铀核燃料的导热是由声子和电子两部分构成的,热导率取决于声子和电子等载热子的活动性。尽管对 UO_2 的热导率已进行了很多研究,但实验数据仍然比较分散,大部分研究结果表明,影响 UO_2 热导率的主要因素有温度、密度、燃耗深度和氧铀比。图4-1为美国燃烧公司对95%理论密度下的 UO_2 芯块得到的热导率与温度的关系图。由图可以看到,在大约1 800 ℃时,热导率最小。该关系式可以表示为

$$\lambda_{95} = \frac{38.24}{t + 402.4} + 6.125\ 6 \times 10^{-13}(t + 273.15)^3 \tag{4-4}$$

其中,λ 的单位是 W/(cm·℃),t 的单位是℃。

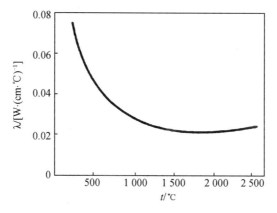

图4-1 UO₂热导率与温度的关系

此外,UO_2 热导率与材料中的气孔率有关。气孔率增加,材料的密度减小,热导率下降。因此,二氧化铀燃料的密度与它的热导率成正比。

热导率低的材料在加热和冷却时会产生较大的热应力,核燃料的热导率低,核反应生成的热量传导不出来,会导致中心温度升高,在燃料中形成大的温度梯度,造成燃料在堆内环境下开裂、重构等一系列变化。

4.2.3 热膨胀

加热时相邻原子间的距离增大,这种现象称为热膨胀。热胀冷缩在自然界中普遍存在,物质的热膨胀行为是原子非简谐振动的直接结果。热膨胀现象的分析在研究金属和合金的物理性能方面占有重要的位置。

热膨胀系数的定义:当温度由 t_1 变到 t_2,长度相应地由 L_1 变成 L_2 时,材料在该温区的平均线膨胀系数为

$$\bar{\alpha} = \frac{L_2 - L_1}{L_1(t_2 - t_1)} = \frac{\Delta L}{L_1 \Delta t} \tag{4-5}$$

当 Δt 趋于零时,上式的极限值(在压力 p 恒定的情况下)定义为微分线膨胀系数:

$$\alpha_\tau = \frac{1}{L}\left(\frac{\partial L}{\partial t}\right)_p \tag{4-6}$$

膨胀长度可通过平均热膨胀系数计算得到。设一物体在0 ℃时的长度为 L_0,则其在温度为 t(单位为 ℃)时的长度为

$$L_t = L_0\left[1 + \alpha(t - t_0) + \beta(t - t_0)^2 + \cdots\right] \tag{4-7}$$

这是一个经验公式,其中 α,β,… 为物体的材料常数。一般 β 及其以下各项都极小,可以忽

略不计。因而式(4-7)可简化为

$$L_t = L_0(1 + \alpha t) \tag{4-8}$$

求其微分,考虑温度不太高时 L_t 与 L_0 相差不大,因而线膨胀系数为

$$\alpha = \frac{1}{L} \cdot \frac{\mathrm{d}L}{\mathrm{d}t} \tag{4-9}$$

对于各向同性的材料来说,体膨胀系数约等于 3α;对于各向异性的材料来说,体膨胀系数近似地用三个主膨胀系数相加来表示,即 $\alpha_1 + \alpha_2 + \alpha_3$。

对于钢来说,一般 $\alpha = (1.0 \sim 2.0) \times 10^{-5}$[单位为 mm/(mm·℃)或 1/℃]。线膨胀系数不是一个恒定不变的常数,它随温度的变化而略有不同。在反应堆中,相互连接的材料如有不同的热膨胀系数,在加热或冷却时就会有应力存在。在燃料元件运行的中、后期,燃料和包壳之间的间隙弥合以后,由于二氧化铀燃料的膨胀系数比锆合金包壳的大,就会发生 PCI,即芯块与包壳的相互作用。

4.3　材料的机械性能

材料的机械性能是设计反应堆和选择反应堆材料的一项重要指标,主要包括抗拉强度、延展性和韧性等。首先,反应堆材料应该具有足够的强度以承受结构的载荷,以及在服役过程中产生的任何内部或外部的压力。其次,材料应该具有足够的延展性,以避免任何灾难性故障。通常作为一个经验法则,5%的伸长率被认为是一个承重工程结构的最低要求。在一些情况下,材料应具有足够的延展性以便加工成不同的部件。除了上述这些基本的机械性能外,对于先进的核反应堆材料,还需要考虑其蠕变性能和疲劳性能,以及材料之间相互作用诱发的裂痕增长等材料性能。

4.3.1　强度和塑性

1. 单晶体的塑性变形

材料的强度是指材料在外力(拉力、压力和剪切力)作用下抵抗变形和断裂的能力,本质上讲它取决于构成材料的晶体的滑移以及晶粒尺寸改变的难易程度。滑移是指在切应力作用下,晶体的一部分相对于另一部分沿一定晶面(即滑移面)发生相对滑动。当单晶体受轴向外力拉伸时,外力 F 作用在滑移面上的应力 f 可分解为垂直于某一晶面的正应力 σ 和沿晶面方向的切应力 τ。正应力可使晶体产生弹性伸长,并在超过原子间结合力时将晶体拉断;切应力则使晶体产生弹性扭曲,并在超过滑移抵抗力时引起滑移面两侧晶体发生相对滑移。单晶体未受到外力作用时,原子处于平衡位置。然后在单晶体上施加外力,当外力较小时,其所对应的切应力也较小,晶格发生弹性歪扭,若此时去除外力,则切应力消失,晶格弹性歪扭也随之消失,晶体恢复到原始状态,即产生弹性变形;若施加的外力增大,其对应的切应力继续增大到超过原子间的结合力,则在某个晶面两侧的原子将发生相对滑移,滑移的距离为原子间距的整数倍。此时如果使切应力消失,晶格歪扭可以恢复,但已经滑移的原子不能恢复到变形前的位置,即产生塑性变形;如果切应力继续增大,其他晶面上的原子也产生滑移,从而使晶体塑性变形继续下去,直到材料损坏。

在塑性变形中,单晶体表面的滑移线并不是任意排列的,它们彼此之间或者相互平

行，或者互成一定角度，这表明滑移是沿着特定的晶面和晶向进行的，这些特定的晶面和晶向分别称为滑移面和滑移方向。一个滑移面和其上的一个滑移方向组成一个滑移系。每一个滑移系表示晶体进行滑移时可能采取的一个空间方向。在其他条件相同时，滑移系越多，滑移过程可能采取的空间取向越多，塑性越好。几种常见的反应堆用金属材料的晶体结构、滑移面和滑移方向如表4-3所示。可以看出，滑移面总是晶体的密排面，而滑移方向也总是密排方向。这是因为密排面之间的距离最大，面与面之间的结合力较小，滑移的阻力小，故在较小的切应力作用下便能引起它们之间的相对滑移。

表4-3　常见金属材料的滑移系

金属	晶体结构	滑移面	滑移方向	滑移系数目
Cu，Al，Ni，Ag，Au	面心立方	$\{111\}$	$\langle110\rangle$	12
α-Fe，W，Mo	体心立方	$\{110\}$	$\langle111\rangle$	12
α-Fe，W		$\{121\}$		12
α-Fe，K		$\{231\}$		24
Cd，Zn，Mg，α-Ti，Be	密排六方	$\{0001\}$	$\langle1210\rangle$	3
α-Ti，Mg，Zr		$\{1010\}$		3
α-Ti，Mg		$\{1011\}$		6

滑移是在切应力作用下发生的。当晶体受力时，晶体中的某个滑移系是否发生滑动，取决于沿此滑移系的分切应力的大小，当分切应力达到某一临界值时，才会有滑移出现。对应的切向分应力的临界值称为临界切向分应力，用 τ_k 表示。

采用图4-2进行分析，有一截面积为 A 的圆柱形单晶体，受到轴向拉力 F 的作用，拉伸轴与滑移面法向 ON 及滑移方向 OT 的夹角分别为 ϕ 和 λ，则 F 在滑移方向的分力为 $F\cos\lambda$，而滑移面的面积为 $A/\cos\phi$，则 P 在滑移方向的分切应力为

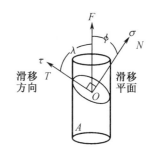

图4-2　单晶体的滑移系

$$\tau = F\cos\lambda/(A/\cos\phi) = F\cos\phi\cos\lambda/A = \sigma_0\cos\phi\cos\lambda \tag{4-10}$$

上式表明，当外力 F 一定时，作用于滑移系上的分切应力与晶体受力的位向有关。当切向应力达到临界切向分应力时，晶体开始滑移，材料开始屈服，此时 $\sigma_0 = \sigma_s$，则

$$\tau_k = \sigma_s\cos\phi\cos\lambda \tag{4-11}$$

令 $m = \cos\phi\cos\lambda$，则 $\tau_k = \sigma_s m$ 或 $\sigma_s = \tau_k/m$。m 称为取向因子，或称施密特（Schmid）因子。m 越大，分切应力越大，越有利于滑移。当滑移面法线、滑移方向与外力轴三者共处一个平面，则 $\phi = 45°$ 时，$m = \cos\phi\cos(90°-\phi) = 1/2\sin2\phi = 0.5$，为最大，此取向最有利于滑移，称为软取向，此时 σ_s 最小；当外力与滑移面平行（$\phi = 90°$）或垂直（$\phi = 0°$）时，$\sigma_s \to \infty$，晶体无法滑移，这种取向称为硬取向。

临界分切应力 τ_k 的大小主要取决于金属的本性，与外力无关。当条件一定时，各种晶体的临界分切应力各有其定值。但它是一个组织敏感参数，金属的纯度、变形速度和温度、金属的加工和热处理状态都对它有很大影响。

单晶体的塑性变形法适用于较大晶粒的微观力学性能分析,同时对于一些材料性能模型也有重要意义。通过一定的转换系数将微观结构的剪切应力转化为等效的轴向拉应力,便可以将单晶体的塑性变形法则延伸到多晶体材料的力学性能分析上。

2. 应力 – 应变曲线

任何材料在承受载荷的作用时都将发生变形。正如前面定义的那样,如果材料所承受的载荷消失后,材料的变形可以完全恢复,则这种变形称为弹性形变。然而当载荷足够大时,塑性变形将会在材料内积聚,并使得材料发生永久性的形变,也就是说,在载荷卸掉后,只有弹性形变会恢复,而其余的形变将会永久保留在材料中,形成材料的缺陷。

拉伸试验是在准静态单轴拉应力状态下研究材料短期机械性能的最通用方法,一般在万能材料试验机上进行。试样根据要求加工,在拉伸试验机上固定后,上横梁以恒定的速率向上移动并对试样施力,同时传感器记录试样所承受的力(负荷)和横梁的位移量。拉伸试验在恒定的温度下进行,一般情况下仅测试室温性能,有特殊要求可测试高温或低温性能。通过拉伸试验可以监测试验样件在连续变形条件下的负载与变形的关系曲线。为了使实验结果更具有工程应用意义,需要将其转化为应力和应变的关系,获取应力与应变曲线。应力和应变与试验样件的原始几何尺寸有关:应力是物体受外加载荷作用时单位截面上所受的力,应力的单位是 Pa,即

$$\sigma = \frac{F}{A} \qquad (4-12)$$

式中　σ——应力,Pa;

　　　F——载荷,N;

　　　A——试验样件的横截面积,m^2。

应变是个无量纲的比值,是在应力作用下发生变形的量与原始长度的比值,即

$$\varepsilon = \frac{L - L_0}{L_0} \qquad (4-13)$$

式中　ε——应变;

　　　L——试验样件变形后长度,m;

　　　L_0——试验样件初始长度,m。

由于应力 – 应变曲线是基于材料的原始尺寸、载荷和变形量之间的关系得到的,因此应力 – 应变曲线与负载 – 变形曲线具有相似的形状。工程中典型的应力 – 应变曲线如图 4 – 3 所示。

在材料受力的初始阶段,属于弹性形变阶段,应力与应变成正比,且符合胡克定律,即

$$E = \frac{\sigma}{\varepsilon} \qquad (4-14)$$

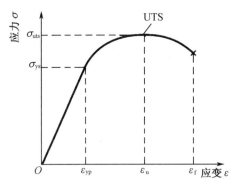

图 4 – 3　工程中典型的应力 – 应变曲线

式中,E 为弹性模量,也称作杨氏模量,单位为 Pa。

图 4 – 3 中曲线的直线部分的斜率即为杨氏模量。杨氏模量由原子间的作用力决定,在不改变材料本质特性的情况下,杨氏模量基本不变,因此它属于材料本身的机械性能。只有当材料的晶体结构发生变化时,杨氏模量才会改变。大多数钢的杨氏模量约为 100 GPa,

铝合金的杨氏模量接近 72 GPa。由于随着温度的升高原子间的作用力会减弱,因此杨氏模量会随温度的升高而降低。在工程上,杨氏模量是度量材料刚度的系数,表征材料对弹性变形的抵抗力,其值越大,在相同应力下产生的弹性变形就越小。

当材料继续变形至超过某一点后,应力 – 应变曲线开始偏离线性,应力和应变之间仍然是成正比例变化,但是其斜率会变小,材料出现硬化趋势。这个线性段的结束点称作比例极限,也称为弹性极限,它表示材料能够发生可逆弹性形变的最大允许应力。而将材料开始发生塑性变形或者开始出现屈服的应力,称为屈服应力或者屈服强度,用 σ_{ys} 来表示,单位为 MPa。屈服强度是一个对成分、组织结构十分敏感的力学性能指标,且很大程度上依赖于应变测量的敏感性。由于大多数的材料开始塑性变形是不均匀的,其由弹性变形向塑性变形的过渡是逐渐且连续变化的,无法准确测出开始塑性变形的应力。因此常采用一定比例的残余伸长率所对应的应力作为屈服强度,即在横坐标上以一定比例的应变偏差取点,过该点绘制平行于弹性线性直线的直线。所绘制直线与应力 – 应变曲线交点处的应力值即为屈服强度,如图 4 – 3 所示。工程中通常取该偏差为 0.2%。对于一些特殊材料(软黄铜、灰铸铁)的应力 – 应变曲线没有弹性变形的直线部分,通常屈服强度取为总应变量的 0.5% 处的应力值。

曲线中的最大应力点称为强度极限,它表示材料断裂前所能承受的最大应力,用 σ_{uts} 来表示。强度极限也称抗拉强度、断裂强度、断裂极限或简称材料的强度,单位为 MPa。在图 4 – 3 的曲线中,强度极限相当于试样产生最大均匀变形时的应力,用 σ_b 来表示:

$$\sigma_b = \frac{F_{max}}{A_0} \tag{4 – 15}$$

式中　F_{max}——材料拉伸试验时能承受的最大载荷,N;

　　　A_0——试样的初始截面积,m^2。

还有一些金属或合金材料,例如反应堆压力容器中使用的低合金钢,在拉伸试验中会呈现一种不同的弹性形变到塑性形变的过渡特性,且呈现不同于图 4 – 3 中的应力 – 应变曲线。图 4 – 4 中为低碳钢典型的应力 – 应变曲线,当应力增加到一定值时试样急剧伸长,以致出现应力松弛现象。因此,在拉伸过程中,弹性形变曲线的末端会出现一个应力峰值,峰值过后进入塑性变形阶段,应力将迅速下降至某一值并保持稳定一段时间。这个在弹性形变末端的峰值点称作“上屈服点”,将稳定的低值称为“下屈服点”。这种屈服现象出现的主要原因是,通常认为在固溶体合金中,溶质原子或杂质原子可以与位错交互作用而形成溶质原子气团,即所谓的柯氏气团。间隙型溶质原子和位错的交互作用很强,位错被牢固地钉扎住。位错要运动,必须在更大的应力作用下才能挣脱柯氏气团的钉扎而移动,这就形成了上屈服点。而一旦挣脱之后位错的运动就比较容易,因此有应力降落,出现下屈服点和水平台,这就是屈服现象的物理本质。当应力达到上屈服点时,首先在试样的应力集中处开始塑性变形,并在试样表面产生一个与拉伸轴约成45°角的变形带,即吕德斯(Lüders)带,与此同时,应力降到下屈服点。随后这种变形带沿试样长度方向不断形成与扩展,从而产生拉伸曲线平台的屈服伸长。其中,应力的每一次微小波动对应一个新变形带的形成。当屈服扩展到整个试样标距范围时,屈服延伸阶段结束。屈服之后,材料将进入加工硬化阶段,随着应变的增加均匀塑性变形结束,颈缩现象发生。同样,在曲线上升中出现的最大应力点,称作抗拉强度。

屈服强度和抗拉强度都被作为工程设计中材料设计与选择的重要指标。通常屈服强度比抗拉强度更多地应用于产品的设计、质量监控和产品的参数说明中。而抗拉强度由于更易于获得并具有很好的重复性，因此也一直被实践应用所青睐。对于工程构件服役时不允许产生塑性变形的，设计上常采用金属材料的屈服强度作为选材依据和强度计算的指标。而对于脆性倾向大的材料，如铸铁部件，使用时不允许断裂，通常采用抗拉强度作为选材依据和强度计算的指标。

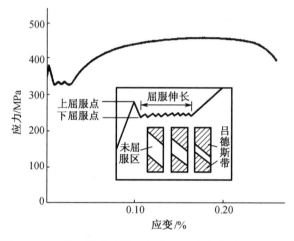

图 4-4 低碳钢退火态的工程应力-应变曲线及屈服现象

图 4-5(a)中给出了一种不存在塑性变形的应力-应变曲线。出现这种拉伸曲线的典型材料是脆性陶瓷材料，这种陶瓷材料的弹性极限在应力-应变曲线上一般是反映不出来的，它的应力与应变之间在应力达到了材料的断裂强度时仍然可能保持着良好的线性关系。而纤维型陶瓷（如碳化硅和氮化硅）则表现出一种"准塑性"行为，如图 4-5(b)所示，在这种材料中，当陶瓷材料基体破坏后，纤维仍能够阻止材料的突然断裂。材料的断裂与否以及最终断裂都是由其内的纤维强度决定的，这种纤维材料的抗拉特性和形变特性构成了应力-应变曲线中的塑性变形部分。因而，纤维型陶瓷材料比普通的脆性陶瓷材料表现出更好的强度。

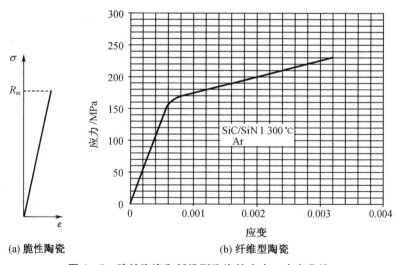

(a) 脆性陶瓷　　　　　　　　　(b) 纤维型陶瓷

图 4-5 脆性陶瓷和纤维型陶瓷的应力-应变曲线

温度会对材料的拉伸性能产生较大的影响,通常随着温度升高,强度指标下降,韧性指标升高。但随着拉伸过程中微结构组织的变化,如应变时效、再结晶等,这一变化趋势也将会发生改变。此外,辐照也会对材料的拉伸性能带来影响。图4-6给出了反应堆压力容器在受到中子照射后的应力-应变曲线,可以看出,在受辐照前后,随着中子注量率的增加,屈服强度升高,但塑性和韧性下降。

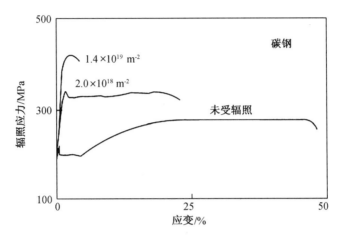

图4-6 辐照对应力-应变曲线的影响

3. 塑性性能指标

塑性是指材料在外力作用下,断裂之前能够发生塑性变形的能力。塑性也是在材料的拉伸试验中获得的重要特性。塑性指标对工程应用具有重要意义:

①金属材料的应用需要材料具有足够的塑性以防出现早期断裂;

②可以帮助设计者考核在灾难性意外发生时某种材料是否会失效;

③塑性指标可以作为一个可靠性指标来考核一种材料是否含有杂质或者经过了错误的加工工艺。

工程中常用的塑性指标是以拉伸试验中的断后延长率和断面收缩率表示的。

(1)断后延长率

它是试样拉断后标距的伸长与原始标距的百分比,即

$$\delta = \frac{L_f - L_0}{L_0} \times 100\% \qquad (4-16)$$

式中 L_0——试样原始标距长度;

L_f——试样断裂后的标距长度。

当标距为试样直径的5倍时,测得的伸长率用 δ_5 表示;标距为10倍直径时,以 δ_{10} 表示。通常 $\delta_5 = (1.2 \sim 1.5)\delta_{10}$。凡未标明者,一般都是针对 δ_{10} 而言。实际中规定 $\delta_{10} > 2\%$ 的材料称为塑性材料,$\delta_{10} < 2\%$ 的为脆性材料。

(2)断面收缩率

它是试样拉断后颈缩处横截面积的最大缩减量与原始横截面的百分比,即

$$\varphi = \frac{S_0 - S}{S_0} \times 100\% \qquad (4-17)$$

式中　S_0——试样原始横截面积，m^2；

　　　　S——试样拉断后颈缩处最小横截面的面积，m^2。

由于产生颈缩前，试样沿标距长度上的塑性变形是均匀的，而产生颈缩后的塑性变形主要集中在颈缩附近，因此塑性变形应由均匀变形与集中变形两部分构成。上述的两个塑性指标包括了均匀变形与集中变形两部分。大多数形成颈缩的塑性材料，均匀变形量比集中变形量小得多，一般均不超过集中变形量的50%。

4.3.2　韧性和脆性

韧性是指材料断裂前吸收的形变功和断裂功的能量和。韧性是一个非常重要的材料力学性能参数，它表示材料抵抗外力冲击、防止快速断裂的能力，很多材料因为缺乏韧性而无法被实际应用。对于韧性的测量通常有几种方法：冲击试验、延脆转变温度的测定以及断裂韧性。

1. 冲击试验

冲击试验是测量韧性的一种相当古老的方法，可以追溯到20世纪初。在采用冲击试验以前，对于决定着安全性的重要部件，需要在极限工况下进行全尺度力学测试。比如，为了验证乏燃料屏蔽罐在输运过程中承受冲击载荷的能力，可能会对承载乏燃料屏蔽罐的火车进行强撞击实验。然而，这样规模的试验既是昂贵的，又是破坏性的，不能经常使用。因此，需要采用冲击试验来测量材料的断裂特性。

冲击试验是一种动态力学实验，它用于测定材料在某种方式下受到强力冲击时，材料抵抗失效的能力。这种试验的测试条件通常反映潜在的最恶劣条件：低温形变，高应变速率，材料存在缺口。在这样一种条件下，使一定形状的试样在冲击力的作用下迅速断裂，测定使之断裂所需的功，从而反映出材料的韧性指标。

常用的冲击试验是夏氏弯曲冲击试验（Charpy Test）。试验是在摆锤式冲击试验机上进行的，摆锤及试样示意如图4-7所示。将试样水平地放在试验机支座上，缺口位于冲击相背方向，用样板使缺口位于支座中间，将摆锤举至一定高度 h'，使其获得势能，然后释放约束，让摆锤自由落下。在到达样品位置时，全部的势能转化为动能冲击样品背部，造成冲击样品的变形和断裂，断裂前后的样件如图4-7(b)所示。剩余的能量让摆锤继续扬起，到达一定的高度 h，这时全部的动能又转化为势能，并在指示牌上留下数据。因此冲击样品的变形和断裂消耗的能量是这两个势能的差值，是能量单位，以焦耳（J）为单位。冲击韧性值是试样变形断裂每单位面积消耗的功，因此单位是焦耳/米^2（J/m^2）。

冲击试样的缺口也可以加工成 U 形的，称为梅氏试样。机械工业大多数采用梅氏试样，而核工业采用夏氏试样。

2. 延脆转变温度

在介绍延脆转变温度之前，我们先来了解一下断裂的过程和类型。断裂是指材料在载荷/应力的作用下分为两（或以上）部分的现象。断裂过程包括两个阶段：裂纹形成和裂纹扩展。大量的事例和试验分析说明，材料断裂时，首先形成微裂纹或者以原有的微裂纹、孔洞、杂质作为破坏源，在力的作用下裂纹或者破坏源缓慢扩张达到某一临界尺寸——临界裂纹尺寸，瞬时发生断裂，所以断裂是一个随时间渐进的过程。比较经典的分类方法可以把断裂分为两种类型：延性断裂和脆性断裂。延性断裂会经历明显的塑性变形阶段，并伴随着裂纹的形成和稳定的增长过程。而脆性断裂前只有极小的塑性变形，裂纹扩展非常迅速。稳定的裂纹增长是指载荷移除后,裂纹不再继续扩展。图4-8中给出了不同的金属/合金承受轴向拉力时所展现出的不同的断裂类型。

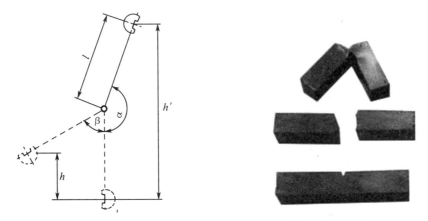

(a) 夏氏冲击试验摆锤示意图　　(b) 冲击试验试样:原始试样(下)、脆性断裂(中)、延性断裂(上)

图4-7 冲击试验摆锤及试样示意图

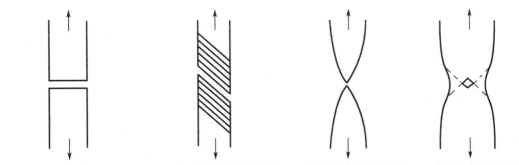

(a) 单晶体或多晶体的脆性断裂　(b) 延性单晶体的剪切断裂　(c) 多晶体的完全延性断裂　(d) 多晶体的延性断裂

图4-8 不同的断裂类型

除了上述的延性断裂和脆性断裂外,金属学中也经常采用其他因素对断裂进行分类,比如以结晶学的观点分类,以断面与应力的关系分类,以及以端口的形貌分类等,但上述方法在核反应堆材料中应用较少,因此不进行详细介绍。

温度对断裂的作用十分明显,很多材料在高温下能保持很好的延性,但在低温下就只有脆性了,其表现为温度降低到某一值时,钢的冲断功显著下降,延性断裂转变为脆性断裂,该现象称为延脆转变,该温度定义为延脆转变温度(ductile brittle transition temperature, DBTT),如图4-9所示。

这种延脆转变在不同的材料中呈现不同的特点,通常在体心立方和密排六方金属材料中过渡较为明显,而在面心立方材料中未出现明显的延脆转变现象。产生低温脆性的唯象解释是由苏联物理学家通过实验首先提出的。他指出低温脆性是金属材料屈服强度随温度降低急剧增加的结果(见图4-10)。

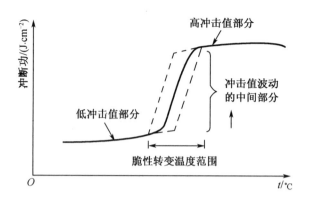

图 4-9　延脆转变曲线

任何材料都有两个强度指标，屈服强度 σ_s 和断裂强度 σ_b，断裂强度随温度变化很小，而屈服强度却对温度变化十分敏感。温度降低屈服强度急剧增加，使两曲线交于 t_k 点，高于此温度，即 $t > t_k$，材料先屈服，后断裂，呈现延性断裂；而当 $t < t_k$ 时，材料先到达断裂强度，也就是在弹性范围内就发生了断裂，因此材料呈现脆性断裂。

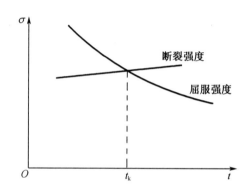

图 4-10　屈服强度和断裂强度随温度变化示意图

由于延脆转变温度实际上不是一个温度点，而是一个温度区间，这便使得准确地给出延脆转变温度存在困难。因此，测定延脆转变温度需通过一系列的冲击试验，然后根据能量、塑性变形或者断口形貌随温度的变化来定义延脆转变温度，相应地，延脆转变温度有以下几种定义方式（见图 4-11）：

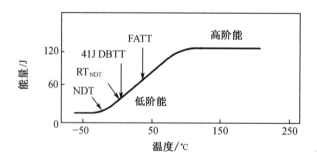

图 4-11　延脆转变温度的不同定义

①断口中结晶状断面占面积的 50% 时的温度，并记为 50% FATT（fracture appearance transition temperature）或 t_{50}；

②冲击值降至某一特定的、所允许的最低冲击值时的温度；

③当低于某一温度时，材料吸收的冲击能量基本不随温度而变化，形成一平台，该能量

称为"低阶能",以低阶能开始上升的温度定义延脆转变温度,并记为 NDT（nil-ductility transition）,称为无塑性或零塑性转变温度;

④参考 NDT 温度。

延脆转变温度的确定对反应堆压力容器的建造和安全运行来说很重要。因为压力容器是用低合金碳钢制造的,它是体心立方结构的材料,存在低温脆性,而且由于压力容器暴露在快中子场中,在高能中子辐照下,材料会产生缺陷,使材料强化和脆化,延脆转变温度升高。

压力容器是压水堆的重要部件,在反应堆寿期内希望不发生突然的破损,即要求压力容器钢的 DBTT 在它所能经受的温度以下,因此在反应堆堆芯部分要悬挂监督管,监督管内装有与压力容器同批材料加工成的实验样品,定期取出,测定其 DBTT,以监督压力容器材料整个寿期内的 DBTT 变化,防止发生意外。

4.3.3 蠕变性能

当材料在高温条件下长期工作时,材料的塑性变形会具有时间性的特点,塑性变形会随时间的增长而缓慢增加,因此材料的高温性能需要用应力、应变和时间三个参数来表示。即材料长期在高温、恒应力下工作时,即使应力不变且低于屈服强度,也能随时间的变化产生永久的塑性变形,这种现象称作蠕变。这里所谓的高温工作条件,并不是指绝对温度的高低,而是相对于材料熔点来说的。通常认为当温度大于$(0.4 \sim 0.5)T_m$（T_m表示材料的熔点）时,蠕变效果开始逐渐明显。比如铅在室温条件下便可能发生蠕变,而铁却不会,这是因为铅在室温条件下的同系温度（即 $T/T_m = 0.5$）要比铁的同系温度（即 $T/T_m = 0.16$）高。由于蠕变的发生是温度的函数,因此蠕变属于一种热激活过程。当某一承载结构长期在高温下工作时,就必须考虑蠕变效应了。目前压水堆的工作温度是 350 ℃ 以下,蠕变效应的影响并不太显著,而对于先进的第四代高温气冷堆,冷却剂温度可以达到 1 000 ℃,这时必须考虑蠕变效应,所以材料的蠕变性能对反应堆的设计是很重要的。

1. 两个性能指标

蠕变极限和持久强度是描述材料蠕变性能的两个重要指标。

蠕变极限是指材料在某一温度 T 下,在规定的时间 t 内,达到规定的变形量 δ 所需的应力值,表示符号为 $\sigma_{\delta/t}^T$。例如 $\sigma_{1/10^5}^{500} = 100$ MPa 的含义是材料在 500 ℃ 温度下运行 1.0×10^5 h,产生 1% 伸长率的应力值是 100 MPa。蠕变极限可以通过蠕变曲线获得,它主要关心的是材料在某一工作条件下的蠕变量随时间的关系。

持久强度是指材料在给定的温度 T 下,经过规定的时间 t 后引起断裂所需的应力值,用 σ_t^T 表示。例如 $\sigma_{10^3}^{700} = 30$ MPa 表示该材料在 700 ℃ 温度下承受 30 MPa 的作用力时,运行 1 000 h 后发生断裂。持久强度可以通过蠕变断裂曲线获得,它主要关心的是材料在某一工作条件下发生蠕变断裂所需的时间,与材料的寿命有关。

因此,持久强度反映了材料在高温下的抗断裂能力,其性质相当于室温下的抗拉强度,蠕变强度是高温下材料抵抗变形的能力,它类似于室温下的屈服强度。持久强度和蠕变强度的比值相当于屈强比的倒数,该比值高,表明材料在高温下塑性好,安全可靠性大;比值低,表明材料高温塑性差,容易发生高温脆断。

2. 蠕变曲线

材料的蠕变曲线可通过蠕变试验测试得出。典型的蠕变试验是在试件承受轴向拉应力的条件下进行的。假设在一个承受恒定高温（$T/T_m > 0.4$）的试件上加载一个不变的载荷，蠕变曲线记录着这一条件下的蠕变量随时间的变化关系。典型的蠕变曲线如图4-12（a）所示，应变率随时间的变化关系如图4-12（b）所示。

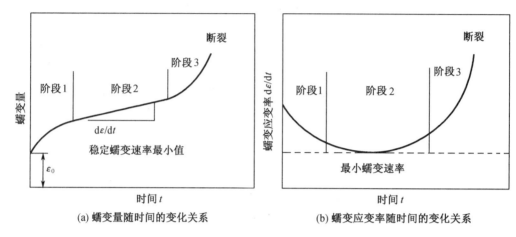

(a) 蠕变量随时间的变化关系   (b) 蠕变应变率随时间的变化关系

图4-12　蠕变曲线和应变率示意图

可以看出，在加载的瞬间产生一个ε_0的弹性形变，随后进入蠕变阶段。蠕变可以分为以下三个不同阶段：

（1）第一蠕变阶段

该阶段内具有相对高的应变速率，但应变速率随着应变的增加而变慢，属于蠕变减速阶段。即在应力作用下，运动中被阻塞的位错因热振动的影响，受阻位错按激活能的高低依次越过障碍，直至所有的可动位错都参加运动。但随着时间增长，被阻的可动位错从障碍中解脱出来的数量不断减少，变形量逐渐下降，所以出现了蠕变减速。

（2）第二蠕变（稳态蠕变）阶段

经历了初步蠕变以后，蠕变进入第二阶段，在此阶段内材料蠕变率达到了最小值并几乎保持不变。在蠕变过程中，形变硬化与回复软化是同时进行的，即一方面位错的运动和增殖引起形变和加工硬化；另一方面位错通过滑移及攀移离开塞积群而引起软化。脱离障碍的位错与异号位错相遇而湮灭，或者被晶界、亚晶界所吸收，称此为回复。当硬化与回复处于平衡状态时，位错密度保持不变，因此蠕变速率也保持恒定。

这一阶段属于中间的关键过渡阶段，占据整个蠕变阶段的绝大部分。由于大多数的材料在这一阶段的蠕变率为常数，因此也称该阶段为稳态蠕变阶段。相应地，蠕变速率被称作稳态蠕变速率。在此阶段测得的稳态蠕变速率$\dot{\varepsilon}_s$是材料蠕变学中的重要参数。这一参数可以通过一定的经验公式与断裂寿命联系起来，进而在设计时进行断裂寿命的计算，该方法被广泛地用于研究和工程中。蠕变速率受到很多因素的影响，例如，不均匀的变形速率、应力的变化以及高温条件下的金相状态等。因此，蠕变第二阶段的实际情况远比我们所描述的稳态力学条件要复杂得多。因此与其认为最小蠕变速率是材料的力学性能参数，不如说它是个经验参数。

（3）第三蠕变阶段

该阶段的蠕变速率迅速增加并最终导致试件断裂。该阶段通常被称作断裂阶段而不是变形阶段。这一阶段没有明显的起点，只是认为沿晶粒边界或者杂质等界面的滑移或者扩散开始加速裂纹的扩展，蠕变速度迅速增加，蠕变率随应变呈指数增长关系。

图 4-12 中给出了比较经典的蠕变曲线形式，大多数金属和合金的蠕变都符合该规律。然而，也有一些材料的蠕变曲线会明显偏离上述的三个阶段，甚至对于一些材料在不同的实验条件下也会得出不同的蠕变特性。例如，高性能合金因科镍-617 就是个例外，该材料的蠕变曲线如图 4-13 所示。这种情况下，最小的蠕变速率通常被认为是稳态蠕变速率，并不存在明显的蠕变第二阶段。

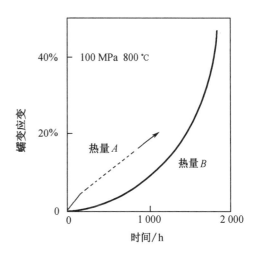

图 4-13 Inconel-617 的实测蠕变曲线

3. 蠕变断裂曲线

研究材料蠕变特性的另外一个非常重要的设计曲线就是蠕变断裂曲线，或称应力断裂曲线。因为除了关心材料的蠕变特性外，在设计材料时我们往往更关心材料的使用寿命，即这个材料发生断裂的时间，用 t_r 表示。材料的断裂时间越长，意味着这一材料的使用寿命越长。材料的应力断裂曲线可以通过应力断裂试验测得。该试验的操作方法和运行条件与蠕变试验类似，但是在应力断裂试验中所关心的变量不再是蠕变量和蠕变率，而是材料在某一高温、某一应力条件下工作至发生断裂所需要的时间。因此，蠕变断裂曲线所给出的信息就是材料在不同的温度和应力下发生断裂的时间，即材料的温度、应力和断裂时间的关系。该曲线通常采用双对数坐标形式，以断裂时间和应力为横、纵坐标。图 4-14 给出了马氏体钢-91 和 Inconel-617 的应力断裂曲线。其中马氏体钢-91 可作为气冷堆压力容器的备选材料，而 Inconel-617 可作为超高温气冷堆中间换热器的备选材料。从这些曲线中获得的基本信息可以应用于设计一些长期工作在高温条件下的结构部件或设备。

此外，也有一些经验关系式或者方程可以描述材料的应力断裂行为，并提供一些有用的设计数据，Larson-Miller parameter（LMP）便是其中的一个参数，有

$$P = T\lg(C + t_r) \tag{4-18}$$

式中　P——Larson-Miller 参数；

　　　C——材料常数，通常取 20 左右；

　　　T——温度，K；

　　　t_r——断裂时间，h。

图 4-15 给出了核级锆合金的 LMP 随应力的变化曲线。另一个重要的经验关系式是 Monkman-Grant 关系式，该关系式遵循的规律是断裂时间随应力或者最小蠕变率的增加而减小，即

$$\dot{\varepsilon}_s \cdot t_r = \text{Constant} \tag{4-19}$$

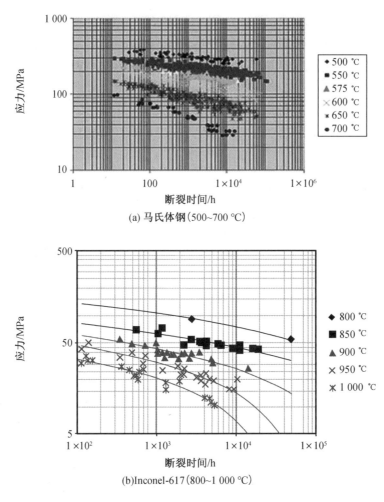

(a) 马氏体钢（500~700 ℃）

(b)Inconel-617（800~1 000 ℃）

图4－14　先进反应堆材料的典型应力断裂曲线

图4－15中给出的商用钛管的曲线证明了式(4－19)的有效性。此外，还有 Zener－Holloman 参数与应力的关系式，以及 Sherby－Dorn 参数等都可以用来描述材料的应力断裂性能。

4.3.4　疲劳性能

在反应堆启动或停堆的瞬态工况，反应堆中的大多数结构都会存在由振动或热应力引发的周期性变形，从而在结构材料上形成周期性交变载荷。材料在这种交变载荷或应力的长期作用下，虽其所受应力远小于其抗拉强度，甚至小于其弹性极限，但经过多次循环后，在无显著外观变形的情况下发生突然断裂，这种现象称为疲劳。统计资料表明，在各类机件破坏中有80%是疲劳断裂，并具有无预兆的突然破坏特点，因此疲劳断裂危害性极大。

疲劳发生的过程一般认为是在重复或交变应力作用下，材料表面某些晶粒，由于位向或其他原因产生局部变形而导致微裂，也可能是材料表面的杂质、划痕或其他的缺陷产生应力集中而发生微裂。此种微裂随循环次数增加而逐渐扩展，以至未裂截面大大减小，不能承受所加的载荷而突然断裂。

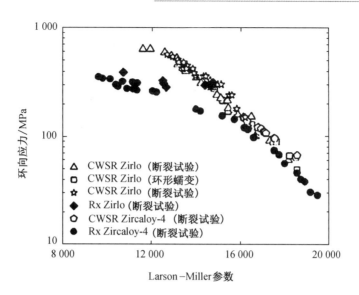

图4-15 核级锆合金的LMP随应力的变化曲线

1. 基本概念和术语

根据材料断裂失效前周期载荷的循环次数,疲劳可以分为两种类型。一种是在高频率低幅值的循环应力作用下,经历相当多的循环次数后才能发生疲劳破坏,这种类型称为"高周疲劳"。另一种是在机器瞬态工作时可能会引起较高的循环应变,由这种反复的应变造成疲劳破坏,称为"低周疲劳",由于它是在接近屈服强度的交变载荷作用下,由反复塑性应变所造成的破坏,因此也称作应变疲劳。通常,循环次数在低周疲劳与高周疲劳之间的典型的过渡值为10 000左右。

在周期性载荷作用下,裂痕状缺陷或者小裂纹都会不断扩展,直到达到断裂韧性并造成试件断裂。裂纹扩展过程根据过程中是否存在塑性变形可以分为无塑性变形的扩展过程(K控制区)和有塑性变形的扩展过程(J控制区)。

周期性变形的疲劳试验可以在载荷控制、应变控制或者位移控制下进行,可以通过调整测试仪器的信号来改变不同的控制方式。图4-16以载荷控制为例给出了典型的疲劳测试相关参数。载荷控制试验通常是在某一平均应力 σ_m 下进行的,而应力的变化范围是在最大应力 σ_{max} 与最小应力 σ_{min} 之间。平均应力 σ_m 是指循环应力的最大值与最小值的算术平均值,即

$$\sigma_m = (\sigma_{max} + \sigma_{min})/2 \qquad (4-20)$$

而应力的变化范围为最大应力与最小应力之间的差值,即

$$\Delta\sigma = \sigma_{max} - \sigma_{min} \qquad (4-21)$$

应力波动的幅值 σ_a 定义为应力变化范围的一半,即

$$\sigma_a = \Delta\sigma/2 = (\sigma_{max} - \sigma_{min})/2 \qquad (4-22)$$

应力比 r 是指最小应力与最大应力的比值,即

$$r = \sigma_{min}/\sigma_{max} \qquad (4-23)$$

对应图4-16(a)所示的情况,$r = -1$。

通常有三种不同的疲劳载荷加载方式,如图4-16所示,图(a)为拉力-压力循环方式,图(b)为拉力-拉力循环方式,不存在压力-压力的周期性载荷加载方式,因为疲劳裂

纹在压力条件下不会张开,也就不可能出现疲劳断裂。几乎所有的核材料的测试都是在前两种方式下进行的。而对于部分设备,例如蒸汽轮机或者高温气冷堆中的氦气透平来讲,掌握其材料在随机载荷作用下的疲劳相应特性似乎更加有意义。因此评价这部分材料的安全工作周期,需采用图(c)所示的随机应力循环载荷的加载方式,使疲劳试验的载荷变化尽可能地与实际工作条件相一致。

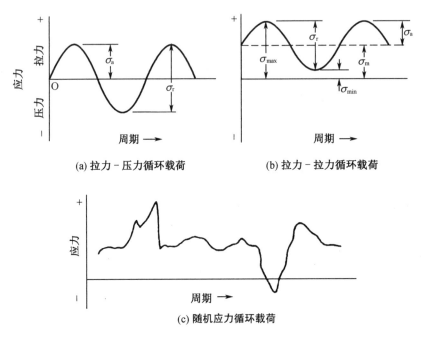

(a) 拉力－压力循环载荷　　　　(b) 拉力－拉力循环载荷

(c) 随机应力循环载荷

图 4－16　不同的载荷加载方式

　　目前有多种不同的方法进行疲劳试验,如图 4－17 所示为其中的一种悬臂梁疲劳测试装置。在该装置中,试件的一端与高速电动机相连并带动其高速旋转,另一端以悬臂梁的形式进行加载。试验过程中,试件中平面以上的部分始终承受拉力,而以下的部分始终承受压力。因此,试件每完成一次旋转,其表面便接受一次拉力－压力的交替作用,进而可以连续进行拉力－压力加载方式下的疲劳试验。其他类型的疲劳试验还有轴向推拉、扭转循环以及旋转－弯曲测试等。

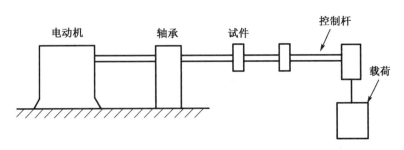

图 4－17　悬臂梁疲劳测试装置

2. 疲劳曲线

疲劳试验所得的结果通常利用疲劳曲线进行记录。疲劳曲线以周期性应力(S)或载荷的幅值作为纵坐标,以材料发生疲劳断裂前周期性载荷的循环次数(N)为横坐标,来反映材料的寿命与周期性应力的大小之间的关系,疲劳曲线常称作$S-N$曲线。这种方法最早可以追溯到19世纪五六十年代,德国工程师沃勒提出了表征疲劳的$S-N$曲线,并提出疲劳极限的概念。因此,$S-N$曲线又被称作 Whler 曲线。

图4-18给出了两种典型的$S-N$曲线,曲线表明循环应力的幅值越高,材料在发生疲劳断裂前能够承受的应力循环次数越少;反之亦然。对于一些铁素体或马氏体钢(如碳钢),随着循环应力的降低,失效前承受的循环次数逐渐增加。但当循环应力降低到某一值时,曲线将变成水平直线,如图4-18中的曲线A。这表明此时材料在这一循环应力的作用下,将不再发生疲劳断裂,可以承受无限次

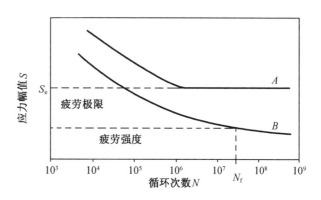

图4-18 典型的$S-N$曲线

的循环应力。这一时刻的应力是材料不再发生疲劳断裂情况下所能承受的最大循环应力,被称作疲劳极限或持久极限。对于大多数钢材来讲,疲劳极限远小于其抗拉强度,仅在其抗拉强度的35%~60%之间变化。这也可以通过日常生活中的简单实例来解释,我们用力地去拉断一根铁丝是很困难的,但我们如果连续弯曲铁丝数次,铁丝便很容易被弄断。疲劳极限通常在循环次数为10^6~10^7时可以达到。然而,对于大多数其他的金属材料并不存在明显的疲劳极限,这些材料具有一个缓慢下降的$S-N$曲线,如图4-18中的曲线B。即随着循环应力的降低,循环次数逐渐增加,并没有明显的疲劳极限,使循环次数趋向无限。因此,对于这些材料来讲,疲劳极限很难被明确地定义,因此人为地给出疲劳强度的定义。疲劳强度是指材料在应力循环N次断裂时,所对应的最大循环应力幅值。通常应力循环次数在10^7~10^8之间取值,例如,取应力循环次数为4.0×10^8时对应的应力幅值来定义疲劳强度,则表示材料寿命为4.0×10^8所对应的疲劳强度。

3. 疲劳裂纹扩展

到目前为止我们仅讨论了材料失效前的应力循环次数,并以此作为材料持久工作能力的评判标准。为了更加深入地理解材料的疲劳损伤机理,疲劳裂纹的增长过程必须被考虑,一旦疲劳裂纹形成,在周期性载荷的作用下裂纹便会扩展。这种类型的裂纹扩展是在载荷远低于断裂韧性的条件下的亚临界裂纹扩展。疲劳裂纹扩展可以分为以下两个阶段。

(1)第一阶段 在材料中形成稳定的微裂纹后,裂纹将沿着具有最大切应力方向的晶面,由表面向内扩展。由于是切应变方式扩展,具有晶体学特征,所以裂纹扩展速度很慢。但由于受到晶界阻碍和各晶粒位向差异的影响,裂纹扩展方向不断由偏离45°的方向,逐渐转移成沿着与外力轴成垂直的方向扩展。此时疲劳裂纹的扩展便由第一阶段过渡到第二阶段。

(2)第二阶段 裂纹扩展速率显著增加。裂纹增长是在反复的钝化和锐化的过程中进

行的。当达到临界的裂纹尺寸后，便进入材料断裂失效阶段。发生疲劳失效的材料断口呈现出明显的贝壳状花纹，如图4-19所示。该特征可以作为判别材料失效原因是否为疲劳的一个参考依据。

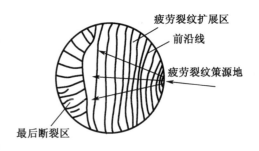

图4-19　疲劳断口的形貌

疲劳裂纹在亚临界扩展阶段内，裂纹扩展动力可以通过试验方法获得。描述这一阶段裂纹扩展速率的一个典型经验关系式是由Pairs提出的，他通过大量的试验结果给出了疲劳裂纹扩展速率与应力场强系数之间的函数关系，并以他的名字命名为Paris法则，即

$$\frac{\mathrm{d}a}{\mathrm{d}N} = A(\Delta K)^m \tag{4-24}$$

式中，A和m为材料常数，受材料特性、工作环境、波动频率以及应力比的影响。对于金属而言，m通常在3~5之间。$\frac{\mathrm{d}a}{\mathrm{d}N}$表示疲劳裂纹扩展速率，其含义为对于每一个应力循环，裂纹沿垂直于主应力方向的扩展距离。ΔK为交变循环应力下对应的应力场强系数的范围，可以结合式（4-16）和式（4-21）给出，即

$$\Delta K = K_{\max} - K_{\min} = Y(\sigma_{\max} - \sigma_{\min})\sqrt{\pi\alpha} = Y\Delta\sigma\sqrt{\pi\alpha} \tag{4-25}$$

式中，$K_{\max}$和$K_{\min}$分别为对应着最大循环应力和最小循环应力下的应力场强系数。

图4-20给出了双对数坐标下疲劳裂纹扩展速率$\frac{\mathrm{d}a}{\mathrm{d}N}$随应力场强系数范围$\Delta K$的变化关系。该曲线可以分为以下三个区域：

（1）Ⅰ区为裂纹不扩展区，相当于裂纹扩展速率为每周10^{-7} mm时所对应的ΔK值，记为ΔK_{th}，称为应力场强因子变化范围的阈值。当$\Delta K < \Delta K_{th}$时，疲劳裂纹不扩展，所以ΔK_{th}是防止疲劳断裂失稳扩展的重要判据。

（2）Ⅱ区为疲劳裂纹亚临界扩展区，Paris公式只适用于此区，因此该区也称作Paris区。该区段内疲劳裂纹以稳定的方式进行延展，直至达到临界裂纹长度。

（3）Ⅲ区为裂纹快速扩展区。此时最大的应力场强系数基本等于临界应力场强系数，疲劳裂纹因失稳扩展而断裂。

Paris法则也可以用来计算零部件出现疲劳裂纹后可承受的循环应力次数和疲劳寿命，即

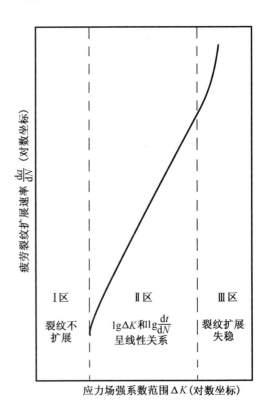

图4-20　疲劳裂纹扩展速率$\frac{\mathrm{d}a}{\mathrm{d}N}$随应力场强系数范围$\Delta K$的变化关系

$$N_f = \int_0^{N_f} \mathrm{d}N = \int_{a_0}^{a_c} \frac{\mathrm{d}a}{A(\Delta K)^m} = \frac{1}{AY^m(\Delta\sigma)^m \pi^{m/2}} \int_{a_0}^{a_c} \frac{\mathrm{d}a}{a^{m/2}} \tag{4-26}$$

式中的临界裂纹长度 a_c 可以利用平面应变裂解断裂韧性 K_{IC} 计算得出：

$$a_c = \frac{K_{IC}^2}{Y^2 \pi^2 \sigma_{max}} \tag{4-27}$$

因此,知道 a_c 和 Paris 法则中的系数后,便可以计算出疲劳循环次数,如果知道应力循环的频率 (f),则疲劳寿命 (t_f) 可以通过下式获得：

$$t_f = \frac{N_f}{f} \tag{4-28}$$

4.4 材料的腐蚀性能

腐蚀是指材料受到化学或者电化学的作用而引起的变质或破坏现象。腐蚀性能不是材料本身的固有性能,它受到材料所处化学环境的影响。由于反应堆中存在大量长期与高温、高压流体接触的材料,因此腐蚀性能已经成为这些部件设计和选材的一项内容,也是保证核电厂安全、可靠运行的重要判据。例如,主回路中材料与主冷却剂接触,会造成材料的全面腐蚀。再如,蒸汽发生器中的传热管也会由于冷却剂腐蚀而造成泄漏。在现代反应堆中,为了尽量减小材料的腐蚀损伤,冷却剂化学问题已经被认真地控制,但腐蚀毕竟是一个自然过程,尤其是在反应堆这样一个恶劣的工作环境下,腐蚀问题更突显重要性,美国在腐蚀方面的投入成本已达到几十亿美元之多。腐蚀问题在 1960 年以前还被认为是金属材料的专属问题,而如今已经普遍认为腐蚀是化学环境对所有材料造成的变质和破坏现象,包括陶瓷、聚合物、复合材料和半导体材料等。本节将针对腐蚀的一些基本概念和机理,以及在反应堆中经常发生的几种腐蚀效应进行介绍。

4.4.1 腐蚀的基本概念

1. 腐蚀的分类

腐蚀有多种类型,根据所考查的角度不同,腐蚀的分类方式和名称也不同。

(1)按腐蚀发生所涉及的范围分类

按腐蚀发生所涉及的范围分,有全面腐蚀和局部腐蚀。全面腐蚀也称作均匀腐蚀,是指在整个金属表面都发生腐蚀的现象,而局部腐蚀则是指集中在个别点或某个区域发生腐蚀的现象。局部腐蚀又可以分为点腐蚀、缝隙腐蚀、晶间腐蚀等。

(2)按原理分类

从产生的根源和原理上可归结为化学腐蚀和电化学腐蚀两大类。

①化学腐蚀

化学腐蚀是指材料与周围干燥介质或非电解质直接发生化学反应而引起的腐蚀,例如金属的高温氧化、高温高压下金属与氢作用的氢腐蚀等。发生化学腐蚀时,被氧化的金属与介质中被还原的物质之间的电子交换是直接进行的,所以化学腐蚀没有电流产生且腐蚀产物直接沉积在金属表面上。均匀的金属与介质发生化学作用后可以产生均匀的氧化膜,如果这层氧化膜是致密的,就可以保护下层金属免遭腐蚀。因此,针对这一特点,为防止化学腐蚀可以在金属中添加 Cr, Al, Si 等元素, 以便在金属表面形成 Cr_2O_3, Al_2O_3 或 SiO_2 的致密氧化膜, 使之与环境介质隔开而提高耐腐蚀性。

②电化学腐蚀

电化学腐蚀是指金属与电解质发生电化学反应而引起的变质或破坏。电化学腐蚀是由于金属组织的不均匀性或电解质中的浓度差(例如氧)导致电位不同而形成了腐蚀原电池。其中电势较低的部位易失去电子而遭受氧化腐蚀, 称为阳极, 而电势较高的部位是阴极, 它将阳极流来的电子传给电解质中被还原的物质, 发生还原反应, 因此阴极仅起到传递电子的作用而不受腐蚀。其中阳极反应主要是金属离子化过程, 即

$$M \Longrightarrow M^{n+} + ne^- \tag{4-29}$$

例如, $Fe \rightarrow Fe^{2+} + 2e$; $Al \rightarrow Al^{3+} + 3e$ 等。

常见的阴极反应有以下几种:

(a)氢离子还原(析氢)反应

$$2H^+ + 2e^- \rightarrow H_2$$

(b)氧还原(吸氧)反应

$$O_2 + 4H^+ + 4e^- \rightarrow 2H_2O(在酸性溶液中)$$

或

$$O_2 + 2H_2O + 4e^- \rightarrow 4OH^-(在中性、碱性溶液中)$$

(c)高价离子的还原反应

$$M^{n+} + e^- \rightarrow M^{(n-1)+}$$

(d)金属沉积反应

$$M^{n+} + ne^- \rightarrow M$$

由此可见, 电化学腐蚀是由阳极反应、阴极反应和电荷转移三个基本过程组成的。其特点是金属的氧化溶解(阳极)和介质中某物质的还原(阴极)反应发生在不同地点且等速同时进行。虽无电荷积累, 但有电子转移, 所以有电流产生。

2. 腐蚀的速度

化学腐蚀速度是衡量材料耐蚀性的重要指标。腐蚀速度常用以下两种方法表示。

(1)用质量法表示腐蚀速度

在均匀腐蚀条件下, 金属腐蚀速度用单位面积、单位时间内的质量损失表示, 即

$$v = (m - m_0)/(S \cdot t) \tag{4-30}$$

式中　v——腐蚀速度, $g \cdot m^{-2} \cdot h^{-1}$;

　　m_0——试样腐蚀前的质量, g;

　　m——试样腐蚀后的质量, g;

　　S——试样表面积, m^2;

　　t——腐蚀时间, h。

(2)用腐蚀深度表示

对工程部件来说, 用腐蚀深度 D 评定材料使用寿命更直观、更实用。腐蚀深度常用单位 mm/a 来表示。

4.4.2 电化学腐蚀的基本原理

水冷反应堆材料的腐蚀主要以电化学腐蚀为主,为了有效地减少材料的电化学腐蚀,延长设备的使用寿命,首先需要对电化学腐蚀的基本原理有所了解。

我们已经对电解槽(水的电解)的概念很熟悉了,电化学腐蚀是电解的逆过程。在电解槽中,为了分解电解质需要在阳极和阴极间有一定的电势差。而电化学腐蚀的发生条件是需要在材料之间形成电化学电池,即存在电化学电池的阴极和阳极,并且在两极之间有电流传输。图4-21给出了电化学电池(也叫原电池)的原理图。

图中示出了原电池的基本组成,包括阳极、阴极、电解液以及两极间的外部导电回路。原电池能够通过氧化-还原反应将其化学能转变为电能。在阳极的金属失去电

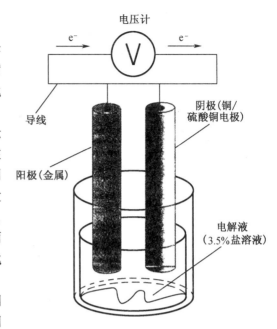

图4-21 电化学电池的原理图

子而变成离子,为了保证反应的顺利进行,所生成的电子和离子都需要被移走,电子通过外接电路流动到阴极并被接受发生电化学反应。例如,干电池与外电路接通后能够对外做功或使灯泡发光就是原电池定义的体现。也就是说,在阳极发生失电子的氧化反应,放出的电子沿外电路通过灯泡流向阴极碳棒,电子移动形成电流使灯泡发光。而电子到达阴极后,在碳棒附近发生吸收电子的还原反应。电池中的电解质构成了电子和离子流动的电回路。

虽然电化学腐蚀的反应与原电池相同,但实际上,要发生电化学腐蚀并不需要与原电池完全相同,图4-22为腐蚀电池的运行原理图。

对于腐蚀电池而言,阳极和阴极可以是同一金属材料的不同部分,金属本身可以提供导电路径,而金属材料所处的化学环境可

图4-22 腐蚀电池运行原理图

以作为电解液。因此,从原理上讲,发生电化学腐蚀的腐蚀电池与原电池是相同的,所不同的是腐蚀电池是短路的。其阳极氧化反应失去的电子,直接流向阴极并被其还原反应所吸收,电极反应释放出的化学能以热能形式散失掉。可见,腐蚀电池仅是一个能进行氧化-还原反应的电极体系,电极反应的结果是阳极金属氧化溶解而发生腐蚀。

4.4.3 局部腐蚀

局部腐蚀大多是以隐蔽形式发展的,且腐蚀速度快,事先很难被发现和防止。因此,由局部腐蚀造成的材料失效,常引起没有预兆的突发性破坏。本节将介绍反应堆材料中常见的几种局部腐蚀。

1. 点腐蚀（Pitting）和缝隙腐蚀（Crevice）

点腐蚀和缝隙腐蚀都是局部的电化学腐蚀。点腐蚀集中在个别小点上，并向纵深发展，甚至可以使金属蚀穿。缝隙腐蚀常发生在一些类似铆接的缝隙处，这些缝隙有一定的宽度，液体能进去但不流动。

这类腐蚀的产生与介质中存在的氯离子有关，也与局部（坑底）缺氧有关。

当介质中存在氯离子时会造成氧化膜局部破坏，如果坑底能得到介质中的氧，氧化膜可以得到修复，蚀坑就不会加深；但如果蚀坑较深，妨碍坑内外物质迁移，就会使坑内溶液发生浓缩，氯离子浓度逐渐增大，在坑内形成酸性的浓缩溶液，使腐蚀不断加深，直至穿孔，如图 4－23 所示。

在核电厂蒸汽发生器的二次侧，在传热管的冷端，管板与第一层支撑板之间常常会有点腐蚀发生，对于海水冷却的核电厂，海水系统的设备和管道也常常发生点腐蚀。

不锈钢发生点腐蚀的原因有内因和外因。内因是材料的成分和组织结构，破坏表面均匀性的缺陷，如夹杂物、贫铬区、晶界、位错等都会使表面氧化膜比较薄弱。

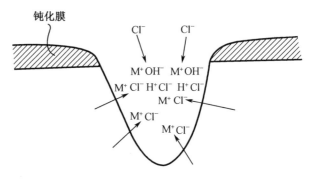

图 4－23　点蚀坑状况示意图

外因是介质的成分和温度，介质中含有 Cl^-、Br^-、$S_2O_3^{2-}$，特别是 Cl^- 和 Cu^{2+} 的污染，都会使不锈钢产生点腐蚀。增加不锈钢抗点腐蚀能力的有效元素是 Mo 和 Cr，其次是 Ni。因此为了抗点腐蚀，不锈钢中就要加入适量的 Mo 和比较高的 Cr，如 316 不锈钢就比 304 不锈钢抗点腐蚀性能好。设计时要考虑停机时能完全排清液体，避免有死角或滞留液体的部位，以及清除沉淀物方便。

在反应堆系统中，燃料元件和格架之间，控制棒驱动机构、蒸汽发生器传热管与管板之间的胀接处，传热管与支撑板之间，以及管板上方结垢沉积区等部位都有间隙，都存在着缝隙腐蚀的危险。缝隙腐蚀的严重程度取决于介质中的 Cl^-、O_2、H^+ 的浓度、温度、流速和间隙的尺寸。

缝隙腐蚀形成的原因解释如下：由于缝隙内的溶液处于滞留状态，其中的溶液氧因出口堵塞而补充困难，缝隙内因缺氧，阴极还原反应停止，但阳极反应依靠缝外的阴极仍可继续进行，且总速度不定，于是缝隙处产生金属离子累积，为保持电中性，缝外的 Cl^- 被正离子吸引而移入缝内，并形成氯化物（MeCl 或 $MeCl_2$），随着金属氯化物增多，发生水解（MeCl + $H_2O \rightarrow Me(OH) + HCl$），此时缝内溶液酸化（pH 值可达 2～3）。pH 值的降低可引起缝内金属加速溶解，进而又促使 Cl^- 离子吸入和水解，周而复始便形成了封闭电池的自催化过程，也是缝内金属不断被溶解的过程。

防止缝隙腐蚀的措施如下：

①合理的结构设计，避免缝隙；

②根据不同的介质，选择适用的材料，如在核电厂系统中选用含钼的不锈钢。

③在介质中加入缓蚀剂，或在形成缝隙的结合面上涂装加有缓蚀剂的涂料等。

2. 晶间腐蚀(Intergranular Corrosion)

晶间腐蚀的特征是表面尺寸几乎不变,有时表面仍保持金属光泽,但强度和韧性下降,稍加冲击表面就会出现裂纹。

金相剖面分析,抛光态下可观察到沿晶界的裂纹、晶粒脱落、腐蚀沿晶界均匀向内发展、断口形貌为冰糖状的沿晶断口。这种腐蚀较多地发生在奥氏体不锈钢和焊接热影响区内,在镍基合金、镁合金和铝合金中也有这种腐蚀发生。其产生的原因是晶界析出某相,使晶界附近元素分布形态发生改变,它是一种局部的电化学腐蚀。下面以不锈钢的晶间腐蚀为例来讨论晶间腐蚀的机理。

室温下碳在奥氏体中的溶解度只有0.03%左右,而在高温下钢中能溶解较多的碳。不锈钢出厂前一般进行固溶处理,因此碳在钢中均匀分布,但这种状态是亚稳态。在一定的温度下不锈钢会析出其过饱和的碳。当不锈钢在425~870 ℃范围内保温时,过饱和的碳向晶界迁移,到达晶界后与附近的金属原子(大部分为铬)结合成碳化物析出,从而使晶界附近贫铬引起晶间腐蚀。如图4-24显示了对这一现象的解释。

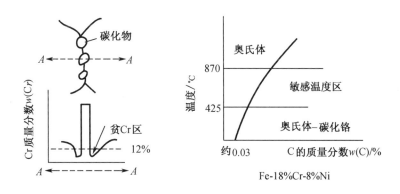

图4-24　奥氏体不锈钢的晶间腐蚀机理

防止奥氏体不锈钢晶间腐蚀的措施如下:

①降低不锈钢中碳的含量。现在有一些低碳的不锈钢如316L,304L都是把碳含量降至0.03%以下。这样,在钢中不存在多余的碳,在敏化温度加热时也不会析出碳化物而造成晶界贫铬。

②在钢中加入铌或钛(一般加入量是碳质量分数的5~8倍),形成稳定化的不锈钢。所谓稳定是指稳定碳,因为铌和钛与碳结合的能力比铬强,形成的碳化物 NbC 和 TiC 比 $M_{23}C_6$ 更稳定,因此可以使这种钢在敏化温度工作时不析出含铬的碳化物,也就不会形成晶间贫铬。

③不在敏化温度使用。如含碳量高的不锈钢不在高温下使用,也就不会有碳化物析出导致的贫铬发生,也就不会产生晶间腐蚀。

④进行固溶处理。由于这种晶界析出碳化物造成的贫铬现象是可逆的,因此可以用重新固溶处理的方法来恢复。

3. 冲刷腐蚀(erosion)和微动腐蚀(fretting)

(1)冲刷腐蚀

冲刷腐蚀是由于高速运动的流体撞击金属表面,带走了氧化膜,暴露了金属本体,从而加速了腐蚀,这种腐蚀常发生在管道和泵的拐弯处。

在核电厂中,有些设备和管道采用碳钢制作。由于碳钢在水环境中的抗腐蚀性能较差,尤其是当介质的流速加大时,在一些管道的拐弯处会发生腐蚀加剧、壁厚减薄的现象。改进的措施如下:

①修改设计,使流体冲击力减弱,如加大弯曲半径等;

②选择合适的材料,既要考虑经济性又要考虑适用性;

③改变条件,如温度、pH 值、溶解氧等。

(2)微动腐蚀

微动腐蚀常产生在两个表面的接触部分,由于摩擦和撞击,表面氧化膜不断破损,暴露新的金属面而加速了腐蚀。产生微动腐蚀所需的相对运动量很小,位移在 $2 \sim 20 \ \mu m$。

在压水堆条件下,压水堆燃料棒与格架之间、指套管与导套管之间就存在着这样的微小相对运动,从而产生微动腐蚀。防止此类腐蚀的方法如下:

①改进设计,避免或减少接触面的相对运动,如对燃料棒的约束方法进行改进;

②加强监测,发现处于临界状态的部件及时更换,如堆内供中子探测器运行的指套管在停堆维修时要进行监测,及时更换过度磨损的管子。

4. 应力腐蚀(stress corrosion cracking,SCC)

(1)应力腐蚀的概念、特征及类型

应力腐蚀是一种发生在特殊环境和应力状态下的腐蚀,它可以是沿晶的,也可以是穿晶的。应力腐蚀的特征是材料表面的腐蚀程度较轻,但裂纹较深,裂纹走向基本与主应力方向垂直。在金相显微镜下观察裂纹走向,裂纹呈现分叉似落叶的树枝状,断口形貌呈现较大起伏。

应力腐蚀是金属材料在实际应用中经常遇到而危害较大的一种腐蚀。绝大多数金属材料在一定条件下都有应力腐蚀倾向。低碳钢和低合金钢在苛性碱溶液中的"碱脆",在硝酸根离子介质中的"硝脆",奥氏体不锈钢在含有氯离子介质中的"氯脆",铜合金在含氨气条件下的"氨脆"等都会在没有明显征兆情况下产生突然的脆断,造成灾难性事故。

苛性腐蚀也是一种应力腐蚀,是金属在应力、温度和高浓度碱溶液作用下发生腐蚀、材料变脆的现象,称为苛性腐蚀或碱脆。苛性腐蚀主要是晶间腐蚀,由于材料中存在应力,晶粒内部和晶粒边界有电位差,而且晶界为负电位,因此晶界处金属变成金属离子进入介质,不断被溶解,导致产生晶间裂纹。腐蚀过程中产生的氢在裂纹中聚集,形成大的压力也促使裂纹进一步长大,加速了碱脆。

反应堆一、二回路水都呈偏碱性,为了控制 pH 值分别添加 LiOH,联氨(N_2H_4)或磷酸盐等。在冷却剂滞流处或多孔氧化膜中易发生游离碱沉积,造成局部碱浓缩,加之回路工况是高温、高压,满足了碱腐蚀(应力腐蚀)的三个条件。

(2)应力腐蚀发生的条件

应力腐蚀的发生必须满足三个条件,并且这三个条件必须同时满足。

①存在一个临界的拉应力

低水平的应力就足够了,可以是热应力,也可以是材料内部的残余应力,但必须是拉应力。应力越大,产生应力腐蚀开裂的时间就越短。材料中拉伸应力的来源:一是残余应力(加工、冶炼、装配过程中产生),温差产生的热应力及相变产生的相变应力等;二是材料承受外加载荷所造成的应力。金属与合金所承受的拉应力越小,断裂时间就越长。

②存在一个腐蚀环境

环境中有使材料敏感的因素,如含有氯离子、氧离子、氨离子等。对于某种合金,能否发生应力腐蚀断裂与其所处环境的特定的腐蚀介质有关,而且介质中能引起 SCC 的物质浓度一般都很低。如在核电厂的高温水介质中,含质量分数为百万分之几的 Cl^- 和 O_2,奥氏体不锈钢就可以发生应力腐蚀。

③存在材料对所处环境敏感的条件

发生应力腐蚀的合金/环境体系见表 4-4。

表 4-4 发生应力腐蚀的合金/环境体系

合金	腐蚀介质
低碳钢	热硝酸盐溶液、碳酸盐溶液、过氧化氢
碳钢和低合金钢	氢氧化钠、三氯化铁溶液、氢氰酸、沸腾氯化镁($MgCl_2$ 的含量为 42%)溶液、海水
高强度钢	蒸馏水、湿大气、氯化物溶液、硫化氢
奥氏体不锈钢	酸性和中性氯化物溶液、熔融氯化物、海水、高温高压含氧高纯水、F^-、Br^-、NaOH - H_2S 水溶液、二氯乙烷等
铜合金	氨蒸气、含氨气体、含氨离子的水溶液、汞盐溶液、含 SO_2 大气、氨溶液、三氯化铁、硝酸溶液
镍合金	氢氧化钠溶液、高纯水蒸气、HF 蒸气和溶液
铝合金	氯化钠水溶液,海水及海洋大气,潮湿工业大气,水蒸气,熔融氯化钠,含 SO_2 大气,含 Br^-、I^- 水溶液
镁合金	硝酸、氢氧化钠、氢氟酸溶液、蒸馏水、NaCl - H_2O_2 水溶液、NaCl - K_2CrO_4 溶液、海洋大气、SO_2 - CO_2 湿空气
钛合金	发烟硝酸,300 ℃以上的氯化物,含 Cl^-、Br^-、I^- 水溶液,N_2O_4,甲醇,三氯乙烯,有机酸

从应力腐蚀开裂来看,最危险的区域是那些处在潮湿和干燥交替工作条件下的金属部分。在反应堆中,许多应力腐蚀开裂发生在蒸汽发生器汽水交替处。由于应力腐蚀的发生必须同时满足三个条件,因此控制好任一条件(如降低应力、选择对环境不敏感的材料、改进设计或控制介质中的杂质离子等)都能减缓或避免应力腐蚀的发生。

(3)防范措施

减缓或避免应力腐蚀发生的措施具体如下:

①合理选材

尽量避免金属或合金在易发生应力腐蚀的环境介质中使用。如在高浓度氯化物环境中,避免选用奥氏体不锈钢,可以选用铁素体不锈钢或镍基、铁镍基合金。

②控制应力

在制造或装配金属构件时,应尽量使结构具有最小的应力集中系数,并使与介质接触的部分具有最小的残余应力。加热和冷却要均匀,必要时可以采用退火工艺消除应力,也可采用喷丸、滚压等工艺使材料表面产生一定的压应力。

③改变环境

除气、脱氧、除去矿物质等方法可除去环境中危害较大的介质部分。控制温度、pH 值、添加适量的缓冲剂等，可达到改变环境的目的。

④采用电化学保护

使金属离开应力腐蚀敏感区，从而抑制应力腐蚀。

⑤添加涂层

好的镀层（涂层）可使金属表面和环境隔开，从而避免产生应力腐蚀。

5. 氢脆（hydrogen embrittlement）

在这里主要介绍的是与腐蚀有关的压水堆包壳材料的氢脆。腐蚀和吸氢现象是密切相关的，锆合金在水和蒸汽中的腐蚀反应为

$$Zr + 2H_2O \rightarrow ZrO_2 + 4H$$

锆腐蚀后在表面形成氧化物，同时形成了氢。反应中释放出的氢有一部分（10% ~ 30%）穿过氧化膜溶解于基体金属中，形成固溶体 $Zr(H)_{sol}$ 或形成氢化锆：

$$Zr + H \rightarrow Zr(H)_{sol} \quad \text{或} \quad 2Zr + 3H \rightarrow ZrH_{1.5}（体积增大 14\%）$$

腐蚀的后果是包壳壁减薄，强度降低；吸氢的后果是在金属中形成氢化物，导致包壳脆化。氢的吸取量与锆的氧化量有关，氢在锆中的溶解度约为 70 μg/g（573 K），多余的氢就与锆结合，生成氢化锆，氢化锆呈片状析出，破坏了金属的连续性，氢化锆在低温下是脆性的，在材料中相当于裂纹，使材料发生脆化。在氢化物的排列方向与材料的受力方向垂直的情况下，脆化的影响就更大。

4.5　材料的辐照性能

4.5.1　主要辐照作用

反应堆环境的特征是存在各种类型的强辐射。这些辐射能引起材料的物理和化学性质的重要而有害的变化。在核反应堆中的辐射源主要是 α 粒子、β 粒子（来自放射性衰变）、γ 射线、中子和裂变碎片。严格来说，裂变碎片不是核辐射，但从对材料的辐照效应来说，除了它有更大的质量和带有更多的能量外，基本上和 α 粒子类似。辐照效应的类型和程度既与材料的结构有关，也与辐射的类型与能量有关。

1. 带电粒子和 γ 射线

β 粒子、γ 射线通过物质时会引起电离或电子激发，即它们仅扰动物质中的原子和电子。由于 β 射线的射程短，因此电离主要是 γ 射线的影响。电离作用使化合物的化学键破坏而分解成单体。对一定的 γ 射线注量率来说，化合物的分解度取决于化学键的类型。

共价键结合的化合物，例如有机化合物及水等某些无机化合物中，其外层电子是由两个原子共用，而不是紧紧地束缚在某一原子中，所以抗分解能力差，分解一个共价键仅需约 25 eV 的能量，因此大多数有机化合物不能在高 γ 注量率区使用。

离子键结合的化合物，例如较活泼的金属元素和活泼的非金属元素结合的化合物中，电子由一类原子转移到另一类原子，形成阴离子和阳离子，分子依靠离子间强烈的静电吸力结合而成。这类化合物在辐照下的分解比共价键化合物少得多。

金属中原子依靠金属键结合起来,即金属晶体实际上是由各种金属原子释出外层电子后形成的带正电荷金属离子按一定规律排列而成。所释出的外层电子不专属于某个离子,而是在整个晶体内自由地运动着,因此称它们为自由电子。晶体中的金属离子和自由电子间存在着较强的作用。由于在金属中,电子本身就在自由运动着,因此基本上不会产生永久的辐射效应。电子所获得的激发能将变为核振动能,最后以热能形式消散。

重带电粒子,例如 α 粒子、质子等引起的辐射效应与中子类似(中子的辐照效应在下面讨论),但和 β 粒子、γ 射线情况不同。由于 α 粒子和质子在物质中的射程短,除某些局部问题(例如在含硼的控制材料)以外,在热中子反应堆中,它们是不重要的,所以这里不详加讨论。

2. 中子

在反应堆中,中子引起的辐照效应比上述粒子重要得多。因为中子不带电,当它进入物质后和晶体结构中的原子发生碰撞,并发生能量传递。由于不同材料的性质存在差异以及入射中子能量也不同,因此中子与材料作用后,所带来的辐照结果也不相同,图 4-25 为中子与材料作用时所产生的辐照效应示意图。若中子与材料相互作用时发生弹性散射或非弹性散射,会造成原子移位,产生空位和间隙原子。对于能量较高的快中子,则会造成大量的间隙原子和空穴,形成离位峰或热峰。有些材料具有较大的中子吸收截面,当中子与材料作用时,将被靶核吸收,吸收后发生(n,γ)反应,其瞬态产物是靶核的同位素,所以对被辐射物质没有影响。但如果瞬时产物具有放射性,通常是发射 β 粒子,这样就使点阵中掺入了杂质原子。而(n,p),(n,α)反应直接产生了杂质原子。长期辐照以后,就会积聚足够的杂质而影响材料的物理性质。由于每次俘获反应只产生一个杂质原子,所以热中子俘获所引起的辐照损伤比快中子小。但俘获反应还有一个更重要的结果是当发射 γ 光子后反冲核会引起原子的位移。由动量守恒可算出反冲核的能量。计算表明,反冲能量足够产生大量位移原子,形成激发态的复核,产生杂质原子,并生成氢气和氦气等。一般说来,热中子俘获引起的辐照损伤只发生在材料的表面,而快中子所造成的辐照损伤将深入到材料内部。

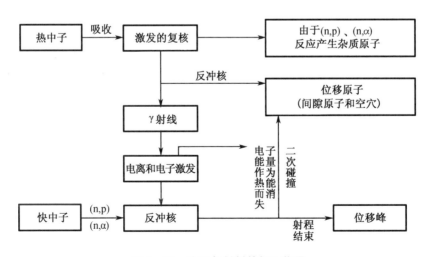

图 4-25 中子与材料的相互作用

中子与反应堆材料的相互作用产生如下反应:

（1）中子散射

①弹性散射

中子和靶核（反应堆材料的原子核）在反应堆内发生作用后，总动能保持不变的称为弹性散射。

当入射中子的能量恰好使形成的复合核激发到某一能级时，中子与靶核形成复合核的概率显著增大，此谓共振弹性散射。共振弹性散射是靶核吸收入射中子先形成复合核，再放出中子，回到基态的过程，即

$$_{Z}^{A}X + n \rightarrow _{Z}^{A+1}X \rightarrow _{Z}^{A}X + n$$

热中子反应堆中，快中子慢化成热中子的过程主要靠中子与慢化剂核的弹性散射来完成。

②非弹性散射

中子与靶核作用后，总动能发生改变的称作非弹性散射，即散射前后动量守恒，动能不守恒。原因是入射中子的一部分或大部分能量变成靶核的内能，使其处于激发态，然后靶核通过发出 γ 射线才回到基态。非弹性散射有阈能特点，只有当入射中子能量高于靶核特定阈值时才能发生。

在热中子反应堆内，除裂变中子外，大量被慢化的中子能量都在非弹性散射阈能值以下，例如对铀 –238 核，中子需具有 45 keV 以上能量才能发生非弹性散射。

（2）中子吸收

吸收反应主要有以下三种方式：

①辐射俘获，靶核吸收中子后放出 γ 射线的（n，γ）反应，如压力容器中的^{58}Fe（n，γ）→^{59}Fe，^{55}Mn（n，γ）→^{56}Mn 等。

②核转化成异种原子的反应，中子被靶核吸收后生成一个新核，并放出质子的（n，p）反应，如$_{8}^{16}O + n \rightarrow _{7}^{16}N + _{1}^{1}H$。

③核转化成异种原子的反应，中子被靶核吸收后生成一个新核，放出 α 带电粒子的（n，α）反应，如$_{5}^{10}B + n \rightarrow _{3}^{7}Li + _{2}^{4}He$。

3. 裂变碎片

裂变碎片带有大部分裂变所释放的能量，因此它也将使大量原子发生位移，由于它的射程很短，所以原子位移只在燃料中发生裂变附近极小的区域内出现，所形成的位移峰效应和快中子类似。

裂变碎片是中等质量核，它的产生使核燃料点阵中掺入杂质原子。固体裂变产物进入点阵后，使原来只有一个重核原子的地方现在有了两个中等质量原子，而中等质量原子具有较低的固体密度，这将导致燃料体积的肿胀。气体裂变产物，如氪和氙，它们将聚集成气泡，其体积比生成它们的燃料原子大许多倍，这是造成核燃料体积肿胀的重要原因。

4.5.2　辐照损伤

辐照损伤是指由于辐射作用而产生间隙原子及点阵中相应位置留下空穴，在晶体中造成永久的缺陷，从而引起材料物理性质的永久变化。反应堆是一个强辐照的环境，存在的射线种类很多，但引起材料辐照损伤的主要原因是中子，尤其是快中子。因为在一般情况下，弹性碰撞的概率要比非弹性碰撞的概率大得多。弹性碰撞所能传递的最大能量 E_t 为

$$E_t = \frac{4A}{(A+1)^2}E_n \tag{4-31}$$

式中,A 为靶核的相对原子质量,E_n 为碰撞前中子的能量。

可见对给定的原子核,E_t 正比于 E_n,说明快中子传递给碰撞原子的能量比热中子大得多。因大多数金属的位移能为 25 eV,则由式(4-31)可求得相对原子质量为 A 的原子在点阵中发生位移所必需的中子初始能量。例如对于铁,$A=56$,要把一个铁原子撞出平衡位置,中子至少具有的能量为 361 eV。能量为 1 MeV 的中子在铁中发生一次弹性碰撞将平均产生几百个位移原子。所以说对于能量大于 1 MeV 的快中子引起的辐照损伤更为严重。

反应堆材料受中子的辐照后主要会产生以下几种效应:

(1)电离效应

电离效应是指反应堆中产生的带电粒子和快中子与材料中的原子相碰撞,产生高能离位原子,高能的离位原子与靶原子轨道上的电子发生碰撞,使电子跳离轨道,产生电离的现象。

由金属键特性可知,电离时原子外层轨道上丢失的电子,很快就会被金属中共有的电子所补充,因此电离效应对金属材料的性能影响不大。但对高分子材料会产生较大影响,因为电离破坏了它的分子键。

(2)嬗变

嬗变是指受撞的原子核吸收一个中子,变成一个异质原子的核反应。中子与材料产生的核反应(n,α),(n,p)生成的氦气会迁移到缺陷里,促使形成空洞,造成氦脆。

(3)离位效应

中子与材料中的原子相碰撞,如果传递给点阵原子的能量超过某一最低阈能时,这个原子就可能离开它在点阵中的平衡位置。使一个原子产生位移所需要的最小能量称为位移能,当一个原子从点阵平衡位置移到两个平衡位置之间的不平衡位置时称为间隙原子,它留下的空位称为空穴。每一个间隙原子必有一个相应的空穴。如果中子撞击原子时所具有的能量仅略大于位移能,则只能产生一对间隙原子-空穴,称为法兰克(Frenkel)对。如果入射中子的能量足够大,其引起的离位效应将产生大量的初级离位原子。初级离位原子会引起另一个原子移位,称为第二级位移原子,如果第二级位移原子的能量足够高,则会继续碰撞产生三级、四级……n 级位移原子,形成级联碰撞。这种离位效应是中子辐照损失的根源。

(4)离位峰和热峰

离位峰是描述级联碰撞结束时的 Frenkel 缺陷分布模型,它是由 Brinkman 提出的。他认为初级离位原子的高密度碰撞会驱使沿途碰撞链上的原子向外运动,因此在级联碰撞区域中心附近的缺陷主要是空穴,而间隙原子则分布在中心空穴区的周边外围。这种空穴和间隙原子相互分离的现象称为离位峰,其形态如图4-26所示。

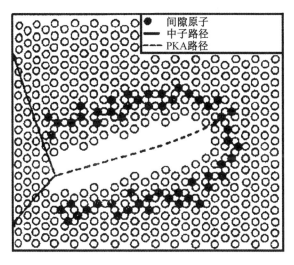

图4-26 离位峰的原始形式

与离位峰相伴而生的还有热峰,即局部微区温度急升骤降的现象。因离位峰外层的间隙原子比较集中,它们的剩余能虽低于原子的最小位移能,再无法使其他原子离位,但会引起原子热振动。显然,在间隙原子密集处就会使该区能量偏高,导致该区的温度骤然升到很高温度,甚至达到熔点,但因它的体积很小,很快又被周围未受扰动的原子冷却下来,从而形成热峰。

(5)离位峰中的相变

有序合金在辐照时转变为无序相或非晶态相(原子排列混乱、无特定点阵间隙的密集聚合体),这是在高能快中子或高能离子辐照下,产生液态似离位峰快速冷却的结果。无序或非晶态区被局部淬火保存下来,随着注量增加,这样的区域逐渐扩大,直到整个样品成为无序或非晶态。

第5章 核 燃 料

5.1 概　述

5.1.1 核燃料的种类

在反应堆内,核燃料一般是指 U、Pu、Th 和它们的同位素。易裂变燃料指燃料中易裂变的同位素。在易裂变燃料中,只有^{235}U 是自然界里天然存在的元素。铀的所有同位素具有 α 衰变,在天然铀内^{235}U 的富集度为 0.714%,富集度大于此值的铀称为浓缩铀(或称富集铀)。只有重水慢化的 CANDU 型反应堆和石墨慢化气体冷却的反应堆具有足够低的寄生吸收,可以使用天然铀作燃料。所有其他形式的反应堆都必须使用浓缩的燃料,对于轻水堆一般要求燃料有 2% ~6% 的^{235}U 的富集度。

天然铀的成分是^{235}U 和^{238}U,铀的浓缩就是从天然铀中把^{238}U 除掉,以增加^{235}U 的含量。但这需要非常复杂的工艺,因为^{235}U 和^{238}U 是同位素,它们的化学性质完全相同,无法用化学方法将两者分离。因为它们的质量数比较接近,用物理的方法也很难分离。

5.1.2 核燃料的基本定义

(1)核燃料

在反应堆中使用的裂变物质及可转换物质称为核燃料。核燃料中必须含有铀 – 235、铀 – 233 和钚 – 239 三种易裂变核素中的一种或两种,另外能够发生裂变并释放裂变能。

(2)易裂变核素

任何能量的中子都能引起核裂变的核素称为易裂变核素,如铀 – 235、铀 – 233、钚 – 239 三种核素。

(3)可裂变核素

由于能量大于 1 MeV 以上的中子能够引起铀 – 238、钍 – 232 转化,所以称这两种核素为可裂变核素。

(4)可转化核素

由于自然界中不存在铀 – 233 和钚 – 239,只能通过其他的核反应获得,铀 – 238 和钍 – 232 在俘获中子以后可分别转化为钚 – 239 及铀 – 233,所以又将它们称为可转化核素。

钍 – 232 在吸收中子以后经过两次 β$^-$ 衰变可生成易裂变的铀 – 233:

$$^{232}_{90}\text{Th} + ^1_0\text{n} \rightarrow ^{233}_{90}\text{Th} \xrightarrow{\beta^-} ^{233}_{91}\text{Pa} \xrightarrow{\beta^-} ^{233}_{92}\text{U} \qquad (5-1)$$

铀 – 238 在吸收中子以后经过两次 β$^-$ 衰变可生成易裂变的钚 – 239:

$$^{238}_{92}\text{U} + ^1_0\text{n} \xrightarrow{\beta^-} ^{239}_{93}\text{Np} \xrightarrow{\beta^-} ^{239}_{94}\text{Pu} \qquad (5-2)$$

因此,钍 – 232 和铀 – 238 又称为"可转换材料"。自然界中铀 – 238 储量约为铀 – 235 的 140 倍,钍 – 232 的储量是铀 – 235 与铀 – 238 总和的 4 倍左右。可见把铀 – 238 和钍－232 转换成易裂变物质对提高能源利用率是极为重要的。

（5）一次核燃料和二次再生核燃料

在三种易裂变核素中，由于铀－235 是存在于天然矿物中的，所以称为一次核燃料。而铀－233 和钚－239 是用人工方法制造而得到的，所以称为二次再生核燃料。

（6）天然铀和富集铀

天然铀中含有三种同位素，其中只含有少量的易裂变铀－235，约为 0.714%；大量的都是不易裂变的铀－238，约为 99.28%；剩余少量铀－234 占 0.006%。如果将天然铀中的铀－235 浓度富集到大于 0.714%，则称为富集铀。

对于一个反应堆而言，堆芯是它的"心脏"，而堆芯主要由核燃料和一些其他组件组成。核燃料是反应堆产生能量的源泉。在反应堆内，核燃料可以在可控条件下发生链式裂变反应，并经一定的方式将核能转变为热能，然后用来发电或产生推动船舶前进的动力。

5.1.3　对核燃料的基本要求

（1）热导率高，以承受高的功率密度和高的比功率，而不产生过高的燃料温度梯度；

（2）熔点高，且在低于熔点时不发生有害的相变；

（3）在反应堆启动或停堆的瞬态工况，燃料要能够承受由此而造成的循环热应力；

（4）燃料的化学稳定性好，燃料对冷却剂具有抗腐蚀能力；

（5）抗辐照能力强，以达到高的燃耗，因为燃料成本和发电成本与燃耗有密切关系，为了避免不被允许的辐照损伤，反应堆设计时应对最大比燃耗加以限制，使之低于某一比燃耗特定值，即应使堆芯燃料循环寿期末反应堆仍达到临界所决定的最大比燃耗值小于由辐照损伤所决定的最大比燃耗特定值，以达到经济利用核燃料的目的；

（6）核燃料内应尽量减少高中子吸收截面的有害杂质和成分，以保持较高的中子经济性；

（7）机械性能好，易于加工，能够承受机械应力；

（8）核燃料应该易于再加工和后处理。

经过数十年的发展，已经形成了多种不同类型的核燃料，不同类型的反应堆中所使用的核燃料类型也不同，这主要由反应堆运行温度决定。常用的核燃料包括金属/合金型核燃料（铀、钚、钍）、陶瓷型核燃料（氧化物、碳化物和氮化物等）以及弥散型核燃料。核燃料也被制成各种各样的形式，有圆柱芯块、球形颗粒，还有液态形式等。

5.2　金属型核燃料

金属型核燃料（简称为金属燃料）的使用历史较长，可以追溯到反应堆发展的初级阶段，是最早使用的一种核燃料类型。从 1951 年世界第一台用于发电的实验快堆（EBR－1），到早期的英国 Calder Hall 的第一代镁诺克斯反应堆，第二代实验快堆（EBR－2），再到现在许多用于测试和研究的反应堆，金属型核燃料一直在被使用。但金属型核燃料在运行温度和抗肿胀方面存在局限性，因此很难在商业堆和动力堆中被使用。

在 20 世纪 60 年代中后期，快堆发展具有一定的基础时，快堆的研究者开始将兴趣转移到陶瓷型核燃料，以使燃料获得更深的燃耗。由于金属型核燃料的密度高，抗肿胀能力差，因此很难在反应堆中停留很长时间,达到很深的燃耗。初次用在实验快堆中的金属型核燃料与包壳之间只有很小或者没有间隙,当裂变产物积累至燃料发生肿胀时,包壳即在低燃耗时发生变形导致破损。当时,为加深燃耗尝试的方法集中在燃料的合金化和热机械处理以抑制肿胀,以及用增强的包壳以便在燃料发生肿胀时抑制它的变形,但这些都没有成功。尽管后来增加了燃料棒与包壳之间的间隙,燃耗得到了很大幅度的提升,金属型燃料仍没有被广泛使用。

在水冷反应堆发展之初,没有选择金属型核燃料主要由于随着运行温度的升高,金属与水冷却剂间的相容性较差,当燃料包壳出现破口时,在高温条件下金属型核燃料会与水反应生成氢化物或氧化物,因此无法采用金属型核燃料。此外,由于金属型核燃料的熔点低,无法在高温条件下使用。

本节我们介绍三种主要的金属型核燃料——金属铀、金属钚和金属钍,具体对每一种金属型核燃料而言,其优点和缺点都是并存的。金属型核燃料的主要优点是热导率高,核密度大,不含慢化成分,中子的经济性好,同时具有很好的工艺性。而其缺点主要是耐腐蚀性能差,化学性质活泼,与包壳材料和冷却剂材料的相容性差。除上述三种金属型核燃料外,还有一种以合金形式存在的金属型核燃料,即在金属型核燃料中加入一定的元素,以提高材料的抗辐照性能和耐腐蚀性能。

5.2.1 金属铀和铀合金

铀属于锕系元素,原子序数为 92,在地壳中的含量约为百万分之四,比一些常见元素,如银、汞和镉的含量还要高。据估计,世界上可以被利用的铀资源为 5.5×10^6 t。来自地壳的铀矿通常称作天然铀,包括三种同位素 ^{235}U(0.71%)、^{238}U(99.28%)以及非常少量的 ^{234}U(0.006%)。目前自然界有 140 多种铀矿物,如沥青铀矿、晶质铀矿、钒钾铀矿等。以矿物形式存在的铀是工业用铀的主要来源。高等级的铀矿主要在哈萨克斯坦、加拿大、澳大利亚、纳米比亚、南非等地区,哈萨克斯坦的铀占世界铀产量的 27%,加拿大和澳大利亚各占 20%,排名前三。另外,有相当一部分的铀资源是通过乏燃料的再处理获取的。目前,美国所有的商业铀资源都是从铀矿中提取的,而法国则主要采用处理乏燃料的方法提供铀资源。

1. 铀的提取

近几十年来已经有很多方法在铀提取中被采用,这里我们只介绍几种最普通、最常用的提取方法。几乎所有的铀矿都存在于含有各种杂质材料的矿石中,因此提取铀的过程实际上就是在矿石中分离杂质材料和有价值的金属的过程。铀矿提取通常采用化学方法,因为物理选矿方法不足以有效地分离和提纯铀。为了有效从矿石中分离多数金属,通常采用浸取 – 沉淀法。铀矿石浸取法一般有酸法和碱法两种,多数铀水冶厂采用酸浸取法,少数采用碱浸取法。酸浸取法可采用硫酸、硝酸或盐酸作为浸取剂,然而采用后两种酸作为浸取剂的经济性较差,并且也会带来设备的腐蚀问题。但是若浸取后进行溶剂萃取法分离的话,则必须采用硝酸。有时,碳酸钠也可以作为一种浸取剂。

浸取只是一个用溶剂将矿石中的铀有选择性地溶解反应过程,反应中铀生成一种可溶的化合物并溶解在溶剂中,仅当铀变成六价铀后才能够溶解在溶液中。因此,无论是酸浸取还是碱浸取,其基本要求都是要将四价铀氧化成六价铀。当矿石中同时存在三价铁和五价钒时便可以满足这一要求。对于酸浸取和碱浸取的反应方程式如下:

$$2U_3O_8 + 6H_2SO_4 + O_2 = 6UO_2SO_4 + 6H_2O \tag{5-3}$$
$$2U_3O_8 + 18Na_2CO_3 + 6H_2O + O_2 = 6Na_4UO_2(CO_3)_3 + 12NaOH \tag{5-4}$$

酸浸取与碱浸取方法各有优缺点。酸浸取通常会比碱浸取对铀的提取率高。但有些条件下无法使用酸浸取，例如当矿石中包含碳酸镁或者碳酸钙等化合物时，如果采用酸浸取，这些化合物很容易和酸浸取剂反应而浪费大量的酸。而且考虑腐蚀问题，在酸浸取过程中所使用的设备都是相当昂贵的。相反，在碱浸取中腐蚀问题并不是很严重，而且允许进行试剂的再回收。但碱浸取不适用于矿石中含有石膏和硫化物成分的情况。

矿石经过浸取后可以得到酸性或碱性的矿浆，包括含铀溶液、部分杂质及固体矿渣。这时需要对矿浆进行固液分离，根据需要也可以进行粗矿分级，以除去较大的粗砂，得到细泥矿浆。常用的固液分离设备有过滤机、沉降槽（浓密机）；分级设备有螺旋分级机、水力旋流器。分离出来的溶液可用离子交换法分离铀，也可用溶剂萃取法分离和纯化铀，或将铀从含铀溶液中通过化学沉淀方法分离，这里我们只介绍离子交换分离法提取铀的过程。这种方法通常用于经过酸浸取过程得到的溶液，一般采用强碱性阴离子交换树脂吸附铀，按吸附液含固量的多少，吸附可分为清液吸附、混浊液吸附和矿浆吸附。当树脂吸附饱和后，经水洗，再用含氮离子或氯离子的淋洗剂（硫酸－氯化钠、硫酸－氯化铵、硝酸－硝酸钠、硝酸－硝酸铵、稀硫酸或稀硝酸）将铀从树脂上淋洗下来。这种方法也可用于碱浸取过程后的铀分离。离子交换后，可以得到含 80% ~85% 的 UO_2 的黄色粉末。然后用硝酸作为溶解剂将黄色粉末溶解，并在醚的作用下分离得到硝酸铀酰，经过水洗后得到碱性溶液。将气态氨通入溶液中，并控制最终 pH 值为 6.5~8.0，铀将以纯的重铀酸铵的形式沉淀出来，精制的产品经过干燥、煅烧、还原成二氧化铀。另外还有一种干式提取方法，即通过加热重铀酸铵转化为三氧化铀，三氧化铀在600℃条件下和氢气反应可以生成二氧化铀，然后二氧化铀再与氟化氢反应生成四氟化铀，最后四氟化铀被钙或镁还原成金属铀。干法过程所涉及的化学反应如下：

$$UO_3 + H_2 \rightarrow UO_2 + H_2O \tag{5-5}$$
$$UO_2 + 4HF \rightarrow UF_4 + 2H_2O \tag{5-6}$$
$$UF_4 + 2Mg \rightarrow U + 2MgF_2 \tag{5-7}$$
$$UF_4 + 2Ca \rightarrow U + 2CaF_2 \tag{5-8}$$

综上所述，从地壳中开采出来的铀矿石，经矿品筛选、铀矿的加工（破碎和磨细）、铀的浸取、矿浆的固液分离和洗涤、离子交换法提取铀、萃取法提取铀和铀的沉淀、干燥和还原等一系列流程后，便可以得到金属铀。根据矿石种类、产品要求等不同情况，可以选择由上述操作所组成的适当流程。经过此流程所得到的金属铀属于天然铀，易裂变核素^{235}U的含量仅占 0.7%，也称作贫铀。为满足核武器和核动力的需求，需要提高其中的易裂变核素^{235}U的含量，即进行铀的浓缩，得到富集铀。对于铀的浓缩，常用的同位素分离法包括扩散法、离心法和激光法等。根据铀原料（贫铀、稍富集铀或高富集铀）的条件不同，所采用方法的过程细节也要相应变化。

2. 核性能

铀在热堆内的截面等核性能参数列于表 5－1 中。可以看出，^{235}U 和 ^{233}U 在热中子反应堆中都有较大的裂变截面，而^{238}U的裂变截面几乎为 0。对于天然铀，由于其中仅含 0.7%的^{235}U，裂变截面并不是很大。随着^{235}U 的富集，裂变截面逐渐增大。吸收截面是裂变截面和俘获截面之和。

表 5 - 1 铀在热堆内的截面和其他参数

	^{233}U	^{235}U	^{238}U	天然铀
裂变截面/b	531.1	582.2	<0.000 5	4.18
俘获截面/b	47.7	98.6	2.71	3.50
吸收截面/b	578.8	680.8	约 2.71	7.68
裂变产生中子数	2.52	2.47	—	2.46
再生系数	2.28	2.07	—	1.34

3. 铀的晶体结构和物理性质

金属铀的优点是核密度高,导热性能好,缺点是燃料的工作温度低,一般在 350 ~ 450 ℃,化学活性强,在常温下也会与水起剧烈反应而产生氢气,在空气中会氧化,粉末状态的铀易着火。在高温下只能与少数冷却剂(例如二氧化碳和氦)相容。

金属铀有三种不同结晶构造的同质异构体,分别为 α,β 和 γ 相铀,因此金属铀从室温到熔点,随着温度的变化要经历从 α 相到 β 相,再到 γ 相的相变过程。当温度低于 666 ℃ 时,铀处于斜方晶格的 α 相,强度很大,密度是 19.04 g/cm³(25 ℃ 时);当温度在 666 ~ 771 ℃ 时,铀变成复杂的正方晶格的 β 相,金属铀变脆,密度为 18.11 g/cm³;当温度超过 771 ℃,铀变为体心立方晶格的 γ 相,金属铀变得很柔软、不坚固,密度为 18.06 g/cm³。金属铀的熔点为 1 133 ℃,沸点约为 3 600 ℃。

采用金属燃料的反应堆,燃料元件都在 α 相(平衡相)的温度范围内运行,因此人们对 α 相铀的研究比较多。由于 α - 铀是各向异性的,因此它的线膨胀系数沿不同的晶粒取向也存在很大的差异。图 5 - 1 给出了 α - 铀在不同方向上的线膨胀系数随温度的变化曲线。可以看到,在[100]和[001]方向,线膨胀系数为正值,并且随着温度的升高而升高,而在[010]方向,线膨胀系数为负值且随着温度的升高而降低。然而,体膨胀系数却随着温度的升高而增大。

α - 铀最重要的辐照特性是它的尺寸不稳定性,由斜方晶格结构的各向异性引起各向异性的生长和肿胀现象,在短时间内就使燃料元件变形,表面起皱,强度降低以致破坏。试验已发现,经高注量辐照后,样品的轴向伸长达到样品原始长度的 60%。在热循环和辐照下,沿[010]晶面方向发生膨胀,并沿[100]晶面方向发生收缩,而在[001]方向没有明显的改变。

核燃料裂变产生的热量要通过导热的方式从燃料棒内向外传递,并在包壳的外侧被冷却剂带走,因此核燃料的热导率也是非常重要的物理参数。反应堆燃料元件的线功率密度主要受到热导率的影响,以避免燃料中心温度达到熔点。随着温度的升高,铀的热导率也是增大的,这意味着,提升温度可以获取更大的导热率,对实际工作很有意义。然后要考虑耦合了其他不同的影响因素后,热导率可能改变,甚至下降。

在 20 ~ 669 ℃(293 ~ 942 K)之间,铀的比热容可以采用 Rahn 等人给出的表达式进行计算,即

$$C_p = 104.82 + (5.368\ 6 \times 10^{-5})T + (10.182\ 3 \times 10^{-5})T^2 \tag{5 - 9}$$

其中,T 为温度,K;C_p 为比热容,J/(kg·K)。

在 669 ℃ ~ 776 ℃温度下的 β 相区域内,铀的平均比热容为 176.4 J/(kg·K),而在 776 ℃ ~ 1 132 ℃温度下的 γ 相区域内,铀的平均比热容为 156.8 J/(kg·K)。

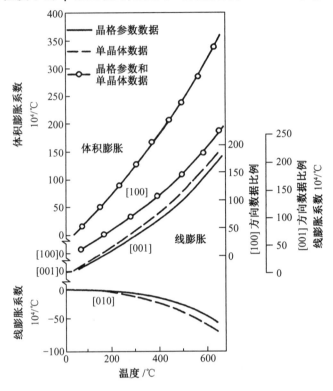

图 5-1 α-铀的线膨胀系数随温度变化曲线

4. 机械性能

纯铀是具有一定韧性的材料。但实际上,α-铀的机械性能主要取决于材料的晶相结构,主要指晶粒的取向,而晶相结构受到加工工艺和热处理过程的影响。晶粒的尺寸和形状也是影响机械性能的重要参数。铀的拉伸性能对其内所含杂质或合金元素非常敏感,如碳、裂变产物和合金元素都会改变金属的拉伸性能。典型的铀的应力-应变曲线如图 5-2 所示,强度随着温度的升高急剧降低,见表 5-2。

铀的塑性变形主要包括几方面机理。总体上说,扭曲是在室温条件下出现的变

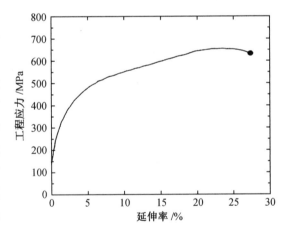

图 5-2 铀的典型工程应力-应变曲线

形方式。随着温度的升高,滑移在变形中所起的作用增强,在达到 450 ℃以上时,滑移已经成为塑性变形的主导方式。

表 5 - 2　铀的拉伸性能参数表

条件	测试温度/℃	屈服强度/MPa	抗拉强度/MPa	伸长率
α-铀 退火[a]	室温	296	765	6.8%
	300	121	241	49.0%
	500	35	77	61.0%
β-铀 退火[b]	室温	169	427	8.5%
	500	49	72	44.0%

注:a)加热到 600 ℃保持 12 h,缓慢冷却。

　　b)加热到 700 ℃保持 12 h,缓慢冷却。

5. 腐蚀性能

铀是一种化学性质非常活泼的金属,可以和空气、氧、氢、水 、水蒸气及其他物质发生化学反应。表面抛光的铀金属呈现出的本色为银灰色,但暴露在空气中几分钟后,由于氧化的作用便显现出稻草般的颜色,数天后,颜色更深,呈深蓝色,但所形成的氧化层并不能起到很好的防护作用。在高温条件下,氧化层不断增厚,并出现与 UO_2 相似的黑色特征,并开始开裂和塌落。从裂开的氧化层下方能够显现出金属铀的特征。

纯金属铀也很容易与水发生化学反应。图 5 - 3 给出了铀在暴露于空气的蒸馏水中的腐蚀特性。可以看出,在 50 ~ 70 ℃时,最初形成的氧化层起到了保护金属防止腐蚀的作用,铀的腐蚀存在明显的潜伏期,潜伏期内腐蚀速度非常缓慢。然而,当温度超过一定范围后,潜伏期消失,腐蚀速率显著增加,这是由于表面氧化层出现多孔特征,失去了对内部金属的保护作用。相反地,在充满氢气的水中,即使在较低的温度下,腐蚀速率也保持线性增加,没有明显的潜伏期。通常认为,在这种条件下,氢可以从铀原子和氧原子之间通过扩散穿过较薄的氧化层,并与铀反应生成氢化铀(UH_3),也可以通过扩散进入铀的晶界发生腐蚀。

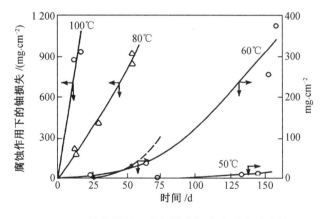

图 5 - 3　铀在暴露于空气的蒸馏水中的腐蚀特性

6. 铀合金

在金属铀中添加少量合金元素形成铀合金。铀合金与金属铀相比,其优点是能改善其机械性能、辐照稳定性,增加抗高温水腐蚀性能。添加合金元素并经适当的热处理能使铀

稳定在 γ 相或 β 相，即使转变为 α 相仍保持细晶粒的无序结构，从而改善机械性能。尽管添加大量合金元素后，从辐照损伤及水腐蚀方面来说可以获得十分满意的燃料，但加入合金元素会使中子有害吸收增加。因此，所选取的合金元素应该重点考虑吸收截面较小的元素，如 Al、Be 和 Zr 等。

不同合金元素在铀中的溶解度也不相同，通常 Ti、Zr、Nb 和 Mo 在高温条件下在铀内具有较高的固体溶解度，V 和 Cr 的溶解度适中，而 Ta 和 W 在 γ - 铀中几乎没有溶解度。

U – Zr 合金和 U – Pu – Zr 合金燃料已经成功地应用到第二代实验增殖快堆（EBR – Ⅱ）中，以提高燃料的固相线温度，增强辐照稳定性，减小燃料和包壳之间的相互作用。U – Fs 或 U – Fz 合金也正在液态金属快增殖反应堆中被应用。U – Fs 合金可以在乏燃料后处理过程中被开发出来，这样一些裂变产物，如 Mo、Nb、Zr、Rh、Ru 等可以被留在铀的晶格点阵中，这种类型的合金展现出优良的辐照稳定性。

随着温度的提高铀的强度会急剧下降，因此铀合金的另外一个非常有益的特点是在金属铀中加入少量的合金元素可以改善高温强度。例如，添加 0.5% 的 Cr 或 2.0% 的 Zr 可以使合金的屈服强度提高 4～5 倍。添加少量的 Si 和 Al 也可以提高材料的强度，但不能过量，如果过量的话会导致脆性的金属间化合物形成，从而降低了合金燃料的韧性和可塑性。马氏体相变也是硬化铀合金的另外一种方式。对 5%～10% Cr – U 合金 γ 相区域内淬火，可以生成 α – 铀的过饱和固溶体。例如，5% Cr – U 合金在 900 ℃下保持 1 小时后淬火，其硬度可以达到 535VHN。在 650 ℃条件下再回火 2 小时，硬度将降低到 315VHN。通过调节回火参数，可以得到不同的组织结构。相似地，马氏体相变也可以发生在 U – Mo 合金、U – Ti 合金以及 U – Nb 合金中。

如果铀合金以稳定的 γ 相、过饱和的 α 相合金或铀基的金属间化合物三种形式存在，在 350 ℃以下铀合金可以形成稳定的氧化层，在氧化层的保护下，合金表现出优良的抗腐蚀性能。

第一种形式，稳定的 γ 相的合金需要加入 7% 或者更多的 Mo 或 Nb。合金元素通过在 γ 相区域内缓慢或快速冷却的方式被溶解在 γ - 铀的体心立方晶格点阵中。只要合金保持 γ 相态，则腐蚀速率保持很低。

过饱和的 α 相合金可以通过加入少量的铌（小于3%）并使其急速冷却发生马氏体相变而得到。只要马氏体结构存在，则抗腐蚀特性就非常稳定。若在该合金中再加入少量的锆，抗腐蚀性能可以得到进一步提高。例如，一种三元合金（U – 1.5% Nb – 5% Zr）具有很好的抗腐蚀性能，然而由于锆的加入这种合金容易出现氢脆问题。

铀基的金属间化合物具有很好的抗腐蚀性能，比较典型的有铀硅化物（U_3Si），同时也包括一些其他类型的金属间化合物，如 UAl_2、UAl_3、U_6Ni、U_6Fe 等。这种化合物的主要优点是在高温条件下具有很好的抗腐蚀性能，而这一点是前两种合金（稳定的 γ 相合金和过饱和的 α 相合金）无法达到的。

7. 铀的加工

铀的加工受到很多因素的制约，比如它与空气以及氢气的反应趋势、铀的各向异性特点等。然而，仍有很多的技术可以应用到铀的加工中，例如滚压、锻造、铸造、压制、拉管、机械加工和粉末冶金等。这里我们主要讨论滚压和粉末冶金两个方面。

理论上讲，铀可以在三种相态（α、β 和 γ 相）区域中的任何一个进行滚压加工。然而，β 相铀非常坚硬，相比于 650 ℃条件下的 α – 铀滚压加工，在 660 ℃～770 ℃范围内对

β – 铀进行滚压加工要花费 2～3 倍的力。另一方面,γ 相铀具有足够的韧性,因此滚压时容易出现扭曲和凹陷等问题。因而,多数的滚压加工都是在 α – 相区域内进行的。冷加工铀的重结晶温度大约为 450 ℃,对于热滚压而言,为了防止加工过程中出现表面氧化,需要使用如镍和石墨等特殊的保护鞘。

铀粉末通常可以采用氢化的方法获取。由于铀粉末具有很强的自燃性,因此在进行铀粉末冶金时需要格外小心,通常采用石蜡或油来防护粉末表面。此外由于铀具有一定的毒性,因此需要在负压通风环境下进行操作,例如在手操箱中。粉末产品通常采用下列技术进行制作:

(1)冷压后在高温 γ 相区域烧结成型(1 095～1 120 ℃);

(2)冷压、烧结、再压缩后在 α 相或 γ 相区域内退火;

(3)在高温 α 相区域热压成型。

8.铀的热循环长大

多晶体铀在热循环(反复的升高和降低温度)的作用下会存在尺寸不稳定的现象,这种现象称作热循环长大。热循环长大主要存在两种效果:①长大(长度的改变,即增加或减小);②由于扭曲效应造成的表面粗糙度增加。这种长大效果主要由热循环应力下的棘轮效应造成,具体机理包括:由于 α – 铀的各向异性特征,具有不同热膨胀系数的相邻晶粒之间产生了相对运动;塑性变形或蠕变时会使一些晶粒出现的应力得到松弛。图 5 – 4 给出了一个典型的热循环长大的例子,图中显示 α – 铀棒在受到循环热应力(在 50 ℃～500 ℃之间)的反复作用后,其长度已经增长为原来的很多倍,与超塑性材料非常相像。

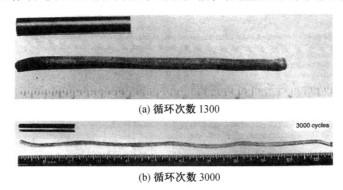

(a) 循环次数 1300

(b) 循环次数 3000

图 5 – 4　在 50～500 ℃之间铀的热循环长大现象

热循环长大系数(G_t)的表达式如下:

$$G_t = 长度增加的百分比 / 总的热循环次数 \qquad (5-10)$$

由于热循环是核反应堆动力变化的固有特点,它会对核燃料起到很显著的影响,所以需要在核燃料设计时就认真考虑铀的热循环长大问题。长期的实践表明,γ 相铀不会出现热循环长大现象,是作为核燃料的理想选择,但对于反应堆的工作温度而言,铀是处在 α 相区域内的。因而,通过适量添加一些合金元素,形成一些具有稳定的 γ 相铀特性的合金,对于避免热循环长大效应是较好的选择。例如,图 5 – 5 给出 U – Mo 合金在热循环作用下的尺寸稳定性能试验结果,可以看出,随着 Mo 含量的增加,热循环长大影响逐渐变小,而当该合金中 Mo 的含量(质量分数)达到 6% 以上时,热循环长大现象即可消失。

9. 铀的辐照性能

铀最重要的辐照性能是它的尺寸不稳定性,即由于晶体结构各向异性引起的各向异性的生长和由于裂变产物和裂变气体生成所引起的辐照肿胀。

辐照生长在较低的温度下(300 ℃左右)接受辐照时即可发生,并且不需要任何应力作用,因此不属于辐照引发的蠕变现象,同时在辐照生长过程中,材料的形状发生变化而体积基本保持不变,因此也不能认为是辐照肿胀现象。试验结果表明,在辐照作用下,α-铀单晶体在[010]方向伸长,在[100]方向缩短,而在[001]方向基本没有改变,如图5-6所示。这种伸长和缩短的变形特征导致材料的体积基本保持不变。而且这种现象并不是单晶体铀所特有的,对于多晶体铀在辐照条件下同样会显现出类似的生长特性。

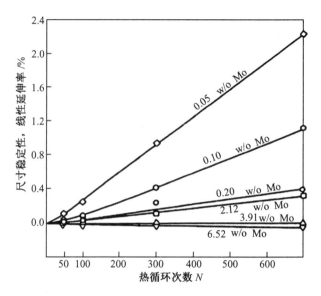

图5-5 不同 Mo 含量对 α-铀热循环长大现象的影响

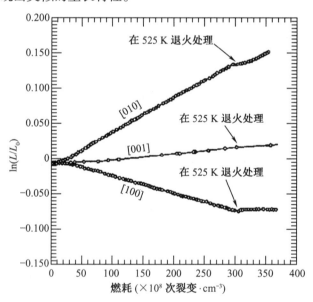

图5-6 铀单晶体的[100]、[010]、[001]三个方向的长度变化

在晶向组织方面,合理的变形处理或热处理对于减小或消除辐照生长是有帮助的。其中,通过处理材料使其产生一种精细的晶粒微结构,并具有随机的晶粒取向,可以使辐照生长效果达到最小化。此外,各向异性的铀中添加一些合适的合金元素也是有助于消除该现象的。

辐照生长系数(G_r)可以通过下面的方法计算：

$$G_r = 长度增加的百分比 / 燃耗百分比 \qquad (5-11)$$

关于辐照生长机理研究人员也进行了大量的研究,但仍然难以解释。Buckley 对这种现象提出了一种公认的理论,他证明了裂变产生的间隙原子和空穴分别在{010}面和{110}面上形成环,如像 α – 铀在离位级联中由热峰引起的各向异性热膨胀的结果。本质上讲,这是从{110}面到{010}面的质量转移。图 5 – 7 给出了铀燃料的辐照生长随燃耗的变化关系曲线。

辐照肿胀是另外一种类型的尺寸不稳定,它体现在材料的体积发生膨胀,主要是由空隙的形成和裂变产物的生成所引起的,这种现象通常发生在$(0.3 \sim 0.6)T_m$(熔点)。铀在 400 ~ 600 ℃ 之间的肿胀主要由空隙的形成所控制,其特征是通过晶界和亚晶界的撕裂而形成许多大的不规则的空隙,形成一种严重变形后"漩涡状"的组织。除了这种大的间隙外,在 α 晶粒内还有许多小的空隙或撕裂,尤其是在 500 ~ 600 ℃ 温度范围内。另外一个原因就是由裂变产物的生成导致的体积增加,与燃耗深度和温度有关。体积的增长量是由裂变产物的化学组成和化学性质,以

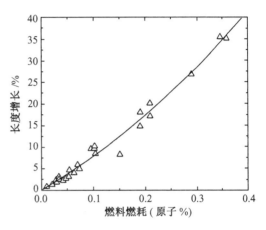

图 5 – 7　辐照生长随燃耗的
变化关系曲线

及裂变气体 Xe – Kr 气体气泡的成核和生长所控制的。

辐照肿胀与辐照生长相比,二者之间具有如下差别：

(1)辐照肿胀发生在较高的温度区域,而辐照生长发生在较低的温度下。

(2)辐照肿胀会出现燃料体积的增加,而辐照生长只是燃料的形状变化,体积保持不变。

(3)辐照肿胀可以出现在所有形式的铀燃料中,而辐照生长是由晶体的各向异性造成的,只有在具有各向异性特征的铀燃料中才会出现。这就是为什么辐照生长只能在 α – 铀中出现,在 γ – 铀中没有,而辐照肿胀可以出现在所有相态的铀燃料中,甚至也包括铀合金。

图 5 – 8 给出了几种不同成分的金属铀和铀合金燃料在辐照条件下,燃料的体积增长率随燃耗的变化关系。这里也能看出合金燃料对辐照肿胀具有抑制作用,但仍然会发生。其中 adjusted uranium 是英国的标准燃料,包括 0.03% ~ 0.06%(百万分之一)的碳和少量的 Mo,Nb 和 Fe。该材料表现出很好的抗辐照肿胀特性。

5.2.2　金属钚及其合金

金属钚(94 号元素)及其合金可以作为核反应堆和太空电池中的燃料。在钚的同位素中,^{239}Pu 是一种重要的易裂变核素,它对热中子的裂变截面可以达到 742.5 b。另外^{241}Pu 也具有较大的热中子裂变截面,而^{240}Pu 只能作为可燃毒物用于调节反应堆的反应性。在自然界中仅在天然铀内能发现少量的钚,因此钚主要依靠可转化核素^{238}U 经过核反应转化而来,反应方程式见(5 – 2)。钚是银白色金属,但是暴露在空气中后,很快就会被氧化而失去金属光泽。它具有很小的临界质量,仅为铀的三分之一。因此采用钚为燃料的反应堆堆芯体

积要比铀作燃料的堆芯体积小。由于钚具有很大的毒性以及很强的自燃性，因此钚的操控要受到严格的安全监管。热中子反应堆的乏燃料经过后处理可以提取钚，同时钚可以和贫铀一起作为液态金属快堆的燃料，以实现增殖。

1. 钚的晶体结构和物理性质

金属钚共有 6 种不同结晶构造的同质异构体，这些同质异构体的内能接近，但具有截然不同的密度和晶体结构，因此钚对温度、压力以及化学性质的变化十分敏感，各同质异构体的体积随相变具有极大差异，密度也不尽相同，在 16 g/cm³ 到 19.86 g/cm³ 之间不等。当温度低于 122 ℃ 时，钚以 α 相形式存在，质地如铸铁般硬而脆，α 相属于低对称的单斜晶系结构，因此促成 α - 钚的易碎性、可压缩性和低传导性，它的密度是 19.816 g/cm³（21 ℃时）。当温度在 122～206 ℃ 时，钚转变为体心单斜晶系的 β 相，具有一定的可塑性和可锻造性，密度是 17.70 g/cm³（190 ℃时）。当温度在 206～319 ℃ 时，钚又转变为面心斜方晶系，每个晶胞有 8 个原子，称为 γ - 钚，密度是 17.14 g/cm³（235 ℃时）。当温度在 319～451 ℃ 时，钚呈现出面心立方晶体结构特征，每个晶胞内有 4 个原子，称作 δ - 钚，密度是 15.92 g/cm³（320 ℃时）。当温度在 451～476 ℃ 时，钚呈现出体心四方晶格结构特征，每个晶胞内有 2 个原子，称作 δ′ - 钚，密度是 16.00 g/cm³（465 ℃时）。从 476 ℃ 一直到熔点之前，钚是始终保持着体心立方的晶格特征的 ξ - 钚，密度为 16.51 g/cm³。金属钚的熔点较低，为 640 ℃，沸点却很高3 235 ℃。

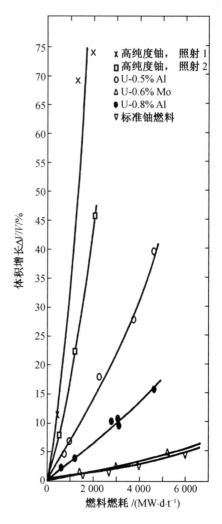

图 5 - 8　不同铀基燃料的肿胀程度
随燃耗的变化关系

钚的同质异构体之间的转变动力学还受到材料加工工艺和所存在的杂质的影响。对纯金属而言，在冷却过程中明显存在相变滞后现象，例如，由 β - 钚向 α - 钚过渡就非常缓慢，转变发生时的温度明显低于上面所说的过渡温度，对于其他的高温相态的钚向低温相态过渡时，同样也存在该特征。除非在高压条件下，这种滞后现象才不会出现。马氏体相变也会在钚中出现，例如从 δ 相到 γ 相再到 β 相过渡时，便会出现马氏体相变。

钚的线膨胀系数随温度的变化关系遵循图 5 - 9 所示的趋势，该图是利用线膨胀仪测量的结果。

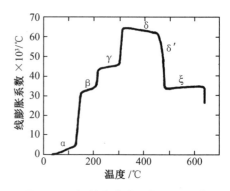

图 5 - 9　钚的线膨胀系数随温度的
变化关系

由于钚可以释放出 α 粒子(即高能的氦原子核),相当于每克钚可以释放 1.923 W 能量,因此试验中采用一块比薄片稍大一点的试验件就可以满足自身加热的需要,不需要再额外提供加热源来满足钚的温度升高需求。在 α、β 和 γ 相区域内,随着温度升高,线膨胀系数增加,而在 δ 相区域,线膨胀系数降低,但 δ′相区域表现出了异常的热膨胀性能。钚的电阻率是所有金属中最高的,与半导体相似。而且与多数金属不同,其电阻率随温度的降低而增加。钚也是热的不良导体,热导率和比热容会随着温度的升高而增加。

2. 钚的加工

钚并不是自然界中存在的元素,它需要在乏燃料的后处理中提取出来。这里我们不讨论钚的提取过程,只针对钚的加工工艺进行介绍。由于钚能够给人体健康造成众多的威胁,因此钚的加工需要在极其严格的条件下进行。有很多加工技术可以在钚的加工中应用,比如铸造、滚压、拉伸等机械加工。钚的很多特点,如低的熔点、高的流动性、小的体积变化以及高的密度等都是对铸造工艺非常有利的。然而,由于钚的多种同质异构体之间存在差别,所以在实际铸造过程中想要精确控制钚的铸造又变得很困难。通常,钚的熔化和铸造都要在可控的环境下(真空或惰性气体保护)进行,可采用电阻加热炉或者感应加热炉。

α - 钚相对较脆,可以采用机械加工或压缩工艺。β 相和 γ 相仍表现为脆性,但加以小心的话可以进行一定的塑性加工和锻造。相反,δ 相态的钚具有一定的韧性,可以采用传统的机械加工技术使其成型,尽管提高温度后其加工更加容易,但相应地又引入了高温下易被氧化的问题。因此,在高温下工作时,应尽可能地避免氧化。同时,δ 相态的钚可以进行一定的拉伸操作。

3. 钚的机械性能

与其他的结构金属相比,钚是一种很脆弱的材料。由于其具有较低的熔点,因此在室温条件下也能出现较高的同系温度(材料所处温度与熔点的比值)所造成的相关效应。它的机械性能受材料纯度、温度、晶体缺陷、各向异性和相变的影响,因此在高温条件下应用纯的金属钚基本不能实现。机械性能会随着相变而发生变化,对于 α - 钚弹性常数为:杨氏模量 82.7 ~ 97 GPa,剪切模量 37.2 ~ 43.4 GPa,泊松比为 0.15。拉伸屈服强度和抗拉强度为 310 MPa 和 380 MPa,抗压屈服强度在 345 ~ 517 MPa 之间。图 5 - 10(a)给出了 α - 钚和 δ - 钚的应力 - 应变对比曲线。由图可以看出,α - 钚直接被拉伸至断裂,且面积减小率不到 1%。而 δ - 钚表现出比较强的塑性,多晶体结构的钚的机械强度对温度也非常敏感,如图 5 - 10(b)所示,上面的线表示的是抗拉强度,下面的线表示的是屈服强度,由于 α - 钚的数据分散度较大,因此采用条带来表示。δ - 钚具有非常低的强度。

Merz 和 Nelson 还证明了多晶体 α - 钚的拉伸性能受应变率和温度的影响较大,如图 5 - 11(a)所示,在不同的应变率和温度下所测得的延伸率有很大差别。随着温度的提高和应变率的降低,α - 钚开始展现出一定的延性。在室温条件下以 $7.0 \times 10^{-4} \text{ s}^{-1}$ 的应变率对 α - 钚拉伸时,其表现出很高的延性,延展率达到 8%,如图 5 - 11(b)所示,例如在 108 ℃ 时它表现出约 218% 的超长延伸率,如图 5 - 11(c)所示。这里晶粒边界的滑移在 α - 钚的变形中起到很重要的作用。

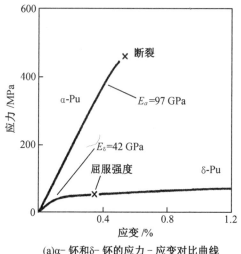

(a)α-钚和δ-钚的应力–应变对比曲线

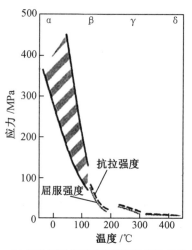

(b) 钚的不同相区内强度随温度的变化曲线

图5–10　钚在不同相区的应力–应变曲线及强度随温度的变化曲线

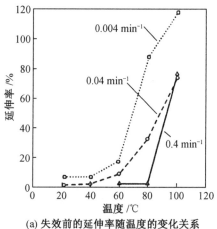

(a) 失效前的延伸率随温度的变化关系

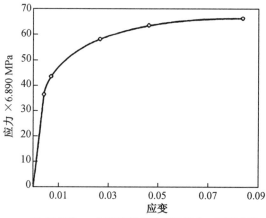

(b) 细晶粒α–钚在室温条件下的应力–应变曲线

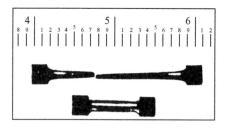

(c) 在108 ℃时的拉伸试验结果

图5–11　α–钚的拉伸性能

4. 钚的抗腐蚀性能

钚的抗腐蚀性能并不是很理想，它的腐蚀性能和铀很相近，但具有更快的腐蚀速率。表面洁净的钚具有很亮的金属光泽，但暴露在空气中很快就被氧化形成橄榄绿色的二氧化钚,并使表面呈现出粉末状,这种大气腐蚀在潮湿的环境中还会加速。实验表明,在干空气条件下经过 200 h,钚的失重率约为 0.015 mg/cm²,而在相对湿度为 5% 的空气中,失重率可以增加到约 1 mg/cm²。在 100 ℃ 条件下,这种失重率的差异变得更大,湿空气比干空气中的失重率高出 5 个数量级。在湿空气下的氧化腐蚀可以用下面的方程式表示:

$$Pu(s) + O_2(g) \rightarrow PuO_2(s) \tag{5-12}$$

$$Pu(s) + 2H_2O(g) \rightarrow PuO_2(s) + 2H_2(g) \tag{5-13}$$

需要注意,金属钚发生疏松氧化后变得更加容易被空气载带,因此对人的健康会产生更大的威胁。当钚从 β 相进入 γ 相区域后,氧化速率降低。更为有利的是,当钚进入 δ 相后,所形成的氧化物更加坚固且更具有保护性,因此该区域内的氧化速率比在低温条件(50 ℃)下的要低得多。但是当温度超过 450 ℃ 后,钚容易形成棕色的粉末状氧化物,并且容易发生自燃。

5. 钚合金

正如前面所说,钚是一种高浓缩的裂变材料,因此在使用前必须要进行稀释。而且,它的物理、化学以及机械性能决定了直接使用非合金的金属形式是非常困难的。钚和铀在形成合金方面具有相似的特性。与铀相比,钚更容易形成金属间化合物。钚可以和很多元素形成合金,拟被应用的钚合金应具有以下特性:①满足临界要求所需的钚尽量少;②比较好的可加工性能;③比较好的热和辐照稳定性;④很强的抗腐蚀性能;⑤合金元素比较容易获取。

合金元素,如 Al,Ga,Mo,Th 和 Zr 都能使 δ 相钚保持稳定。Gschneider 等人报道,通过在 δ 相钚中增加合金元素 Al,Zn,In,Ce 和 Zr 的浓度,可以增大电子浓度,从而使 δ 相钚的负热膨胀系数变大,甚至最终变为正的热膨胀系数。

钚合金中比较为人熟知的是 Pu - 3.5% Ga 合金,这种合金是在曼克顿计划中被研发出来的,并且被用来作为以前的 Los Alamos 快堆的核燃料。该合金在很大的温度范围内稳定在 δ 相区域,将钚的耐腐蚀性能提高了很多倍,例如,暴露在湿空气中 27 000 h,质量损失仅有 0.1 mg/cm²。

在液态金属快堆使用的金属燃料中,一种比较有吸引力的合金燃料是包括裂变核素和可转化核素的金属合金,这种合金与金属燃料相似,以及较高的核密度,以及较高的增殖比,与陶瓷燃料相比缩短了倍增时间。U - Pu 合金具有非常复杂的相间关系,当 Pu 的含量在 γ 相铀中超过其溶解度时,会产生一种具有很大脆性的合金,使得其铸造加工非常困难,且容易遭受热循环和辐照损伤。若在合金中加入一些 Mo,会得到一些有益的效果,因为它可以抑制脆化材料的形成。另外还有一些其他组分的钚合金,例如,U - 21% Pu - 16% Mo 表现出较强的抗辐照性能。此外,还有一些其他的三元合金,如,U - Pu - Th,U - Pu - Al,U - Pu - Fe 等被研究并使用。

5.2.3　金属钍及其合金

纯的金属钍(90 号元素)是一种软质的银白色金属,在室温空气中它可以长时间保持金属光泽。若金属被氧化,则生成 ThO_2,并很快失去光泽而变成灰色,最终变成黑色。它是另外一种至今还没有完全挖掘出其潜力的核燃料。正如我们前面所讨论的那样,²³²Th 是一种优良的可转化核素,在捕获一个中子后经过核反应可以转化为易裂变核素,用以发电或提供动力,相关的反应方程式见式(5-1)。因此,钍是很重要的增殖核燃料。钍的各种同位素中,只有 ²³²Th 是自然界中存在的,并且它的衰变非常慢,半衰期是 14.05 亿年,是地球寿命的 3 倍。钍的其他同位素形式包括^{228}Th、^{230}Th 和^{234}Th，都是钍和铀的衰变产物，都是微量存在的。

自然界中钍的储量要比铀的储量大得多，地表中大量的岩石和砂土中都含有少量的钍。一种罕见的磷酸盐矿石——独居石，是自然界上钍的主要来源，几乎三分之二的独居石都分布在印度的南疆和东海岸。其他的钍资源也可以在钍石($ThSiO_4$)中被发现。我国的钍资源也比较丰富，据不完全统计，20 多个省和地区都已经发现具有相当数量的钍资源。本节将介绍一下钍的特性。

1. 钍的提取和加工

钍可以经过多道工艺从独居矿中提取出来。第一道工序就是浸取，在 120～150 ℃的条件下将独居石浸泡在浓硫酸(93%～98%)中数十小时，此处采用碱浸取方法也是可行的。在浸取流程中，钍、铀和稀土金属将以磷酸硫酸盐的形式进入到溶液中。然后用氢氧化铵将所得溶液稀释到 pH 值等于 1，溶液中的钍和少量稀土金属将从溶液中沉淀出来。然后将 pH 值增至 2.5，其余的稀土金属和铀也将沉淀出来。被搜集的沉淀物利用硝酸进行处理，并经过萃取，可以得到含钍的化合物。

通常有一些方法可以从钍的化合物中来提取钍。金属钍可以通过在一个密封的容器中利用钙、钠或者镁来还原四氯化钍或者四氟化钍获得。由于钍具有较高的熔点，因此可以加入一些锌使其生成低熔点的共晶体，然后在真空环境下进行蒸馏将锌除去，从而获得金属钍。相关的化学反应方程式如下：

$$ThF_4 + Zn + 2Ca \rightarrow Th \sim Zn + 2CaF_2 \qquad (5-14)$$

高纯钍($w(Th) > 99.9\%$)的获取可以采用碘处理法(DeBoer Iodide Process)。

经过上述方法所得到的钍呈海绵状，非常松软，因此需要通过铸锭或粉末冶金技术将其加固。铸锭冶金两种方法比较常用：真空条件下的感应熔炼/铸造和电弧熔炼/铸造。如果钍中氧、硅、氮和铝等杂质含量较低，则可以采用多种不同的技术对其进行加工，如拉伸、热扎和冷轧、热锻等。然而对其拉丝存在一定的困难，这是由于钍具有很大的黏性。在粉末冶金中，钍可以采用水力方法进行冷压，形成 95% 的理论密度的压实体，也可以在 650℃真空条件下进行热压制成全密度金属。钍的机械加工是很容易的，尤其是在高的进给速度和低的主轴转速条件下。

2. 钍的晶体结构和物理性质

金属钍共有两种不同结晶构造的同质异构体，都属于立方体晶体结构。当温度低于 1 400 ℃时，钍以 α 相形式存在，属于面心立方结构(FCC)，每个晶胞中有 4 个原子，密度是 11.72 g/cm^3(25 ℃时)。当温度达到 1 400 ℃以上时，钍转变为体心立方晶构(BCC)的 β 相，密度是 11.1 g/cm^3(1 450 ℃时)。钍的熔点是 1 750 ℃，因此它比铀具有更高的熔点和较低的密度。在 100 ℃时钍的热导率比铀的热导率高 30%，到 650 ℃时钍的热导率仍比铀的热导率高 8%。图 5-12 中给出了高纯钍的比定压热容随温度的变化

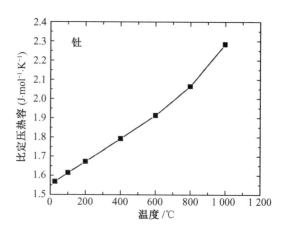

图 5-12 高纯钍的比定压热容随温度的变化曲线

关系。

3. 机械性能

钍的机械性能与杂质含量、晶向组织和冷加工的工艺和次数有关。通过 DeBoer Iodide Process 方法获得高纯钍在退火后具有屈服强度 34 ~ 124 MPa, 抗拉强度为 110 ~ 138 MPa, 而且具有很高的韧性(延长率为28% ~ 51%)。然而,通过还原法获得的商用钍,与高纯钍相比其含有较多碳、氧和其他杂质,这些杂质会使钍硬化。在铸造或锻造再加回火的条件下,这种金属的屈服强度和抗拉强度分别为 124 MPa 和 172 MPa。表5-3总结出锻造回火和冷加工的钍在室温条件下的拉伸数据。

表5-3 锻造回火和冷加工的钍在室温条件下的拉伸数据

拉伸试验前的工艺	试验件形式	屈服强度 /MPa	抗拉强度 /MPa	延长率 /%	测量长度 /mm	面积减小率 /%
高纯钍	锻造 - 退火	47.5	119	36	50.8	62
	锻造 - 退火	77.0	136	44	25.4	60
商业钍	拉伸 - 退火圆棒	149.5	207	51	50.8	74
	拉伸 - 退火圆棒	190	237	51	50.8	73
	锻造 - 退火圆棒	181	232	55	35.6	69
	锻造 - 退火圆棒	219.8	265	48	50.8	69
	锻造 - 退火薄片	209	273	—	—	52
	冷轧37.5%圆棒	313	337	20	35.6	61
	冷轧25%薄片	378	404	11	25.4	39
	冷轧50%薄片	424	451	5	25.4	16

4. 钍的抗腐蚀性能

如前所述,钍的金属切面呈银白色,放置在空气中一段时间会逐渐氧化成灰色,最终成为黑色,所形成的氧化物在350 ℃以下对金属钍有一定的保护作用。当超出这一温度后,氧化膜将出现破裂,之后成线性氧化。在1 100 ℃左右,氧化速率开始成抛物线形。在100 ℃左右的高纯水中,钍以较慢的速度被腐蚀,并生成附着的氧化膜。在178 ~ 200 ℃的水中,氧化速率快速增长,氧化膜开始脱落,在315 ℃时氧化得更加迅速。

5. 钍的合金

为改善金属钍的机械性能和耐腐蚀性能,曾尝试向钍中添加多种合金元素,但仅有很少的元素,如锆和铪,在钍中具有很大的固体溶解度,可以与钍形成固溶物,其他的合金元素则只能形成金属间化合物。两种熟知的添加元素——铀和铟,加入钍中可以改善它的机械强度。另外三种,锆、钛和铌可以提高钍的耐腐蚀性。钍 - 铀合金和钍 - 钚合金有效地结合转化燃料和裂变燃料制成可增殖燃料,发展了具有潜力的钍基燃料循环。表5-4列出了钍 - 铀合金的拉伸性能随铀含量的变化关系。显而易见,在钍中添加铀后,屈服强度和抗拉强度明显提升,但延性下降。当钍 - 铀合金中铀的质量浓度超过50%时,该合金很容易被溶化和铸造。

表5-4 钍-铀合金(商用钍,退火)的拉伸性能随铀含量的变化关系

铀的含量	屈服强度/MPa	抗拉强度/MPa	延长率	面积减小率	泊松比
0	134	218	46%	50%	0.25
1.0%	176	265	38%	49%	0.25
5.1%	189	291	37%	47%	0.24
10.2%	207	310	35%	44%	0.24
20.6%	212	328	32%	41%	0.24
30.9%	249	384	28%	36%	0.23
40.6%	266	430	24%	34%	0.23
51.2%	276	445	17%	26%	0.22
59.1%	300	458	11%	23%	0.22

5.3　陶瓷型核燃料

尽管金属型核燃料具有高的中子经济性、良好的热导率和抗热冲击的能力,但是由于金属型核燃料的熔点低、高温下强度变差以及相变等问题,它无法满足反应堆出口温度逐步提高的需求。而陶瓷型核燃料(简称陶瓷燃料)在高温下具有很高的强度、低的热膨胀率、很好的耐腐蚀性能和抗辐照性能,因此已经成为当今核反应堆中的主要发展核燃料类型。陶瓷型核燃料包括很多含铀、钚或钍的化合物,如氧化物、碳化物和氮化物等。陶瓷型材料的缺点是密度低、质硬而脆,不易加工,导热率小,辐照时芯块温差大、中心温度高,有辐照肿胀、密实化和芯块开裂倾向等。但对于陶瓷型核燃料来讲,这些缺点不足以掩盖它的优点,因此被广泛用作反应堆的核燃料。本节将对一些陶瓷型核燃料的突出特征予以介绍。

5.3.1　铀基陶瓷燃料

陶瓷燃料中比较重要的是铀基陶瓷燃料,即含铀的一些化合物。常见的铀基陶瓷燃料有二氧化铀(UO_2)、碳化铀(UC)和氮化铀(UN)三种,还有少量的U_3Si和US。其中,UO_2燃料是我们拥有运行经验最丰富的一种燃料,经过多年的反应堆运行,我们已经掌握了大量二氧化铀的性能指标和参数,以及实际运行方面的问题,碳化铀和氮化铀是将来发展高性能反应堆时最具潜力的陶瓷燃料。使用金属燃料明显存在两个问题:①燃料中心温度过高而导致熔化;②高温条件下的辐照不稳定性导致燃料过度的辐照肿胀和蠕变变形。从这两方面考虑,陶瓷燃料与金属燃料相比具有明显的优势:① 具有更高的熔点,允许核燃料在更高的温度下使用,反应堆在更高的温度下运行;②由于不存在多晶体的相变,具有更好的辐照稳定性;③由于化学上的惰性以及与包壳材料之间的兼容性,所以具有很高的抗环境腐蚀能力。陶瓷燃料作为比较有竞争力的核燃料具有以下基本的核性能:①具有较高的原子核密度,不必采用富集度很高的铀;②化合物中的非裂变核素具有较小的中子吸收截面,仍能保持较高的中子经济性。本节将主要讨论当代动力堆中常用的二氧化铀燃料,并简要介绍一下碳化铀和氮化铀燃料。

1. 二氧化铀

（1）二氧化铀的加工

二氧化铀的制作可以采用 5.2.1 节中所介绍的方法,并去除与制作金属铀有关的流程。采用传统的冷压和烧结方法可以把二氧化铀加工成各种不同的形状,包括球形、管形或棒形等,主要步骤包括混合具有黏结剂和润滑剂的 UO_2 粉末,制成自由流动的颗粒,在自动压机上压实,加热除去黏结剂和润滑剂,在可控气氛中烧结和磨成最后的尺寸。

生坯芯块需要在惰性或微氧化气氛的炉内加热至 $600 \sim 800\ ℃$,保持几小时,除去其中的挥发性黏结剂。然后,生坯块在氢气 – 氩气环境中烧结,温度为 $1\,600 \sim 1\,700\ ℃$,时间一般为 $5 \sim 10$ 小时,具体要根据以前批量的控制样品决定。芯块中常常加入称为造孔剂的附加物,像草酸肼,以便得到均匀的最后密度,对于轻水堆中的二氧化铀燃料来说,密度为 $93\% \sim 95\%$ 的理论密度。在原始的 UO_2 粉末中混入 U_3O_8 也能用来控制最后产品的密度。在烧结过程中加入少量的二氧化钛或者二氧化铌作为烧结添加剂可以有助于降低烧结温度。当然,还有很多其他更好的烧结方法,这里我们不一一介绍。

在二氧化铀的生产过程中,如果氧铀原子数比恰好等于 2.0,则此时的 UO_2 被认为是符合标准化学比的。如果氧原子缺少或铀原子过量,也就是氧铀原子数比小于 2.0,此时的燃料被认为是亚化学比的燃料(UO_{2-x});相反,如果氧铀原子数比大于 2.0,则此时的燃料被认为是超化学比的燃料(UO_{2+x})。燃料的值偏离标准化学比会影响到燃料自身的扩散行为以及与相邻包壳材料之间的扩散行为,而且它还会影响到材料的密度、熔点和其他物理性质,以及和温度有关的性质。

（2）晶体结构和物理性质

标准化学比的二氧化铀晶胞示于图 5 – 13,属于面心立方晶系,萤石(CaF_2)结构。U^{4+} 正离子在 CaF_2 结构中占据点阵的结点,氧原子处在点阵的四面体间隙中,一个晶胞有 4 个铀原子,8 个氧原子。在晶胞中心留有空间可容纳裂变产物,使二氧化铀具有辐照稳定的特点。燃料能够较容易地获得氧间隙原子以形成超化学比的 UO_{2+x},在高温下 x 可高达 0.25,当温度低时可析出 U_4O_9。在高温和低的氧分压时可形成次化学比的氧化铀(UO_{2-x}),当冷却时复原成标准化学比的 UO_2 并析出金属铀。二氧化铀

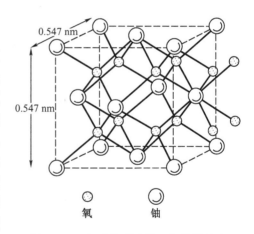

图 5 – 13　标准化学比的二氧化铀晶胞

在熔点以下都是单相的,不会发生相变,如当氧铀原子数比在 2 上下有小的偏离时,其熔点、热传导率和强度降低,蠕变和裂变产物迁移增加。

室温下二氧化铀的理论密度是 $10.96\ g/cm^3$,熔点是 $2\,850\ ℃$。但是,它在低温条件下的饱和蒸汽压较大,因此在烧结过程中质量会减轻。二氧化铀的性质与制作过程和工艺有很大的关系。根据压制芯块过程中的颗粒尺寸、颗粒形状和压制工艺不同,二氧化铀的实际密度可能在理论密度的 80% 至 95% 之间变化。所加工的二氧化铀燃料的密度提高具有高的核密度、高的热导率和燃料的线功率密度等优点,然而却不利于裂变气体和裂变产物的存储。通常,二氧化铀的热导率比铀基金属材料或陶瓷材料要低,并且它的热膨胀系数较高,然而它的比热容较小。

　　自 20 世纪 40 年代以来,科研人员关于二氧化铀的热导率已经进行过反复研究。现代的测量手段又对二氧化铀燃料内部的传输机理有了深入的研究。从室温到 1 800 K(1 527 ℃)之间的陶瓷燃料的热传导主要是由晶格振动间的耦合引起的,这造成了随着温度升高热导率降低的趋势。当温度高于 1 800 K,由辐射和电子传输产生附加的热传导,因此出现了热导率随温度的升高而增长的趋势。二氧化铀是一种由声子间相互作用控制的陶瓷材料,因此它的热导率始终保持在较低的水平,图 5 - 14 给出了热导率随温度的变化曲线。

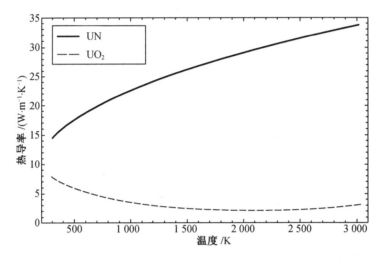

图 5 - 14　二氧化铀及氮化铀的热导率随温度的变化曲线

　　由图 5 - 15 可以看出,二氧化铀与氮化铀具有相似的比热容随温度变化的规律。它们的比热容随温度升高而上升的速度要比典型的陶瓷材料快。在接近熔点时,两种材料的比热容都接近 Dulong - Petit 规律所得值的 2 倍。大量的实验研究表明,在低温条件下二氧化铀和氮化铀的比热容是由晶格振动控制的,它们可以通过 Debye 模型来计算。温度在 1 000 ~ 1 500 K 之间时,比热容由简谐晶格振动控制,当温度在 1 500 ~ 2 670 K 时,比热容由晶格缺陷,如 Frenkel 对控制。当温度超过 2 670 K 时,Schottky 缺陷成为影响所有陶瓷材料比热容的主要因素。

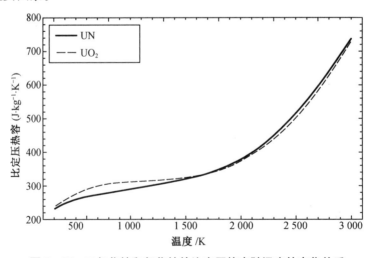

图 5 - 15　二氧化铀和氮化铀的比定压热容随温度的变化关系

Martin 整理了大量的参考文献数据,给出了标准化学比情况下的 UO_2 关于温度的线性热膨胀系数表达式:

$$L = L_{273}(9.9734 \times 10^{-1} + 9.802 \times 10^{-6}T - 2.705 \times 10^{-10}T^2 + 4.391 \times 10^{-13}T^3)$$

$$(5-15)$$

适用于 273 K$\leqslant T \leqslant$923 K。

$$L = L_{273}(9.9672 \times 10^{-1} + 1.179 \times 10^{-5}T - 2.429 \times 10^{-9}T^2 + 1.219 \times 10^{-12}T^3)$$

$$(5-16)$$

适用于 923 K$\leqslant T \leqslant$3 120 K。以上两式中 L 和 L_{273} 分别为温度为 T(单位为 K)和温度为 273 K 时的长度。

对于超化学比的二氧化铀的总热膨胀和线性热膨胀系数随温度的变化关系如图 5-16 所示,超化学比燃料的热膨胀系数与正化学比的 UO_2 比较接近。

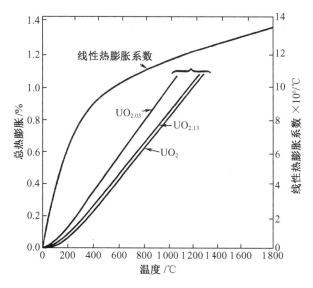

图 5-16 二氧化铀的总热膨胀系数和线性热膨胀系数随温度的变化关系

(3)辐照特性

与金属燃料相比,二氧化铀具有较强的耐辐照性能,能够在较高的中子注量率(大于 10^{20} m^{-2})和较深的燃耗下保持尺寸的稳定。但是当中子辐照通量达到一定程度后,燃料芯块的表面会沿径向开裂分割,并随后出现燃料的轴向和周向开裂。需要指出,这种燃料的开裂现象在材料运行初期便会出现,并且一直保持这种状态很长时间而不变化,这说明材料早期出现的开裂现象主要是由热应力造成的,而不是由机械应力造成的。然而,裂变碎片造成的移位损失会加剧这种开裂效应的发生。

二氧化铀在裂变过程中产生的固体和气体的裂变产物会引起辐照肿胀,使燃料芯块的径向尺寸增大,导致燃料与包壳的相互作用。裂变中产生的气体在运行过程中会释放出来,充满元件棒内的空腔和间隙,从而增加棒的内压、间隙热阻和燃料中心温度。二氧化铀的辐照肿胀不同于辐照生长,在 400 ℃ 以下的辐照作用下,形状和尺寸的各种变化是由二氧化铀的辐照生长引起的;而在 400 ℃ 以上,所观察到的二氧化铀的形状和尺寸的变化,是辐照肿胀所致。在二氧化铀的多晶体芯块中,晶体的排列是无序的。在辐照作用下,芯块的表面状态和形状也会发生变化:如果晶粒度较小,则芯块表面变得粗糙,即发生所谓的"橘皮"现象;如果晶粒度大,则表面的不平整性增大,其上会出现犬牙交错的沟纹和凸起。

二氧化铀燃料性能的主要限制是裂变气体所引起的肿胀,其还容易从表面释放裂变气体,所释放的裂变气体包括 Br、I、Te、Xe 和 Kr 等。裂变气体的释放量与很多因素有关,例如孔隙率、其他微结构特征、辐照时间和辐照温度等。在低或中等燃耗情况下,肿胀是轻微的,而且与比燃耗近似地呈线性关系。在超过临界燃耗值时,肿胀显著增加并导致燃料尺寸变化到不容许的程度。图 5-17 给出了不同辐照温度下辐照肿胀率与燃耗的关系曲线。临界燃耗值主要与燃料密度有关:若密度过高,则燃料内部空隙小,包容裂变气体的能力减弱,使临界燃耗值降低;若密度过低,则燃料内部空隙大,加工过程中留在空隙中的水分在反应堆运行时所分解出的氢气会对包壳产生不利的影响。

图 5-18 中给出了在辐照和未辐照条件下标准化学比的二氧化铀的蠕变率随应力的变化关系。在反应堆内 800~900 ℃范围内,燃料的蠕变率并不决定于温度而是取决于中子通量和应力,因此辐照诱导的蠕变在这一温度区域内占主导。而在高温区域内(大于1 200 ℃),蠕变率主要受温度的影响。

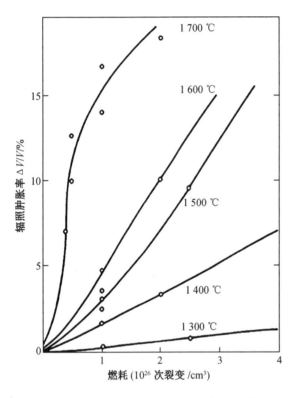

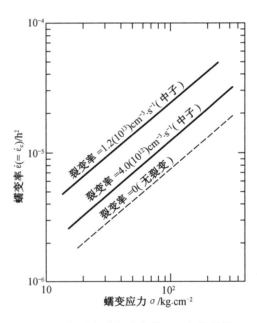

图 5-17　不同温度下二氧化铀的辐照肿胀率与　　　图 5-18　辐照和未辐照条件下二氧化铀的
　　　　　　燃耗的关系　　　　　　　　　　　　　　　　　蠕变率随应力的变化关系

2. 碳化铀

碳化铀主要有三种形式的化合物,即 UC、U_2C_3 和 U_2C,其中 UC 通常被认为是比二氧化铀更为理想的核燃料,它在熔点(2 350 ℃)以下都不会发生相变。

碳化铀的优点是高温下化学稳定性好,热导率比二氧化铀大许多倍,因此在相当高的比功率下也不致造成中心熔化,它的理论密度较高(13.63 g/cm³),因而每单位体积中含铀量比二氧化铀多,这对反应堆中子设计也是重要的。其缺点是容易和水及蒸汽发生反应,包容裂变气体的能力不如二氧化铀,因此在高温下肿胀率大。碳化物燃料中所含的轻核较氧化物燃料少,所以采用碳化物燃料的快中子增殖堆堆芯内中子平均能量较高,从而能获得更高的增殖比和更短的倍增时间。另一方面,由于碳化物燃料的热导率高,因此多普勒系数比氧化物燃料低,而多普勒系数是在多数事故情况下保证负反应性反馈的主要因素,所以设计用碳化物为燃料的堆芯比设计用氧化物为燃料的堆芯更困难。

碳化物燃料中碳与金属原子的比超过 1.0 时,称为超化学比的碳化物;而小于 1.0 的称为亚化学比的碳化物。碳化物燃料的性能部分地取决于碳与金属的原子比值,标准化学比的碳化物(原子比等于 1.0)的性能是令人满意的。

3. 氮化铀

氮化铀包含多种形式的化合物,如 UN、U_2N_3 和 UN_3,其中 UN 最为稳定,最适合作为核燃料。UN 属于盐型的立方晶格结构(fcc),通常氮化铀的理论密度是 14.32 g/cm³。UN 能够在很高的温度下仍保持标准化学比,到 1 500 ℃ 以上才会偏离标准化学比。UN 的熔点大约为 2 650 ℃,准确地说,UN 并不会发生通常的同成分熔化,而会在一定温度下分解为铀和氮气,这个分解温度可以表示为系统内氮气压力的函数,数学表达式如下:

$$T_m = 3\ 035 (p_{N_2})^{0.028\ 32} \qquad (5-17)$$

式中　T_m——分解温度,K;

　　　P_{N_2}——氮气的分压力,Pa。

UN 的热导率和比热容分别见图 5 - 14 和图 5 - 15。

氮化铀燃料的优点是抗辐照、抗高温蠕变能力强;热导率高,和碳化铀相当;含铀密度比二氧化铀、碳化铀都高;在空气中不发生明显的腐蚀;用作快堆材料时增殖比大于二氧化铀燃料。尤其是成分为 $(U_{0.8}Pu_{0.2})N$ 的混合氮化物与包壳的相容性好,肿胀较低,但高温下容易分解,所以中心温度必须小于 1 250 ℃。此外,氮对中子的有害吸收较氧和碳大,使燃料循环成本增加。

不同的铀基核燃料特性对比如表 5 - 5 所示。

表 5 - 5　铀基核燃料特性对比表

燃料	晶格结构	熔点/℃	铀含量(质量分数)%	微观裂变截面/cm⁻¹	宏观吸收截面/cm⁻¹	再生系数 η
UO_2	萤石结构	2 760	88.15	0.102	0.187	1.34
UC	岩盐结构	2 300	95.19	0.137	0.252	1.34
UN	岩盐结构	2 650	94.44	0.143	0.327	1.08

5.3.2　钚基陶瓷燃料

钚基的陶瓷燃料包括三种化合物——二氧化钚(PuO_2)、碳化钚(PuC)和氮化钚(PuN)。因为自然界中仅有很少量的钚存在,因此钚主要通过 ^{238}U 捕获中子后经核反应转化而来。在快中子反应堆和热中子反应堆中都可以采用钚作为核燃料。通过 ^{238}U 生成的易裂变核素^{239}Pu和^{241}Pu可以替代一部分热堆中的^{235}U,提高燃料的利用率。然而更加有效和经济地利用钚燃料还是在快中子增殖反应堆中。在快堆中,反应生成的^{239}Pu和^{241}Pu要比在裂变中被消耗掉的^{239}Pu和^{241}Pu还要多。通常利用化学方法在乏燃料中提取钚,首先乏燃料被溶解在硝酸中,钚以硝酸盐的形式溶解在溶液中;然后通过沉淀法,在溶液中加入铵盐,钚以氢氧化物的形式沉淀下来;或者在溶液中加入过氧化氢,钚以过氧化物(Pu_2O_7)的形式分离出来;或者加入草酸让钚以草酸盐的形式分离出来。二氧化钚(PuO_2)可以通过在氢气中将上述氢氧化物、过氧化物或者草酸盐加热至500~800 ℃而获得。二氧化钚通常与铀基陶瓷燃料混合使用,形成一种混合燃料(MOX燃料)。这种混合燃料可以用在快堆中,也可以用于热中子反应堆中。但对于不同的堆型,混合燃料中二氧化钚的含量不同,通常在快堆混合燃料中,为了获得更高的增殖比,二氧化钚的含量要达到15%~20%,而在热中子反应堆中占3%~5%。二氧化钚的物理性能、力学性能和化学性能与二氧化铀基本相同。而二氧化钚的核性能比陶瓷型铀燃料的核性能更优越。

碳化钚(PuC)和碳化铀的混合燃料是另外一种重要的快堆新型核燃料,由于其具有更高的易裂变核密度和热导率,因此其在燃料增殖和缩短燃料的倍增时间方面更有意义。但这种燃料的缺点是成分控制存在困难,难以保证燃料与包壳和钠冷却剂之间具有很好的相容性,并使肿胀最小化,同时缺乏高温高燃耗条件下的辐照损伤经验。一些研究表明,碳化物燃料的快堆比氧化物燃料的快堆要节约燃料循环成本。与混合氧化物燃料相比,混合碳化物具有更高的金属密度、更好的中子经济性、更好的热导率和更高的比功率,在相同的燃耗下,具有更好的增殖性和更经济的燃料循环成本。

5.3.3　钍基陶瓷燃料

二氧化钍(ThO_2)无疑是最典型的钍基陶瓷燃料。由于二氧化钍在所有的氧化物中具有最高的熔点(3 300 ℃),且具有超强的耐还原能力,因此常被当作一种溶解活性金属的最佳坩埚材料。二氧化钍常以粉末状形态存在,可以由硝酸盐、草酸盐、氢氧化物或碳酸盐等在高温下加热分解制成,通常是草酸盐。二氧化钍的粉末也可以通过一些陶瓷加工工艺来加工固化,例如注浆、压缩、烧结或热处理等。它的可加工性以及所得的陶瓷特性与二氧化钍粉末制备过程中草酸盐的特点和高温灼烧条件有关。

在达到熔点之前,二氧化钍一直以稳定的萤石结构存在,不会发生相变。二氧化钍与二氧化铀属于类质同相结构,在可测量的范围内能够以任意比例相互混合。二氧化钍中含少量二氧化铀的混合燃料在空气中被加热时能够保持稳定,这是由于ThO_2在高温氧气环境中能够一直保持稳定,直到达到熔点为止。在1 800~2 000 ℃高温下于真空中加热,二氧化钍会由于失去氧气而变黑,但这种失氧现象并不足以在化学分析或者晶格常数测量中被反映出来。与二氧化铀不同的是,在这样的高温下持续加热时,ThO_2也不会分解成氧气,而且在1 200~1 300 ℃温度下在空气中重新加热时,又会重新被氧化而恢复为原有的白色。

ThO_2的燃料芯块可以采用与UO_2燃料芯块类似的方法进行制造,可获得芯块密度与二氧化钍粉末的材料特性,通常由碳酸盐生成的氧化物粉末在较低的温度下可以得到较高密度的芯块。表5-6中给出了二氧化铀和二氧化钍的一些重要的物理性能和力学性能参数对比。

表 5 – 6　ThO$_2$ 和 UO$_2$ 的性能参数对比

特性	ThO$_2$	UO$_2$
晶格结构	萤石结构（CaF$_2$）	萤石结构（CaF$_2$）
晶格常数/nm	0.55 974（26 ℃）	0.547 04（20 ℃）
	0.564 48（942 ℃）	5.524 6（946 ℃）
理论密度/（g·cm^{-3}）	约 10.0	约 10.96
熔点/℃	3 300 ± 100	2 760 ± 30
热导率/（W·m^{-1}·K^{-1}）	10.3（100 ℃）	10.5（100 ℃）
	8.6（200 ℃）	8.15（200 ℃）
	6.0（400 ℃）	5.9（400 ℃）
	4.4（600 ℃）	4.52（600 ℃）
	3.4（100 ℃）	3.76（800 ℃）
	3.1（1 000 ℃）	3.51（1 000 ℃）
	2.5（1 200 ℃）	

　　ThO$_2$ – UO$_2$ 的混合物可以采用混合盐共沉淀的方法或者采用机械混合的方法制成。含有黏合剂（聚乙二醇）和润滑剂的颗粒状氧化物的混合物，最高可达 50% U$_3$O$_8$，可以通过冷压方法制成芯块，然后在氧气或空气环境下，经 1 750 ~ 1 850 ℃ 下高温烧结制成（Th,U）O$_2$ 的固溶体。U$_3$O$_8$ 可以在 1 000 ℃ 的空气中通过加热 UO$_2$ 粉末获得，并加入 1% CaO 添加剂以促进空气条件下 ThO$_2$ 的烧结。烧结的二氧化钍表现出很高的耐高温水和抗钠的腐蚀的能力。溶胶 – 凝胶法已经被成功地用来制造高密度 ThO$_2$ 和（Th,U）O$_2$ 的球形燃料元件和包覆燃料颗粒。

　　ThC 和 ThN 燃料也是比较有潜力的核燃料，但是目前还没被广泛研究和应用。

5.4　弥散型核燃料

　　弥散型核燃料（简称弥散燃料）由燃料相和基体相组成，是利用粉末冶金法压制和烧结或利用某些合金在高温固溶相中析出燃料相的方法，把含有裂变物质的燃料相颗粒均匀地弥散分布在性能优良的非裂变基体相中而得到的燃料。它区别于早期反应堆所用的金属燃料，也不同于现在大多数动力堆中所用的陶瓷燃料。弥散燃料的基本思想是把燃料颗粒相互隔离，使基体的大部分不被裂变产物损伤。因此，燃料颗粒能被包围或束缚住，允许达到比大块燃料更高的燃耗，能包容裂变产物，并保持与包壳间的良好热传导性能。燃料颗粒可以弥散分布在不同的基体相中，包括金属、陶瓷或非金属石墨基体。根据基体相的不同，弥散燃料可分为金属基弥散燃料和非金属基弥散燃料；根据燃料相的不同，弥散燃料可细分为金属型弥散燃料、合金型弥散燃料和陶瓷型弥散燃料。

　　理想的燃料相特征：①^{235}U 含量高；②有足够的强度，在加工过程中能保持燃料颗粒的形状和大小；③在加工和运行温度下，与基体的相容性好；④非裂变中子吸收截面低；⑤抗辐照能力强。目前常用作燃料相的有铀与铝、铍的金属间化合物，铀的氧化物、碳化物、氮化物和硅化物等。

理想的基体相特征：①在运行温度范围内，有足够的蠕变强度和韧性；②中子吸收截面低，抗辐照能力强；③热导率高；⑤热膨胀系数低，并与燃料相的热膨胀系数相当；⑥与包壳和冷却剂材料的相容性好；⑦在加工和使用温度下，不产生析出相。常用作基体相的材料有 Al、Mg、Be、Zr、Nb，石墨以及不锈钢等。

弥散燃料具有高熔点、与包壳相容性好、抗腐蚀和抗辐照等优点。此外，弥散燃料的基体可以看成结构材料，每个燃料颗粒可以看作一个微小的燃料元件，其中基体起着包壳的作用，使得裂变过程和裂变时所产生的辐射损伤集中在燃料相及其邻近基体，避免基体的大部分被裂变产物损伤，延长元件使用寿命；基体材料由于具有较高的强度和塑性，所以能够防止燃料相在固体裂变物积累中所造成的肿胀以及承受气体裂变产物所引起的压力，燃料可以达到很深的燃耗；基体的热导率好，如选择合适的燃料相和基体相可以得到比金属型元件运行温度高得多的燃料；基体的良好塑性使得弥散燃料可以通过轧制、挤压等多种加工途径得到，多样化的弥散燃料开辟了利用核燃料的广阔途径。但是弥散燃料要求燃料相之间的距离大于裂变碎片射程的2倍，使得基体相在弥散燃料中所占的份额较大，故为了提高堆芯的功率密度，必须采用高浓铀或者密度较高的低浓铀，给燃料制造工艺带来难度。

弥散燃料广泛应用于生产堆、实验堆和动力堆，但主要用于实验研究堆。其中铝基弥散燃料主要用于实验研究堆；UO_2、UZr_2 弥散在锆中用于核舰船动力堆；UO_2 弥散在 BeO 中主要应用于一些特殊目的的堆；UO_2 弥散在 Mg 中应用在早期的泳池式实验堆；U_3Si_2 弥散在铝中作为一种较新的优良弥散燃料，主要用于新型实验研究堆的板形燃料元件。包覆燃料颗粒弥散在石墨中的弥散燃料用于制作高温气冷堆的燃料元件，至今仍在继续使用和发展。

5.4.1 金属基弥散燃料

金属基弥散燃料就是将核燃料均匀地弥散在铝、锆、钼或不锈钢等金属基体中。最早的金属基弥散燃料是 1952 年第一代研究和实验堆（MTR）中应用的铝基弥散燃料，它以 Al – U 合金作为燃料相，将 UAl_3 和 UAl_4 金属间化合物的沉淀粒子弥散分布在铝中构成。目前，世界各国的研究和实验堆通常都用铝基弥散燃料，这种燃料用粉末冶金方法制造，其中包括 UAl_x、U_3O_8 或 U_3Si_2 等燃料相。在 20 世纪五六十年代，几种其他弥散系列的燃料曾用于一些特殊用途的反应堆，主要包括 UO_2 弥散在不锈钢中、UO_2 弥散在 BeO 中，以及铀弥散在氢化锆中。后者已被广泛用于 TRIGA（培训、研究、同位素生产）反应堆中。在 20 世纪 60 年代初，混合氧化物（PuO_2 – UO_2）弥散在不锈钢中曾作为可能的快堆燃料研究过。本节主要针对当前研究和实验堆常用的铝基弥散燃料性质进行介绍。

1. 物理性能

（1）燃料芯块的密度

弥散燃料芯块的密度由下面的公式进行计算：

$$\rho_m = \frac{1 - V_\rho}{\dfrac{w_m}{\rho_f} + \dfrac{1 - w_m}{\rho_a}} \qquad (5-19)$$

式中　ρ_m——弥散燃料芯块的密度；

ρ_f——燃料颗粒的密度；

ρ_a——基体的密度；

w_m——燃料的质量分数；

$1 - V_\rho$——燃料芯块密度因子。

表 5 - 7 列出了铝基弥散燃料各组成物的密度。

表 5 - 7　铝基弥散燃料各组成物的密度

组成物	Al	Al_2O_3	UAl_4	UAl_3	UAl_2	UAl_x	U_3O_8
密度 $\rho_f/g\cdot cm^{-3}$	2.7	3.94	5.7	6.8	8.14	6.42	8.3
组成物	U_4O_9	UO_2	USi	U_3Si_2	U_3Si	U_6Fe	U
密度 $\rho_f/g\cdot cm^{-3}$	11.19	10.96	10.96	12.2	15.3	17.4	19.05

室温下，含铀量在 40%（质量分数）铸造 U - Al 合金的密度为

$$\rho_f = 3.35/(1.24 - w_U) \qquad (5-20)$$

式中，w_U 为铀的质量分数。

当用式(5 - 20)计算轧制成的挤压管、棒的燃料芯块的密度时，为校正芯块制造引入的孔隙率，燃料芯块密度应乘以$(1 - V_\rho)$，即

$$\rho_m = (1 - V_\rho)\rho_f \qquad (5-21)$$

（2）燃料芯块组成物的体积比

确定燃料芯块中燃料相的体积分数常常是很有用的，许多辐射行为数据的参数确定都依赖于燃料芯块中由燃料占据的体积分数。它可用下式计算：

$$V_\rho = \frac{w_m\rho_m}{\rho_f} \qquad (5-22)$$

基体铝的体积分数(V_a)就是

$$V_a = 1 - V_f - V_\rho \qquad (5-23)$$

在铀含量（质量分数）30%的 U - Al 合金中，假设铀以 UAl_4 形式存在是合理的，在这种情况下 $w_m = w_U/0.651$，$\rho_f = 5.7\ g/cm^3$。对于更高密度的合金材料，必须划分铀以 UAl_4 和 UAl_3 形式存在的比例，这样才能算出合适的 w_m 和 ρ_f 值。

（3）燃料芯块中铀密度

燃料芯块中铀的密度由下面的公式计算：

$$\rho_U = w_f w_m \rho_m \qquad (5-24)$$

式中　w_f——燃料颗粒中铀的质量分数（见表 5 - 8）；

　　　w_m——燃料芯块中铀的质量分数。

表 5 - 8　燃料颗粒中各组成物的铀含量

组成物	Al	Al_2O_3	UAl_4	UAl_3	UAl_2	UAl_x	U_3O_8
U 含量 $w_f/\%$	—	—	0.653	0.746	0.815	0.717	0.848
组成物	U_4O_9	UO_2	USi	U_3Si_2	U_3Si	U_6Fe	U
U 含量 $w_f/\%$	0.869	0.882	0.895	0.927	0.960	0.962	1.000

2. 热性能

（1）热导率

弥散燃料的热导率不仅取决于各组成物的热导率和这些组成物（包括孔隙）在芯块中的分布，还取决于弥散颗粒间的热阻。铀的铝化物、氧化物、硅化物的热导率很接近，且都比铝要低得多，因此弥散燃料的热导率随着铝基材料体积份额的减少而单调下降，也就是随着燃料相和空洞体积份额的增加而下降。弥散燃料芯块的热导曲线的形状与芯块的显微组织密切相关。

用轧制方法制造的不同弥散燃料板的热导率，如图 5 - 19 所示。在燃料加孔隙的体积分数较低时，热导率与 Al 基体的体积分数成比例关系。在燃料体积装载量足够高时，事实上燃料成为连续的基体，由于孔隙的存在，这时弥散体的热导率可能会比燃料自身的热导率还低。

由图 5 - 19 可以看出，U_3O_8 - Al 燃料的热导率相对地比 U_3Si_2 - Al 的热导率要低，这是由于两者的显微组织不同，前者比后者的颗粒更易破碎，轧制时 U_3O_8 颗粒倾向于层状分布，而不是随机的弥散分布，形成层状分布后成为热流的阻挡层，造成热导率降低。U_3Si_2 弥散体与 UAl_x 弥散体之间有很多相似的特点，但在热导率方面，由于 U_3Si_2 颗粒相比 UAl_x 的颗粒更不易破碎，因此它的热导率会稍微高些。

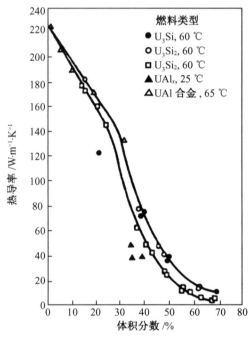

图 5 - 19　弥散燃料的热导率与其燃料加孔隙的体积分数的关系

（2）比热容

Al - U 合金或 UAl_x 化合物的比热容还没有测量的数据。Kubaschewski 等讨论过在缺乏测量数据时，固态元素或化合物估计比热容有两种方法。第一种方法是利用实验观察结果，室温下固态元素的比热容是 25.9 J/（mol·K）量级（Dulong 和 Petit 的规则），第一个相变温度时它们的比热容大约是 30.1 J/（mol·K）。假设比热容在两个温度之间是线性变化，已发现许多无机物和金属间化合物都遵循这种规则。对化合物来说，当然这两个数值必须由 1 mol 化合物中包含所组成元素的各分子数相乘而得到。第二种方法是用一种理想的混合物公式，根据组成物质量分数的比热容相加（Neumann 和 Kopp 的规则）。这种方法忽略了某种附加比热容（Δc_p）的事实，附加比热容是由各组成物相互结合形成一种化合物时产生的。如果从另外的热化学数据可以决定或估计 Δc_p，就可以把它加进从 Neumann 和 Kopp 规则得到的结果中，从而得到化合物比热容的更好估计值。对于不同弥散材料的比热容，不同学者依据上述方法得到相应地计算表达式，这里不做具体介绍，使用时可查阅相关文献。

5.4.2　非金属基弥散燃料

非金属基弥散型燃料就是将燃料均匀地弥散在非金属基体中，而制成的一定结构形式的燃料元件。在众多非金属基体材料中,石墨具有许多优良的特性,因此已做成把直径为几百微米的碳化物或氧化物燃料颗粒弥散在石墨基体中的弥散型燃料,这种燃料主要用于高温气冷堆。

1. 高温气冷堆概述

作为反应堆发展史上最早的一种堆型,高温气冷堆曾被许多国家广泛应用于生产钚,而这种堆型的应用构成了当今高温气冷堆发展的基础。

早在 1956 年英国就建成了净电功率 45 MW 的卡特霍尔(Calder Hall)电站。这种第一代气冷堆采用石墨慢化、二氧化碳冷却、金属天然铀燃料、镁合金(镁铍)包壳,故称镁诺克斯型(Magnox)气冷堆。后来在英、法、意、日等国建造了一大批这样的反应堆。它们的用途由主要生产钚改变为主要生产电能,其参数也作过一些调整,大致是堆芯功率密度由开始的 0.55 MW/m³ 提高到 0.8 MW/m³,二氧化碳出口温度由开始的 345 ℃ 升高到 400 ℃,冷却剂工作压力由开始的 0.8 MPa 提高到 2.0 MPa 左右,热效率由开始的 19.1% 上升到 30%,单堆电功率 250 MW。

镁诺克斯型反应堆的参数不能进一步提高的原因是金属铀和镁合金包壳不能耐受更高的温度。后来英国对此作了改进,采用二氧化铀和不锈钢包壳,并采用稍富集铀(约 2% 富集度)代替天然铀来补偿不锈钢的中子吸收。这种新元件允许堆芯出口温度提高到 670 ℃ 左右,可以直接配置标准参数的蒸汽轮机,电站热效率提高到 40%,这就是第二代气冷堆,或称改进型气冷堆(AGR)。1963 年在英国温茨凯尔建造了电功率为 34 MW 的模式堆。在它的初步运行经验基础上,英国开始成批建造大型的改进型气冷堆,它们的主要参数大致是:堆芯功率密度 2.8 MW/m³,CO₂ 进出口温度 290 ~ 675 ℃,工作压力 4.0 MPa,热效率 40%,单堆电功率 600 MW。

高温气冷堆(HTGR)是改进型气冷堆的进一步发展。在 AGR 堆中进一步提高堆芯出口温度将受到 CO₂ 与元件不锈钢包壳材料化学上不相容的限制,故其温度最高不超过 690 ℃。为了进一步提高温度,必须改进冷却剂和堆芯材料。高温气冷堆内选择了化学上呈惰性和热工性能好的氦气作冷却剂。燃料元件采用全陶瓷型的热解碳包覆颗粒,这是高温气冷堆的一项技术突破,这样就允许燃料包壳在 1 000 ℃ 以上的高温下运行。石墨被用作慢化剂兼堆芯结构材料。这样堆芯出口温度可提高到 750 ℃ 以上,甚至可达 950 ~ 1 000 ℃,堆芯功率密度达 6 ~ 8 MW/m³,用于发电的热效率可达 40% 左右,而用于高温供热时总热效率可达 60% 以上。

1956 年英国开始研究高温气冷堆,后来得到欧洲原子能联盟的支持,由欧洲 7 个同盟国参加制订了共同研究高温气冷堆的计划,即"龙"(Dragon)试验堆建造和运行计划。龙堆热功率为 20 MW,不发电,1964 年 8 月首次临界,1965 年开始功率运行,1966 年 4 月达到满功率,一直运行到 1976 年 3 月,完成了全部运行与实验计划。

美国在 1957 年着手高温气冷堆的研究,1962 年开始在宾夕法尼亚州比利诺瓦戈 - 丹姆斯山处桃花谷建造电功率为 40 MW 的桃花谷高温气冷实验堆(Peach Bottom),1966 年 3 月该堆达到临界,1967 年年中满功率运行,一直运行到 1974 年 10 月底按计划完成实验任务,停堆退役。

德国从 1957 年开始研究发展具有自己特色的球形元件高温气冷堆,于 1959 年开始建造电功率为 15 MW 的球床高温气冷堆(AVR),该反应堆建于利希核研究中心,1966 年 8 月临界,1967 年 12 月首次向电网供电,1968 年 2 月达设计功率,1974 年出口温度又提高到

950 ℃,运行情况良好。

2.弥散燃料的结构组成

高温气冷堆所采用的弥散燃料,是一种由低富集铀(2% ~5% 的铀 - 235)或高富集铀加钍制成的涂敷颗粒作为燃料相,以石墨作为基体,采用一定的工艺使燃料相均匀地弥散在石墨基体中,并压制成的不同结构形式的燃料。高温气冷堆的堆型不同,弥散燃料的结构特点也不同,其主要分为两大类:一类是在德国和我国发展的球床反应堆中使用的球形燃料元件;另一类是英、美、日等国家发展的柱状高温气冷堆中使用的柱形燃料元件。

(1)球形燃料元件

球形燃料元件是由德国研究和发展的,其主要特点就是利用球的流动性,实现不必停堆完成装卸料。在球床高温气冷堆的发展史上,曾考虑过多种形式的球形元件,但实际使用的只有注塑型元件、壁纸型元件和模压型元件。

①注塑型元件

它是 AVR 堆 1966 年初始装料时使用的球形燃料元件。这种元件的外壳是由石墨机加工成的空心球,外径 60 mm,壁厚 10 mm,球壳上有一个螺纹孔,在注入颗粒和石墨粉的混合物后用涂有黏结剂的石墨螺纹塞堵上,然后经表面修正后进行热处理制得。

②壁纸型元件

这种是 AVR 堆的第一批补充料。它的外壳和注塑型元件一样,但为了降低燃料温度,包覆燃料颗粒只是集中在石墨外壳内壁附近 1 ~2 mm 的薄层内,元件中心区域不含燃料。制造这种元件时,首先向石墨壳内注入一定量的包覆燃料颗粒、石墨粉和黏结剂的混合浆料,放在专用机器上转动,待干燥后装入足量的天然石墨粉,压实后堵上带黏结剂的螺纹塞,然后经表面修整后进行热处理。

③模压型元件

AVR 堆初装料和第一次补充料是由美国提供的,这期间德国 NUKEM/HOBEG 公司研究成功模压型元件。它是用准等静压方法在硅橡胶模内压制的整体元件,如图 5 - 20 所示。

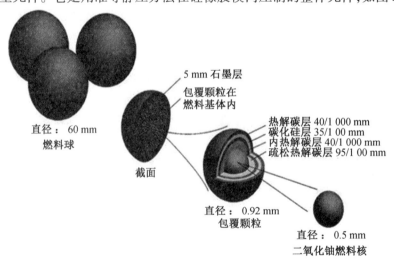

图 5 - 20   高温气冷堆球形燃料元件结构示意图

这种球形弥散燃料元件是直径 60 mm 的燃料球。由其剖面图可以看出,直径 60 mm 的燃料球明显分为两个不同的区域,位于燃料球中心的大部分区域是直径约 50 mm 的燃料区,大量的包覆燃料颗粒均匀地弥散在石墨基体中,包覆燃料颗粒是直径约为 1 mm 的陶瓷燃料颗粒,由 0.5 mm 的燃料核心和陶瓷组成;位于燃料区域的外侧壳是厚度约为 5 mm 的无燃料区域。燃料区和无燃料区没有明显的物理边界,它们的基体材料是相同的,一般是由 64% 天然石墨粉、16% 人造石墨粉和 20% 的酚醛树脂制成。制成模压型元件的工序包括:由天然石墨粉、人造石墨粉和酚醛树脂经混合、干燥和粉碎制成石墨基体粉;在包覆燃料颗粒上裹上约 0.2 mm 厚的石墨基体粉;在硅橡胶模内将均匀混合的基体石墨粉和裹上基体石墨粉的包覆燃料颗粒低压压制成燃料芯球,再在硅橡胶模内高压(300 MPa)压制出带无燃料区的完整燃料球;800 ℃进行燃料球内树脂的碳化;在专用车床上机加工成直径 60 mm 的燃料元件;最后进行 1 800 ~ 1 950 ℃温度下的高温纯化。

压制型燃料元件导热性能好,具有足够的机械强度和优越的辐照性能,因此从 1969 年 AVR 堆的第二次补充装料起就成为唯一继续装入 AVR 堆芯的元件,THTR - 300 原型堆也使用这种元件,并且德国后来设计的商用堆和模块式高温气冷堆也都使用这种元件,其结构和尺寸均没有变化。NUKEM/HOBEG 公司为 AVR 堆生产了 20 多万个,为 THTR - 300 堆生产了 80 多万个这种燃料元件。我国的 10 MW 高温气冷堆以及南非计划建造的 PBMR 堆也都使用这类球形元件。

(2)柱状燃料元件

这种元件可以是圆棒或管型,也可以是内装细棒状密实体的六角棱柱块,具有冷却剂的流道和供装卸料用的抓取机构,反应堆装卸料时需要停堆。早期的两座柱状实验堆——龙堆和桃花谷堆使用棒型元件,而圣·符伦堡原型堆使用的是六角棱柱形元件。此后美国在商业大堆设计中以及模块式柱状堆设计中都使用六角棱柱形元件,日本的 HTTR 也使用六角棱柱形元件。

①棒形柱状元件

在龙堆中使用的是六角形截面的棒形石墨元件,元件中心孔内插入燃料棒,燃料棒用外径 72 mm、壁厚 7.3 mm 和长 2 540 mm 的低渗透性石墨管作为套管。套管中装有 30 个外径 44 mm、内径 23 mm 和高 53 mm 的环形密实体。密实体由包覆燃料颗粒、石墨粉和热固性树脂经加压制成,每 7 根组成一束,如图 5 - 21 所示。整个堆芯中装有 259 根元件。

桃花谷堆燃料元件为外径 89 mm、长 3 660 mm 的低渗透性石墨套管,套管内装有外径 56.5 mm、内径 29 mm 和高 76.2 mm 的表面开有沟槽的密实体。密实体由包覆燃料颗粒、石墨粉和沥青黏结剂经热压制成。套管两端装有石墨反射层,底部还有 305 mm 长装有含银的活性碳颗粒,用以捕集裂变产物。整个堆芯由 804 根燃料棒组成,按三角形密排在一个钢制的栅格板上。图 5 - 22 是桃花谷 1 号反应堆燃料元件外观图。

②六角棱柱形元件

圣·符伦堡堆使用的是六角棱柱形元件。它是对边宽 356 mm、高 790 mm 机加工的六角形石墨棱柱,具有冷却剂钻孔和燃料密实体钻孔。燃料密实体的加工方法是:首先将石墨粉和熔融的沥青黏结剂的混合物注入金属模内的松装包覆燃料颗粒中,接着加热使黏结剂碳化,形成燃料密实体。后来美国大型商用高温堆的设计和模块式高温气冷堆的设计都采用了这种六角棱柱形燃料元件,不再使用棒形燃料元件。

六角棱柱形燃料元件又分为热块型(也称为多孔型)和冷块型。在美国高温气冷堆中使用的六角棱柱形元件属于热块型,如图 5 - 23 所示。燃料密实体和冷却气体在六角石墨棱柱的不同孔道中,由燃料密实体裂变产生的热量需通过石墨棱柱以导热的方式传递到相邻的冷却剂通道内,由冷却气体带走。日本 HTTR 堆的燃料元件为棒插入压块型,如图 5－24 所示。冷却气体通过六角棱柱燃料棒孔道内壁和燃料棒外壁的间隙流过,燃料棒产生的热量直接被冷却气体带走,不需借助石墨棱柱的导热作用,属于冷块型。

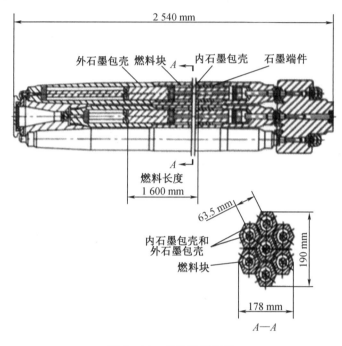

图 5－21　龙堆燃料元件

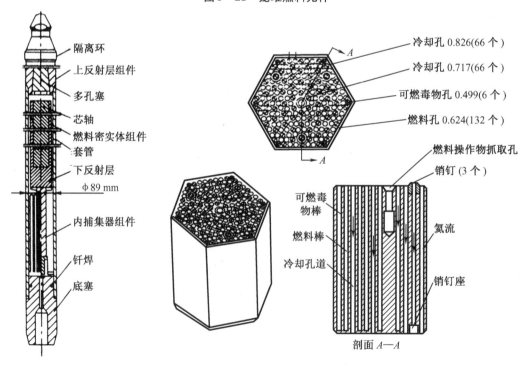

图 5－22　桃花谷 1 号反
应堆燃料元件外观

图 5－23　圣·符伦堡堆(美国)六角棱柱形元件

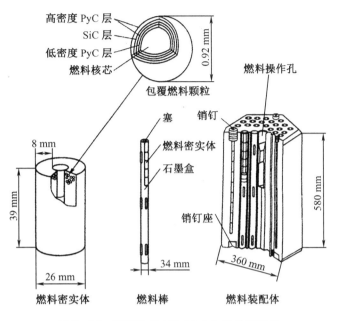

图 5-24 HTTR 堆(日本)六角棱柱形元件

3. 包覆燃料颗粒的结构

由上述介绍可知,石墨基弥散燃料是由很多个直径约 1 mm 的包覆燃料颗粒均匀地弥散在石墨基体中而构成的球形或棒形的燃料密实体,如图 5-20 所示,构成上述弥散型燃料的最小单元是包覆燃料颗粒。包覆燃料颗粒由可裂变核素的氧化物或碳化物微球核芯(kernel)以及沉积在其表面的几层难熔陶瓷材料构成。这几层材料的主要作用是约束裂变材料、阻挡裂变产物的释放。因此包覆燃料颗粒的作用相当于水堆中的燃料棒,燃料核芯相当于水堆的芯块,几层包覆层相当于锆合金包壳,所以包覆燃料颗粒实际上是微球燃料元件。

包覆燃料颗粒的燃料核芯一般是用湿化学方法(如溶胶-凝胶法)制成的直径为零点几毫米的微球,其组分可以是铀的氧化物和碳化物,也可以是混合铀和钍的氧化物或碳化物,或是混合铀和钚的氧化物。几层包覆层是在高温下通过化学气相沉积法制得的,包覆层厚度一般为几十微米。

包覆燃料颗粒主要包括单层颗粒、BISO 型颗粒和 TRISO 型颗粒三种类型,如图 5-25 所示。

(1)单层

这是一种只含有单层热解碳(PyC)的颗粒,是在高温气冷堆发展的初期所研究和开发的,仅在桃花谷等堆的初装料中使用过。该热解碳层各向异性度很高,在堆内使用很快受裂变反冲而破坏,因此这种类型的颗粒很快就被淘汰。

(2)BISO 颗粒

这种颗粒含有两种类型的包覆层材料,即低密度热解碳层和高密度各向同性热解碳层。低密度 PyC 层为裂变气体提供一定的空间,从而减小颗粒内压,保护致密 PyC 层免受裂变反冲损伤,因此这类颗粒具有良好的辐照性能,能滞留气态裂变产物,但难以阻挡固体裂变产物(如铯、锶、钡)的释放。

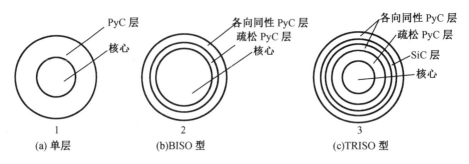

图5-25　包覆燃料颗粒的三种形式

（3）TRISO 颗粒

这种颗粒含有三种类型的包覆层材料,即低密度热解碳层、致密各向同性热解碳层和碳化硅层。SiC 层阻挡固体裂变产物(铯、锶、钡)的能力较强,并能进一步提高燃料元件的工作温度。TRISO 包覆燃料颗粒有四层包覆层,各包覆层都有自己特殊的功能,对反应堆的安全都有直接的影响,在设计和制造时应特别重视,确保它们的质量。第一层是疏松热解碳层,密度小于 $1.1\ g/cm^3$,其主要作用是为 CO、CO_2 和气体裂变产物提供储存空间,吸收燃料核芯因辐照而引起的肿胀,缓冲由温度及辐照引起的应力,以及防止裂变反冲核对内致密热解碳层的损伤。第二层是内致密各向同性热解碳层,其作用是防止 SiC 层沉积时产生的氯化氢与燃料核芯反应,防止或延缓贵金属裂变产物对 SiC 层的腐蚀,并承受部分内压,作为 SiC 的沉积基面。第三层是 SiC 层,是承受内压及阻挡气体和固体裂变产物的关键层。第四层是外致密各向同性热解碳层,主要作用是保护 SiC 层免受机械损伤,以及在 SiC 层破损时阻止气态裂变产物的释放。

TRISO 包覆燃料颗粒各包覆层是用化学气相沉积方法在流化床中沉积的,即反应气体由载带气体载带进入流化床,并在高温下进行分解,其固体产物就沉积在燃料核芯的表面形成包覆层。不同的反应气体和工艺参数可得到不同性质的包覆层。低密度热解碳层一般用乙炔作为反应气体,在 1 200 ~ 1 400 ℃下分解沉积。要求包覆层的密度小于 $1.1\ g/cm^3$,厚度均匀,一般在 90 μm 左右。内外高密度各向同性热解碳层一般有两种制造方法:一种是用甲烷作为反应气体,在 1 800 ~ 2 000 ℃之间热解沉积,制得的各向同性热解碳层称为 HTI;另一种是用丙烯作为反应气体,在 1 250 ~ 1 400 ℃之间进行热解沉积,该 PyC 层称为 LTI。要求高密度各向同性 PyC 的密度为 $1.9\ g/cm^3$ 左右,培根各向异性因子 BAF 小于 1.10,厚度一般为 40 μm 左右。碳化硅层用甲基三氯硅烷(CH_3SiCl_3,简称 MTS)作为反应气体,以氢气为载带气体,在 1 550 ~ 1 700 ℃之间制得。制得的 SiC 层密度高于 99% 的理论密度($\geqslant 3.18\ g/cm^3$),强度高,对裂变产物的阻挡能力强。碳化硅的密度和结构与沉积温度和 MTS 在氢气中的浓度密切相关,较好的沉积温度应控制在 1 600 ~ 1 700 ℃。过低的沉积温度会得到低密度的含有游离 Si 的层状 α-SiC 层;沉积温度过高,密度也会降低,结构为粗大柱状晶。一般 SiC 层的厚度控制在 35 μm 左右。

第6章 反应堆结构材料

6.1 概　述

由于反应堆的类型不同，它们所用的冷却剂和慢化剂种类不一样，堆内的工作条件不同，因此所用的结构材料也有差别。一般来讲，要求反应堆的结构材料机械强度高、辐照稳定性能好、热导率高、热膨胀系数小。

反应堆的结构材料除有常规材料应具有的力学性能、耐腐蚀性和热导性外，还应具备抗辐照的特点，即要求辐照损伤引起的性能变化小。辐照损伤是指材料受载能粒子轰击后产生的点缺陷和缺陷团及其演化的离位峰、层错、贫原子区和微空洞以及析出的新相等。这些缺陷引起材料性能的宏观变化，称为辐照效应。辐照效应危及反应堆安全，应该受到反应堆设计人员的关注，这也是反应堆结构材料研究的重要内容。辐照效应包含了冶金与辐照的双重影响，即在原有的成分、组织和工艺对材料性能影响的基础上又增加了辐照产生的缺陷影响。

反应堆内射线的种类很多，但对金属材料而言，主要影响来自快中子，而受 α、β 和 γ 射线的影响较小。结构材料在反应堆内受中子辐照后产生的主要效应有电离效应、嬗变效应、离位效应和离位峰。

6.2　燃料包壳材料

燃料元件包壳是距核燃料最近的结构材料，它要包容燃料芯体和裂变产物，在反应堆内的工作环境最恶劣，承受着高温、高压和强烈的中子辐照，包壳内壁受到裂变气体压力、腐蚀和燃料肿胀等危害。包壳的外表面受到冷却剂的压力、冲刷、振动和腐蚀，以及氢脆等威胁。为了使传热热阻不增大，一般燃料元件的包壳壁都很薄，一旦包壳破损，整个回路将被裂变产物所污染。另外，包壳与其他结构材料不同，由于它在核燃料周围，因此要求它的吸收中子截面一定要低。在现有的金属材料中铝、镁、锆的热中子吸收截面小、导热性好、感生放射性小、容易加工，因此被成功地用于燃料包壳的材料。不锈钢的中子吸收截面较高，尽管它的其他性能较好，但一般不用作水冷堆的燃料元件包壳材料。

6.2.1　包壳材料的工作环境和对材料的要求

燃料包壳工作在高温、高压环境中，压水堆平均温度是 370 ℃ 左右，15.5 MPa；快中子堆是700 ℃ 左右，暴露于快中子辐照场下；一边是燃料芯块（约 800 ℃），一边是冷却剂（压水堆约320 ℃，快堆约550 ℃），承受大的温度梯度（1 000 ~ 2 000 ℃/cm）；在寿期内承受不断增加的应力。应力一方面来自外部冷却剂的压力及功率改变产生的热应力；另一方面来自内部，燃料肿胀、裂变气体释放等不断增加的内部压力，还有芯块与包壳相互作用产生的机械应力及芯块与芯块相互作用对包壳壁的作用力等。因此包壳的设计非常苛刻,如考虑强度要求、腐蚀减薄、形状保持等,有足够多的因素希望包壳壁厚;如考虑热中子吸收、热应力负荷、传热等,也有足够多的因素希望壁薄。包壳壁的厚度必须综合两方面因素,因此精确到微米级,对包壳材料的要求也是非常高的。因此能满足做包壳要求的材料不多,一般来讲包壳材料应具备的条件如下:

(1)具有小的中子吸收截面;

(2)具有良好的抗辐照损伤能力,并且在快中子辐照下不产生强的长寿命核素;

(3)具有良好的抗腐蚀性能,与燃料及冷却剂相容性好;

(4)具有好的强度、塑性及蠕变性能;

(5)好的导热性能及低的线膨胀系数;

(6)易于加工,焊接性能好;

(7)材料容易获得,成本低。

6.2.2 包壳材料的选择

包壳材料的选择与反应堆的类型关系较大,不同的堆型要选择不同的包壳材料。在热堆中,考虑中子的经济性,包壳材料必须采用热中子吸收截面小的材料。目前只有四种元素可考虑作热中子堆的包壳材料,它们具有小的中子吸收截面和较高的熔点。它们是铝$(2.3 \times 10^{-29}\ m^2)$、铍$(1.0 \times 10^{-30}\ m^2)$、镁$(6.3 \times 10^{-30}\ m^2)$、锆$(1.8 \times 10^{-29}\ m^2)$,其中铝、镁、锆已经或曾用于制作燃料元件包壳。在快中子反应堆内中子的能量较高,材料的高能中子吸收截面比热中子吸收截面低,中子吸收不是重点考虑的问题,因此在快堆中通常用不锈钢作包壳。由于铍的加工性能差,且辐照脆性显著,不适宜用作包壳材料。下面我们分别讨论现有包壳材料的特点。

1. 铝及其合金

目前铝及其合金的生产和工艺技术都比较成熟,它的中子吸收截面小,导热性好,容易加工。但铝及铝合金的熔点低、耐热性能差,在高温水中存在晶间腐蚀,因此它只能用于250 ℃以下的反应堆中,这种反应堆主要是试验用堆和生产用堆,而在动力堆中很少应用。铝及其合金会在水中产生腐蚀,随着温度的升高,出现的腐蚀现象分别是点蚀、均匀腐蚀、晶间腐蚀及氢泡腐蚀等。点蚀会在100 ℃的水中产生,同时也会发生均匀腐蚀,高于150 ℃会发生晶间腐蚀,温度超过250 ℃以上更严重。与其他材料一样,铝及其合金受辐照后,产生点缺陷及其衍生物,导致金属晶格畸变,从而引起强度升高,随之塑性和韧性下降,脆性增加。与其他材料不同的是热中子辐照对铝及其合金的影响比快中子大。

铝有成熟的工业基础,生产、加工有成熟的工艺,有一定的强度,有好的导热性能和在373 K以下较好的抗腐蚀性能,因此铝及铝合金是较早被用来作包壳材料的,并且至今还是研究堆、试验堆重要的包壳材料。铝的熔点较低,因此铝合金一般在373 K以下的,功率较低的,研究及试验的水冷反应堆中作燃料元件的包壳材料。

当前,常用的铝合金牌号是6061,含有质量分数为1.2%的Mg、0.8%的Si、0.4%的Cu、0.35%的Cr。6061铝合金具有好的抗腐蚀性和机械强度,可以热处理强化,一般采用退火态(O态)的铝合金制作燃料元件包壳,采用固溶、时效处理(T6态)的铝合金制作堆容器和工艺管。

2. 镁及其合金

镁的中子吸收截面比铝低,对中子的经济性来说是很理想的材料,但镁在 70 ℃时就会与水发生强烈反应,在高温下会与二氧化碳起反应而被氧化,因此即使在气冷堆上使用也要严格控制二氧化碳冷却剂中的含水量。在冶金及生产上的问题则主要集中在防火、抗氧化和增加蠕变强度上,因此使用受到限制。

镁合金中的 Magnox A1 – 80 有好的抗蚀性和好的机械性能(主要是延展性)及可焊性,曾成功地用于以石墨为慢化剂,二氧化碳为冷却剂,金属铀为燃料的动力堆中,制作燃料元件的包壳。这种镁合金中含质量分数为 0.8% 的 Al、0.02% ~ 0.05% 的 Be。由于镁合金的机械强度低,燃料元件的强度主要由金属铀承担,而镁合金良好的延展性使燃料元件在尺寸变化时不至于断裂。在英国早期的反应堆中,这样的燃料元件铀的燃耗可达到 5 000 MW·d/t。

3. 锆及其合金

锆的热中子吸收截面低,熔点高,有很好的抗腐蚀性能。但锆与铪共生,铪的热中子吸收截面大,因此在实现锆 – 铪分离前,锆是不能用作包壳材料的。目前大多数的热中子反应堆都用锆合金作包壳材料,沸水堆一般用锆 – 2 合金,压水堆和重水堆用锆 – 4 合金,堆内的构件如格架、压力管等也用锆合金来做。关于锆及其合金的性能和锆合金的发展,在下面还要详细介绍。

4. 奥氏体不锈钢

在快堆和超临界水堆中,采用奥氏体不锈钢作包壳材料,原因是在快中子增殖堆中,中子经济性不十分严峻,而材料的高温性能和抗辐照性能成了主要的制约因素。奥氏体不锈钢以其优异的高温性能和价格优势在快中子增殖堆中用作包壳材料。

在超临界水堆中,水温较高,超过 400 ℃以上,在高温下锆与水会发生强烈反应,因此不适合采用锆作包壳材料,铝和镁等材料更不适合。另外超临界水堆内温度较高、中子能谱较硬,不锈钢的快中子俘获截面相对较低,因此超临界水堆往往采用不锈钢作包壳材料。

5. 其他

在快堆、核聚变堆应用中,为了满足抗肿胀的要求,发展了铁素体 – 马氏体钢,如 HT9、T91 等;为了抗肿胀、低活性,发展了 EUROFER97,H82,JLF – 1 等,为了抗肿胀,同时又有高强度,发展了各种氧化物弥散分布的铁素体钢(ODS 材料);还有镍基,如尼莫尼克(Nimonic)PE – 16(含 36% 的 Fe,17% 的 Cr,3% 的 Mo,1% 的 Ti)、钒基合金等都曾考虑过或正研究利用其一些优异性能来制作某种堆的燃料包壳。为了适应反应堆技术的发展,近年来世界各国都在研制新型的燃料包壳材料,以满足高温和强辐照的要求,例如高温气冷堆的燃料包壳材料就是高密度热解碳。

6.2.3　金属锆的性能

目前商用压水堆、沸水堆和重水堆中都采用锆合金作包壳材料,在这些反应堆中锆合金包壳的优点得到了很好的体现。锆的中子吸收截面比较低,纯锆是一种银白色、有光泽的延性金属,473 K 时理论密度为 6.55 g/cm³,熔点为 2 125 K,在高温下强度高,延性好,中子吸收截面小,在高温水中抗腐蚀性能好,有较高的导热性和较好的加工性能,与二氧化铀芯块有好的相容性。

自然界中锆与铪共生,其含量约为 50:1,铪的中子吸收截面约为 4.0×10^{-26} m²,因此锆必须与铪分离后才能用作反应堆包壳材料。

周期表中锆属于第5周期，其位置在ⅣB族的钛和铪之间，原子序数为40，平均相对原子质量为91.22。纯锆在室温下具有密排六方的晶体结构，称为 α – Zr，晶格常数为 $a_0 = 0.323$ nm，$c_0 = 0.515$ nm。α – Zr 在 865 ℃时发生同素异晶转变，转变为体心立方的 β – Zr，相变时有较大的体积收缩。纯锆的熔点是 1 850 ℃左右。

锆与许多稀有难熔金属一样，属于活性金属，常温下金属锆表面生成一层保护性氧化膜，因而在空气中很稳定，与空气中的氧、氮几乎不发生反应，致密锆能长期保持其金属光泽。锆在加热时极易氧化，与氧、氮形成化合物，并在表面生成氧化物保护层。

锆与氧的亲和力很大，氧在锆中的溶解度最高可达 60%（摩尔分数）。锆与氧在 400 ℃时就迅速发生反应，金属锆可溶解 29%（摩尔分数）的氧从而形成固溶体。锆与氮的反应速度比与氧的反应速度低，在 400 ℃时锆开始与氮反应，在 600 ℃以上发生强烈反应。当锆中氮超过 20%（摩尔分数）时，生成稳定的 ZrN 化合物。金属锆极易吸氢，温度高于 300℃时，锆便与氢气迅速发生反应。锆与 CO_2、CO 以及水蒸气在高温下发生反应，在 800 ℃与 CO_2、CO 反应生成 ZrO_2 和 ZrC，在 300 ℃锆与水蒸气起反应，当氧和氢分别超过其溶解度就在表面生成 ZrO_2，以及在基体中形成 ZrH_x。此外，致密锆在温度为 200 ~ 400 ℃时易与氟、氯、溴、碘等元素发生反应，分别生成 ZrF_4、$ZrCl_4$、$ZrBr_4$ 和 ZrI_4，在一定条件下也可生成低价化合物。

锆的热中子吸收截面很小，为 1.85×10^{-29} m^2，仅次于铍和镁，约为铁的 1/30，比镍、铜、钛等金属小得多（见表 6 – 1），散射截面为 8.0×10^{-28} m^2，这是选用锆合金作为反应堆材料的主要原因。锆的稳定同位素、天然丰度、相对原子质量和热中子吸收截面数据见表 6 – 2。

表 6 – 1　锆与某些金属的热中子吸收截面　　　　　　　　单位：$\times 10^{-28}$ m^2

Zr	Fe	Ni	Cu	Al	Mg
0.18	2.43	4.5	3.59	0.21	0.059

表 6 – 2　锆的同位素丰度及热中子吸收截面

同位素	丰度	相对原子质量	热中子吸收截面/ $\times 10^{-28}$ m^2
^{90}Zr	51.46%	89.904 3	0.1
^{91}Zr	11.23%	90.906 3	1.0
^{92}Zr	17.11%	91.904 6	0.2
^{94}Zr	17.40%	93.906 1	0.1
^{96}Zr	2.80%	95.908 2	0.1
平均值		91.22	0.18

将锆置于反应堆辐照后，也只有较低的放射性。^{90}Zr 和 ^{91}Zr 在俘获中子后会形成相应稳定的同位素 ^{91}Zr 和 ^{92}Zr，即

$$^{90}\text{Zr} + n \longrightarrow {}^{91}_{40}\text{Zr} + \gamma$$

^{92}Zr、^{94}Zr 与 ^{96}Zr 在俘获中子后形成不稳定的 ^{93}Zr、^{95}Zr 与 ^{97}Zr 时，其半衰期分别为 1.5×10^6 a、65 d 和 17 h。^{95}Zr、^{97}Zr 衰变时产生 γ 射线。当自然界锆中 ^{92}Zr 捕获中子成为 ^{93}Zr 时，具有放射性的 ^{93}Zr 产生 β 衰变。还可从铀的裂变产物中分离出放射性同位素 ^{98}Zr（$t_{1/2} = 65$ d，β 放射性），可用于锆的示踪研究。

6.2.4　锆合金

在反应堆中燃料包壳都采用锆合金,锆合金化的目的是为了抵消锆中杂质,尤其是氮的有害影响。添加合金元素要考虑提高其强度和耐蚀性,同时要考虑其中子吸收截面。因此与锆同族的锡及第Ⅴ族的铌成为锆的主要合金元素。常用的锆合金有锆‒锡系列及锆‒铌系列,它们的成分如表6‒3所示。

表6‒3　各种锆合金的标准成分及其质量分数

合金名称	Sn	Fe	Ni	Cr	Fe + Ni + Cr	Nb
Zr‒1	2.5%	—	—	—	—	
Zr‒2	1.2% ~1.7%	0.07% ~0.20%	0.03% ~0.08%	0.05% ~0.15%	0.18% ~0.38%	—
Zr‒4	1.2% ~1.7%	0.18% ~0.24%	<0.007	0.07% ~0.13%	0.28% ~0.37%	—
Zr‒1Nb	—	—	—	—		1.1%
Zr‒2.5Nb	—	—	—	—		2.40% ~2.80%

1. 锆‒锡系列合金

锆‒锡合金主要包括以下几种。

(1)Zr‒1 合金

纯锆的抗腐蚀性能受氮的影响很大,研究发现,当加入2.5%的锡时可以抵消700 μg/g氮的有害影响,并能使生成的氧化膜牢固地附着在锆基体上,于是产生了以加入质量分数2.5%锡为合金成分的工业合金"Zr‒1"。

(2)Zr‒2 合金

进一步的研究发现,在锆中加入约0.1%的铁和少量的铬及镍是极为有利的。很可能铁、铬和镍最初是从熔炼 Zr‒1 的冶金设备的材料中脱落进去的,由于它们表现出好的作用,因而确定为 Zr‒2 的成分。与 Zr‒1 合金相比,锡的含量适当降低,因为含锡量增高会降低合金的耐蚀性。

Zr‒2 合金添加元素的质量分数为 $w(\text{Sn}) = 1.5\%$, $w(\text{Fe}) = 0.12\%$, $w(\text{Cr}) = 0.10\%$, $w(\text{Ni}) = 0.05\%$。经过近30 a 在沸水堆和压水堆上作燃料包壳及堆芯结构部件材料的应用,证明 Zr‒2 合金在高温水和蒸汽中具有良好的耐蚀性能和强度,运行是可靠的。它的热中子吸收截面为 $1.8 \times 10^{-29} \sim 2.3 \times 10^{-29} \text{ m}^2$,硬度为纯锆的两倍。

(3)Zr‒3 合金

过多的锡含量会影响加工成形性,同时为了改善材料吸氢所造成的缺陷,研究人员进行了大量的研究。研究证明,在350 ℃水中和400 ℃蒸汽中的吸氢与镍的含量有很大的关系,因此降低了锡和镍的含量,把镍含量由原来的0.05%降低到0.007%,从而研制了 Zr‒3合金。

(4)Zr‒4 合金

由于减少了镍含量,合金的抗腐蚀性能有所下降,研究表明,铁、铬、镍的总量保持在0.3%左右可以得到合适的第二相,获得较好的抗腐蚀性能,因而把铁含量由原来的0.12%增加到0.18% ~0.24%,这就形成了 Zr‒4 合金。Zr‒4 合金在350 ℃高温水和400 ℃蒸汽中有更好的耐腐蚀性能,而吸氢量仅为 Zr－2 合金的 1/2～1/3,其余性能与 Zr－2 相似。它已广泛用于压水堆和重水堆中作燃料包壳材料和堆芯结构材料。

（5）低锡 Zr－4 合金

为了加深燃耗,减少燃料包壳的水侧腐蚀,研制了低锡 Zr－4 合金。将含锡量控制到下限水平,铬和铁的总量控制到略高于上限水平,并把硅作合金元素考虑,控制沉淀相尺寸到 0.075～0.12 μm,得到低锡 Zr－4 合金。用低锡 Zr－4 合金制造的燃料元件可以提高燃耗 1/4～1/3。

2. 锆－铌系列合金

铌的中子吸收截面不大(1.1×10^{-28} m^2),加入一定量的铌可消除一些杂质,如碳、铝和钛的有害作用,并可以有效地减少锆合金的吸氢量。铌在 β 相中的固溶度很大,由于铌和锆有相同的晶体点阵,原子半径也很接近,可以形成一系列固溶体,并通过 β/α 的相变和时效硬化处理提高锆合金的强度。相变过程按贝氏体－马氏体机理和弥散硬化机理进行。

（1）锆－1 铌合金

含有质量分数为 1.1% 铌的合金制作压水堆燃料元件包壳其耐蚀性仅次于 Zr－2 合金,强度稍低于锆－锡合金,而吸氢是锆－锡合金的 1/5～1/10,该合金有足够的强度和延性。

（2）锆－2.5 铌合金

含有质量分数为 2.5% 铌的合金在高温水中的耐蚀性虽不如锆－锡合金,但吸氢率低,径向蠕变速率很小,同时可以热处理强化。Zr－2.5Nb 合金在重水堆上主要用于制作压力管,在动力堆中用于元件盒壳体的板材及堆芯部件的结构材料。

3. 新锆合金

20 世纪 90 年代以来,为了提高压水堆燃料元件的性能,增加燃耗,各国都开发研制了新型的锆合金。新锆合金打破了锆－锡、锆－铌合金的界限,采用新的思维,互相融合,在原有锆合金的基础上取得了突破。

我国也进行了新锆合金的研究,开发了 N18、N36、NZ2、NZ8 等合金;法国开发了 M4、M5 合金;美国开发了 ZIRLO 合金;俄罗斯开发了 E635 合金;日本开发了 NDA 合金,韩国开发了 HANA 合金。这些合金的开发使燃料元件的燃耗得以提高。它们大部分含有一定量的锡和铌,并配以铁、铬和氧等。

与 Zr－4 合金相比,ZIRLO 合金在高温水和含 70 $\mu g/g$ 锂的水中的耐腐蚀性比 Zr－4 好,水侧腐蚀减少 60%,辐照生长减少 50%,辐照蠕变降低 20%。

M5 合金与 Zr－4 合金相比,在高燃耗下的氧化膜厚度为 Zr－4 合金的 1/3,吸氢量为 Zr－4 合金的 1/4,辐照生长比 Zr－4 合金减少一半。

目前,我国 NZ2 和 NZ8 合金的研究已进入工程化研究阶段,它们的力学性能优于 Zr－4 合金,在含锂离子的高温水中的耐腐蚀性得到明显改善,在 500 ℃ 过热蒸汽中长期工作没有出现疖状腐蚀现象。

M5 合金已用于大亚湾核电厂 AFA3G 燃料组件的燃料元件包壳管,铀的燃耗可达到 55 GW·d/t;ZIRLO 合金为美国西屋公司所研发,在 AP1000 核反应堆中作燃料元件的包壳材料。

6.2.5　Zr-4合金

Zr-4合金在所有的锆合金中综合性能较好,因此目前世界各国的压水堆和重水堆大都采用Zr-4合金为燃料元件包壳用材,下面对Zr-4合金的性能作详细介绍。

1.Zr-4合金堆外性能

Zr-4合金是锆-锡系的合金,它的性能在锆合金中是比较好的,强度比纯锆大,抗氧化、耐腐蚀性能都比较好,特别是吸氢比Zr-2合金少,仅为Zr-2合金的$\frac{1}{3} \sim \frac{1}{2}$。

Zr-4合金的性能归结如下:

①具有小的中子吸收截面;

②具有良好的抗辐照损伤能力,并且在快中子辐照下不产生强的长寿命核素;

③具有良好的抗腐蚀性能,不与二氧化铀燃料反应,与高温水相容性好;

④具有好的强度、塑性及蠕变性能;

⑤熔点高(1 852 ℃),熔点以下存在两种同素异构体,相变温度在862 ℃,α相(室温到862 ℃)是HCP结构,862 ℃以上为β相,是BCC结构;

⑥好的导热性能及低的线膨胀系数;

⑦工艺性能好,易于加工和焊接;

⑧价格相对较贵;

⑨存在织构,不能用热处理的方法改变;

⑩有吸氢和氢脆问题,氢化物的析出方向和织构与应力有关,并会影响Zr-4合金包壳管的堆内性能。

氢在Zr-2、Zr-4合金与非合金锆中的极限固溶度差别很小。燃料元件包壳管中存在温度梯度,造成氢化物在温度较低的表面层上的不均匀分布。

Zr-4合金的延性随氢含量的增加急剧下降,当氢含量在0~1 000 μg/g变化时,断裂时的延伸率从33%降至3%,断面收缩率从50%降到2%。锆合金包壳管的氢含量要求低于250 μg/g(也有改为600 μg/g的说法,可能要根据各国自己的标准来定)。

Zr-2和Zr-4合金在堆外不同温度试验中腐蚀转折后的吸氢速率如表6-4所示。

表6-4　Zr-2和Zr-4合金在堆外试验中腐蚀转折后的吸氢速率

温度/℃		290	310	360	400
吸氢速率/ [mg/(dm²·d)]	Zr-2	0.001	0.004	0.015	0.030
	Zr-4	0.000 4	0.001 5	0.007	0.003

尽管Zr-4合金的吸氢速率很低,但Zr-4合金的疖状腐蚀比Zr-2合金严重,因此沸水堆依然使用Zr-2合金作包壳材料。

2.锆合金包壳管的堆内行为

(1)表面腐蚀

包壳管工作在高温水介质中会发生腐蚀,根据美国国家标准"固定式压水堆燃料元件设计准则"规定,寿期末包壳最大腐蚀深度应低于壁厚的10%。堆内锆包壳的腐蚀包括均匀腐蚀和非均匀腐蚀。

①均匀腐蚀

锆合金在高温水中经过两种性质不同的腐蚀阶段，其间有转折点，转折前腐蚀速率低，腐蚀增重与时间的关系近似为立方规律，形成薄的黑色黏着膜，有光泽且平滑，它具有很高的耐腐蚀性能。这种保护膜成分未达到化学剂量值，它的分子式为 ZrO_{2-x}，这里 x 小于等于 0.05。当膜厚达到 2～3 μm 出现转折时，膜变成灰色，然后当膜厚增至 50～60 μm 时变成白色。这种白色的膜具有化学剂量的分子式，它是疏松和易剥落的。

一些杂质，尤其是氮的存在会加速转折，锆材中氮的临界质量分数是 0.004%。中子辐照对锆合金腐蚀有加速作用。出现白色膜是锆制件因腐蚀事故而报废的标志。当铀燃耗接近 40 000～50 000 MW·d/t 时，氧化膜厚度达 50～60 μm，已接近包壳壁厚的 10%，因此高燃耗下锆包壳管的腐蚀行为是元件寿命的制约因素之一。

②非均匀腐蚀

非均匀腐蚀主要有疖状腐蚀（nodular corrosion），它是沸水堆中常见的腐蚀现象，在压水堆中也有出现，外观形貌呈白色氧化膜圆斑，直径约 0.5 mm，局部深度达 10～100 μm，随着燃耗加深，腐蚀斑扩展成片，它发生在富氧水质条件下。

另一常见的非均匀腐蚀为缝隙腐蚀，它发生在定位格架和包壳管接触部位，由于缝隙处水流阻力大，几乎不流动，在热流作用下水质发生变化，冷却水中碱性离子浓集，引起严重碱蚀，有一定腐蚀深度，并且随燃耗加深腐蚀深度增加。严重的非均匀腐蚀行为也会影响燃料元件寿命。

（2）吸氢与氢脆

锆合金包壳管的氢来自加工时的自然吸氢、芯块残留水及残留的氢，而最主要的是腐蚀吸氢。按压水堆元件设计安全准则，寿期末包壳中氢含量应小于 250 μg/g（也有改为 600 μg/g 的说法，可能要根据各国自己的标准来定）。

锆合金与高温水氧化反应生成氢，部分被合金基体吸收，在高温时固溶在基体中。氢在锆-2 和锆-4 合金中的固溶度用下式表示，即

$$N_0 = 9.9 \times 10^4 \exp\left(-\frac{8\ 250}{RT}\right) \qquad (6-1)$$

式中　N_0——固溶度，μg/g；

　　　R——气体常数；

　　　T——温度，K。

氢在锆中的固溶度随温度而变化，室温下固溶度很小，当合金中固溶度超过极限固溶度时，氢将以氢化物（$ZrH_{1.5\sim1.7}$）的形式小片析出，因其体积比锆基体增大 14%（有的测定为 17%），氢化物 260 ℃（有的认为 150 ℃）以下为脆性相，氢化物的析出破坏了 α 晶粒的完整性，成为材料中的裂纹源，使锆合金的延性降低，造成氢脆。

对燃料元件包壳来说，氢化物的排列方式对包壳管的力学性能影响很大，包壳管工作时以承受周向应力为主，氢化物析出后，如呈周向排列取向，对强度影响还不大；如呈径向排列取向，就会使强度和延性大大降低。

织构是决定氢化物取向的主要因素，在没有内应力的情况下，氢化物取向主要取决于锆管的织构。为了得到周向氢化物取向，在加工时要求获得径向基极（c 轴）结构。如果锆管中存在残留内应力、热应力及工作应力等，氢化物取向还会自行转向，其再取向与拉应力

垂直,与压应力平行,称为应力取向效应,又称应力再取向。

反应堆中另一类氢脆破损是燃料包壳管的内氢化破损,它是 20 世纪 60 年代以来水堆运行中所遇到的危害最严重的问题之一。内氢化破损是指芯块中的水分,或包壳破损后进入其中的水侵蚀包壳内壁,造成贯穿管壁的裂缝,引起燃料元件破损。

按氢的来源,把燃料元件制造过程中混入含氢杂质而引起的内氢化称为一类氢化,把通过初始裂纹而使冷却剂流入燃料棒内而产生的局部氢化称为二类氢化。

从上述分析可知,锆包壳的内氢化破损具有局部性,它与腐蚀 – 吸氢造成的均匀吸氢不同,氧化膜缺陷是导致内氢化破损的必要条件,因此消除内氢化破损的措施如下:

①提高燃料芯块的密度(标准密度的 94% ~95%),减少开口孔率,降低芯块吸水量;

②芯块装管时应经高温真空除气和干燥处理,严格控制芯块吸水量;

③限制芯块中氟杂质含量,锆管内壁喷丸(砂)处理,使表面氟含量低于 0.5 $\mu g/cm^2$,以防氟等杂质释放,击穿氧化膜;

④用吸气剂吸收残留在燃料棒里的氢。

(3)锆合金辐照生长

所谓辐照生长就是在快中子辐照下,金属晶体在某个特定的方向上伸长,其他方向上收缩,体积不变的现象。辐照生长排除了在应力与温度影响下的生长量,定义为只与辐照快中子注量有关,而与应力、温度无关的那部分生长量。

锆合金在常温下为密排六方晶系,具有明显的各向异性。对于 α 锆单晶,当受到快中子辐照时,在 a 向伸长,在 c 向缩短。这种现象可以解释为,辐照引起的空穴易在六方晶系的柱面上聚集,而间隙原子易在基面上聚集,由此造成 C 轴缩短,与 C 轴垂直的各方向伸长,体积不变。

由于锆包壳管是多晶体,存在加工织构,晶粒有择优取向,合适的加工制度可以得到接近径向基极织构。可以预料,这种管材经中子辐照后轴向会伸长,壁厚和直径方向缩短,最后会造成燃料棒弯曲失效,因此辐照生长造成的畸变是反应堆燃耗极限的又一个因素。

实验表明,辐照生长量与冷加工量、杂质含量、辐照中子注量以及辐照的温度都有关。冷加工的材料生长量与辐照中子注量呈线性关系,温度越高,变形量越大。退火材料的变形速率比较低,但当中子注量达到 3.0×10^{25} m^{-2} 时发生转折,转折后的斜率与冷加工的相似。

(4)力学性能变化

燃料棒包壳管在堆内工作时承受一定的应力,在压水堆中包壳平均工作温度为370 ℃。包壳管材料在高温下应有高的强度极限和屈服极限,有高的周向塑性变形及较低的蠕变速率。按照元件设计安全准则要求,在整个寿期内燃料棒包壳不发生蠕变坍塌,包壳应力不低于锆合金的屈服强度,包壳的周向应变应不低于1%。

①拉伸性能

快中子辐照使锆合金发生强化和脆化,即抗拉强度和屈服强度提高而延伸率和断面收缩率下降。当快中子注量达到 5.0×10^{24} m^{-2} 后,强度和延性达到饱和,同时延伸率迅速下降,从20%降至2%。饱和值与热处理状态无关。在高的快中子注量下,抗拉强度和屈服强度逐步接近。影响拉伸性能的因素有冷加工度、织构、晶粒度和氢含量。

②辐照诱导蠕变

中子辐照使锆合金的蠕变加速。辐照蠕变的机制比较复杂,不能用一个机制来解释。

在辐照中子注量达到一定值时会发生蠕变坍塌，形成环脊。中子辐照对再结晶退火材料的蠕变性能影响不大，而对冷加工材料的影响较大。

（5）芯块与包壳相互作用 PCI（pellet-clad interaction）

锆合金包壳管在堆内受力，应力主要来源于芯块的变形。当燃耗达到一定值后，芯块与包壳贴紧，在反应堆功率循环和功率剧增时，芯块畸变使包壳受到很大的应力，包括包壳管轴向拉应力和径向局部（环脊处）应力。同时在高燃耗下，燃料元件内侵蚀性裂变产物浓度增加，超过临界值，会产生应力腐蚀。20 世纪 70 年代以来压水堆已发生过多起功率剧增引发的 PCI 破损事故，所以芯块与包壳相互作用是燃料棒安全使用寿命的限制因素之一。

①芯块与包壳机械相互作用 PCMI（pellet-clad mechanical interaction）

芯块与包壳机械相互作用是包壳承受应力的主要来源。由于 UO_2 芯块的热膨胀系数比锆合金包壳管的大（分别为 $1.08 \times 10^{-5}/℃$ 和 $6.2 \times 10^{-6}/℃$），而且芯块温度又高，又有裂纹和辐照肿胀，因此到一定的燃耗或热负荷值后，便相互贴紧，发生机械相互作用，引起包壳管长度和直径的变化。

（a）轴向变形（棘轮机制）

燃料元件在出厂时，芯块与包壳间留有间隙。运行初期，芯块与包壳各自按其热膨胀系数伸长，但是不久芯块由于热应力而开裂，使间隙变小，导热性能得到改善，燃料芯部温度下降。继续运行到一定的燃耗，芯块与包壳发生接触。这时，由于芯块热膨胀量大，使包壳承受拉应力，包壳对芯块的作用力又使芯块进一步开裂，当它们贴紧后芯块与包壳之间的摩擦力足够大时，包壳就会随芯块一起伸长，当功率下降时，芯块柱与包壳脱开，芯块因重力落下。下次功率提升时，芯块还能再次引起包壳伸长，而每次都有一定的塑性变形，这就是燃料元件轴向变形的棘轮机制。燃料元件的轴向变形导致燃料元件在堆内辐照后变长，会引起燃料元件的弯曲变形而失效。

（b）径向变形（形成环脊）

燃料芯块是有限长的圆柱体，在温度梯度下，芯块中心温度明显地比外围高，因此芯块发生热膨胀而变形，在自重的作用下，呈现沙漏状。

见图 6-1，当芯块与包壳贴紧后，燃料元件外观呈现竹节状（形成环脊）。环脊位置在两个芯块的界面上，该处是包壳承受应力最集中的地方，也是应变最集中的地方，往往在芯块裂纹的部位发生包壳开裂，造成燃料元件破损。环脊高度与芯块端面形状有关，平端面和倒角的芯块在高的发热率下可能产生的环脊高度较小；而碟形端面芯块可

 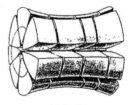

(a) 横切面　　　(b) 轴向裂纹

图 6-1　二氧化铀芯块径向开裂

能产生的环脊高度较大，这与芯块凸肩受压力向外翻转有关。碟形端面主要是为抵消芯块肿胀引起的轴向变形，采用碟形端面和倒角的芯块可使芯块变形减小，因此实际的芯块是带有碟形端面和倒角的。

②芯块与包壳化学相互作用 PCCI（pellet-clad chemical interaction）

燃料元件在堆内辐照的中、后期，特别是芯块与包壳接触后，产生很大的拉应力，芯块间和芯块开裂处应力比较集中，同时侵蚀性裂变产物，如碘、铯、镉等已有相当浓度，并沉积在芯块与包壳之间，就会造成燃料包壳的应力腐蚀开裂（SCC）。

侵蚀性裂变产物引发的应力腐蚀开裂都有阈值,如应力阈值、应变阈值、浓度阈值等,低于这些阈值可避免发生应力腐蚀开裂,因此有可能通过调整堆的换料及运行规则来避免这种破损,当然这样做会在经济上遭受一定的损失。

6.3 压力容器材料

反应堆压力容器是核动力的关键设备,多在高温、高压、流体冲刷和放射性等条件下工作。强烈的中子辐照使材料性能不断恶化,尤其大型核压力容器多采用低合金高强钢,这类铁素体型钢具有冷脆特征,辐照脆化比较明显。如果运行不合理或对压力容器的有关技术要求处理不当,都有发生脆性断裂的可能。高压容器一旦发生脆性断裂,后果是灾难性的。反应堆压力容器的上述隐患和它本身是一个不可更换的庞大部件,使压力容器的设计、选材、制造和检验的要求越来越高。例如 ASME 规范第Ⅲ卷要求对压力容器及其所在的一回路进行"分析设计",即根据"正常"、"异常"、"紧急"、"事故"不同工况的后果及危害程度确定其安全系数和许用应力。另外在 ASME 规范第Ⅺ卷中还要求,压力容器应采用优质材料、严格制造、完善的试验和检查技术,而且在服役期间还应进行定期检查。总之,标准对压力容器的可靠性和完善性的要求十分严格。

6.3.1 反应堆压力容器的结构与特点

1. 反应堆压力容器的结构

压水堆和沸水堆压力容器的结构基本相同,都是由反应堆容器和顶盖组成。前者由下法兰、筒体和半球下封头组焊而成;顶盖由半球上封头和上法兰焊接组成。上下法兰面之间用两道自紧式空心金属(In – 718 或 18 – 8 钢)"O"形环密封。为避免腐蚀,在压力容器内壁堆焊 6 mm 左右的不锈钢衬里(309L + 308L)。沸水堆的设计压力(8 MPa)比压水堆的压力(17.6 MPa)低并在活性区上端有汽水分离器,所以沸水堆容器壁(150 mm 厚)较压水堆(210 mm 厚)薄,但直径和高度比压水堆大。

2. 反应堆压力容器的作用

(1)装载着活性区及堆内所有构件,对堆芯具有辐射屏蔽作用;

(2)在顶盖上安装着控制棒管座及其驱动机构;

(3)密封一回路冷却剂并维持其压力,是冷却剂压力边界的重要部分;

(4)燃料元件破损后有防止裂变产物外逸的功能。

压力容器是保证反应堆安全和寿命的重要部件,故被定为规范Ⅰ级、安全Ⅰ级、质保Ⅰ级、抗震Ⅰ类的设备,即在正常、异常、紧急和事故工况下,都能保证其可靠性和完整性,杜绝发生容器破坏和冷却剂泄漏。

3. 反应堆压力容器的特点

(1)尺寸大(直径 3 ~ 5 m,厚度 200 ~ 300 mm,高 10 ~ 12 m);

(2)主体材料为低合金钢并采用不锈钢衬里(防止高温水腐蚀);

(3)受中子辐照(辐照会引起材料脆化);

(4)在整个反应堆寿期(40 a 或 60 a)内不可更换,绝对不允许破裂,对脆性破裂的可能性必须给予特别关注;

(5)反应堆启动后不能对压力容器进行充分的检查(由于材料活化,铁和钴活化后的半衰期分别为 44.5 d 和 5.27 a,停堆后即使卸出所有燃料,也很难接近反应堆进行检查和维修);

(6)存在不同金属间的焊接问题等。

6.3.2　反应堆压力容器的选材要求

现代商用电站压水堆压力容器的设计压力为 17.6 MPa,设计温度是 350 ℃。压力容器承受的载荷除温度和压力以外,还有因吸收 γ 射线引起的热应力;各种工况变动所引起的温度、压力变动,以及由此引起的热冲击;温度循环几百到几万次所引起的热疲劳等。因此压力容器的运行工况是严峻的,对材料的要求也是很高的。

对压力容器材料的要求如下:

(1)强度高、塑韧性好;

(2)抗辐照,耐腐蚀;

(3)偏析与夹杂物少、晶粒细、组织稳定;

(4)工艺性能好(冷热加工、焊接、热处理);

(5)成本低,使用经验丰富。

目前世界上压水堆压力容器都采用高强度的铁素体低合金碳钢制作,用得最多的是锰－钼－镍低合金碳钢。

锰－钼－镍低合金碳钢是在普通锅炉钢(碳素钢)的基础上加入少量的合金元素锰、钼、镍所组成的,低合金碳钢的组织为铁素体加入少量珠光体(如美国的 A508－Ⅲ 和 A533B 钢),一般称之为铁素体低合金碳钢。采有低合金碳钢来制作是从性能和价格两方面考虑的结果。低合金碳钢有与奥氏体不锈钢相近的机械强度,良好的延性,除此之外,与不锈钢相比还具有下面一些优点:

(1)导热性能好,其热导率是不锈钢的 3 倍,因此热应力比不锈钢低;

(2)热膨胀系数低,热膨胀系数比不锈钢小;

(3)对应力腐蚀开裂的敏感性小;

(4)加工性能和可焊性好;

(5)价格便宜并有丰富的使用经验。

但是,低合金碳钢存在较复杂的腐蚀问题,并且在快中子辐照下其屈服强度和抗拉强度增加、延伸率下降、韧脆转变温度提高,这是在使用中不得不加以关注的问题。这些材料都是从碳素钢的基础上开始研究的,研究中逐渐添加一些合金元素以增加强度和淬透性;降低碳、铬、钼含量和提高锰含量以改善焊接性能;严格控制铜、磷、钒、砷、锑等微量有害元素的含量以减少辐照脆化效应。

压力容器内壁所有接触冷却水的表面堆焊 1～2 层奥氏体不锈钢,6～8 mm 厚,以增加压力容器的抗腐蚀性能和耐磨性。

压力容器材料一般都是在工程上成熟的材料基础上改进而成的。例如快堆容器多选择生产和使用经验丰富的 AISI304 不锈钢。又如美国轻水堆第一代压力容器材料,用的是焊接性和强度较好的锅炉钢 A212B(法兰锻件为 A350LF－Ⅲ)。由于 A212B 钢的淬透性和高温性能较差,第二代改用 Mn－Mo 钢 A302B(锻材为 A336)。该钢中的 Mn 是强化基体和提高淬透性的元素,Mo 能提高钢的高温性能及降低回火脆性。随着核电站向大型化发展,压力容器也随之增大和增厚。为保证厚截面钢的淬透性,使强度与韧性有良好的配合,20世纪60年代中期又为 A302B 钢添加了 Ni,改用淬透性和韧性比较好的 Mn – Mo – Ni 钢A533B(锻材为 A508 – Ⅱ钢),并以钢包精炼、真空浇铸等先进炼钢技术,提高钢的纯净度、减少杂质偏聚,同时将热处理由常化(空冷)改为调质(淬火+高温回火),使组织细化,以获得强度、塑性和韧性良好配合的综合性能。由于壁厚增加和面对活性区的纵向焊缝辐照性能差,因此将压力容器由板焊结构改为环锻,材料采用 A508 – Ⅱ钢。但自1970年西欧发现A508 – Ⅱ钢堆焊层下有再热裂纹之后,又发展了 A508 – Ⅲ钢。它在 A508 – Ⅱ钢基础上,通过减少硬化元素 C、Cr、Mo 的含量,以减小裂纹敏感性,使基体堆焊不锈钢衬里时,降低产生裂纹的倾向。为弥补因减少硬化元素而降低的强度和淬透性,又提高了 A508 – Ⅲ钢中的Mn 含量。因锰易增大钢中偏析,故又降低了磷、硫含量。硅在上述钢中是非合金化元素,硅有增大偏析、降低钢的塑韧性倾向,其残存量以偏低为好。

根据上述内容可归结其演变过程如下:A212B(A350LF₃)→A302B(A336)→A533B(A508 – Ⅱ)→A508 – Ⅱ→A508 – Ⅲ。A508 – Ⅲ钢一直沿用至今并被广泛采用,我国用的也是 A508 – Ⅲ钢。

俄罗斯用的不是 Mn – Mo – Ni 钢而是 Cr – Mo – V 钢(15Kh2MFA)及 Cr – Ni – Mo – V 钢(15Kh2NMFA – A)。它们已分别用在俄罗斯及东欧的 VVER – 400 和 VVER – 1000 压水堆上,以及我国的田湾核电站(VVER – 1000)。铬–钼–钒钢的优点是高温性能和耐蚀性好,辐照效应小,但缺点是回火脆性倾向大,焊接性能不理想(否则,西方国家不会淘汰含 Cr 的 A508 – Ⅱ钢)和压力容器距堆芯较近,注量高、辐照效应较大。尽管如此,俄罗斯仍用铬–钼–钒钢,可能是对该钢的缺点已有相应的改进措施,如降低磷、硫及杂质含量和改进热处理工艺等。

6.3.3 压力容器制造关键工艺

经过上面的讨论我们了解了压力容器的重要性和影响其使用的关键因素,下面讨论怎么在实际情况下防止脆性的形成和发展。

1. 缓解压力容器辐照脆化的主要措施

(1)严格控制钢材中的杂质含量,尤其是铜、磷、硫的含量,使其分别小于0.08%、0.008%、0.008%;作为杂质,磷、硫的含量需要控制是一般的常识,而铜的含量在普通钢中是不加控制的,因为铜在普通钢中被看成是有益的合金元素,它可以细化晶粒、增加韧性,而在压力容器钢中它的作用恰好相反,铜的存在会增加辐照脆性。不仅如此,由于铜的存在,镍也会与铜协同增加辐照脆性,因此在压力容器钢中铜是要加以限制的元素。

(2)采用环形锻件焊接,避免活性区的竖直焊缝,并且使焊缝远离中子注量率峰值位置。

(3)加大容器内壁与堆芯之间的水间隙,减少径向中子泄漏,以降低容器接受的快中子注量。

2. 工艺改进措施

为了改善压力容器的使用性能,提高安全性,多年来各国在工艺上的努力从来没有停止过,最大的工艺改进在以下三方面。

（1）炼钢

为了在锻造工序得到沿厚度方向均匀的材料，改善焊接性能，降低 T_{NDT}（零塑性温度），必须得到纯净的钢水。工艺上采用钢包精炼、真空除气、氩气搅拌、真空脱碳、脱氧以及随后加铝的方法得到晶粒细、偏析低，铜、磷、硫等杂质含量低的优质钢。

（2）锻造

早先的容器是用钢板卷起后焊接成型的，通过活性区的竖直焊缝就成了安全隐患。如今采用大型水压机，把材料锻造成环，避免了活性区的竖直焊缝，同时环焊缝也应远离活性区峰值中子注量率的位置，因此活性区部分的锻造环要有一定高度，然后再到现场进行环对环的焊接。由于这是厚大部件锻造，一个这样的成品环可达 150 t 重，需用质量为 400 ~ 500 t 的毛坯锭子。初锻成的锻坯，壁厚约 700 mm，最后加工成 200 ~ 280 mm。这么厚大的锻件，要求厚度方向的成分、性能均匀是不容易达到的，制造压力容器的重型水压机至少要 6 000 t，而且整个过程都需要有严格的质量控制。

（3）焊接

焊接是至关重要的工序。焊接质量的好坏是压力容器安全使用的关键。焊接工艺包括以下三个方面的关键技术：

① 锻件之间的连接，即环与环对接焊——厚壁工件焊接，要求全焊透。生产中，焊接厚壁筒体采用了氩弧焊、埋弧焊和手工氩弧焊。在一些环焊缝和长焊缝上采用微机控制的自动焊，排除了人为因素，提高了焊接质量；而在一些复杂的短焊缝或不易操作的面上仍采用手工焊。

② 奥氏体不锈钢内衬堆焊，即铁素体的压力容器内壁的活性区部分堆焊一至两层奥氏体不锈钢，也就是将奥氏体不锈钢堆焊到铁素体钢上。筒体活性区部分堆焊不锈钢的目的是防腐蚀、防冲刷和耐磨。采用铌稳定的 18-8 不锈钢或低碳奥氏体不锈钢 309/308L，以防止产生沿晶向的应力腐蚀开裂。电极材料用 23/13 型合金来起补偿、稀释的作用，以防止裂纹产生。

③ 奥氏体不锈钢与铁素体低合金碳钢焊接，如一回路水管与压力容器嘴子连接等。高合金的钢（奥氏体）与低合金的钢（铁素体）之间的焊接，采用镍基中间合金 82 和 182 作缓冲。在焊接工艺上要做到焊前预热，焊后热处理。焊前预热是为了减少热应力；焊后热处理的必要性在于可以避免脆性，保证运行中的尺寸稳定，降低应力，从而也降低了应力腐蚀开裂的敏感性。

一般在工厂里进行一回路进、出水管的过渡段焊接，即在进、出水管的嘴子上焊一节奥氏体不锈钢管子，到现场就可以进行同种金属焊接。

6.4　堆内构件材料

由于不锈钢的中子吸收截面较大（约 2.9×10^{-28} m²），因此压水堆、沸水堆和重水堆的燃料元件包壳材料一般不用不锈钢，但是在这些反应堆除了包壳以外的其他堆内构件，如吊篮、围板、上、下支撑组件等均采用奥氏体不锈钢，只有少部分材料采用镍基合金。不锈钢在高温下具有良好的抗腐蚀性能和良好的机械性能，因此它不仅用于反应堆的结构材料,而且与反应堆相连接的管路及设备也都由不锈钢制造。不锈钢的种类很多、性能各异。按组织分类有奥氏体不锈钢、马氏体不锈钢、铁素体不锈钢等。不锈钢之所以不锈,主要原因是钢中含有大量铬。铬是钝化能力很强的元素,可使钢的表面生成一层致密、牢固的氧化膜,并能明显提高铁的电位,从而防止化学和电化学反应引起的腐蚀。铬与镍配合使用,更能有效地提高钢的耐腐蚀性。在反应堆内,结构材料使用的多是奥氏体不锈钢,如1Cr18Ni9Ti、304、347 等。奥氏体不锈钢与马氏体不锈钢相比,其焊接性能较好。另外,奥氏体不锈钢的辐照敏感性比较低,一般经 10^{21} cm^{-2} 中子辐照后才有明显的辐照效应,相比较铁素体和马氏体不锈钢的辐照敏感性比较高。奥氏体不锈钢的强度比较低,且不能通过热处理使其强化,但因它的塑性高,加工硬化率大,所以可以通过冷加工提高强度。尽管奥氏体不锈钢具有优良的耐腐蚀性能,但经形变加工和焊接,处于敏感介质中仍存在着晶间腐蚀、应力腐蚀和点腐蚀等隐患。加入少量的 Ti 和 Nb,通过稳定化处理可达到防止晶间腐蚀的目的。另外,研究发现,不锈钢晶间腐蚀的敏感区是在 450～850 ℃,因此在热加工和焊接后,应采用快冷的方法,减少不锈钢在这一温度区间停留的时间。

奥氏体不锈钢抗应力腐蚀的能力低于其他类型的不锈钢,这主要与它基体的晶体结构有关。奥氏体属面心立方晶格,它的耐应力腐蚀能力不如体心立方晶格,原因是在体心立方铁素体晶格中滑移面多,但滑移方向少,易产生交滑移和构成网状位错,位错网使裂纹扩展困难;而奥氏体不锈钢的面心立方晶格滑移面因局限在 4 个面上且滑移方向多,有利于生成共面或平行的位错,裂纹沿此扩展比较容易。在水和水蒸气介质中,影响奥氏体不锈钢应力腐蚀破裂的主要因素是氯离子浓度和溶解氧的含量。研究发现,随着水中溶解氧降低,诱发应力腐蚀的氯离子敏感浓度升高,不会产生应力腐蚀破裂。发生应力腐蚀不仅是由于氯离子的平均浓度,更多的情况是由局部区域发生氯离子浓缩偏聚造成的。例如,结构缝隙和循环水的滞留区以及水位最高处与空腔交界的干、湿处都容易浓缩氯离子,所以这些地方是容易发生应力腐蚀的危险部位。为了避免不锈钢发生应力腐蚀,应选用碳化物稳定的 Cr - Ni 奥氏体不锈钢或用能提高强度和耐腐蚀性的含 Mo 低碳不锈钢,必要时可选用铁镍基或镍基耐腐蚀合金钢。

6.4.1　不锈钢的分类及应用

按金相组织分类,不锈钢可分为铁素体类、马氏体类和奥氏体类。随着发展,还有一些介于其间的和满足特殊要求的不锈钢,如双相不锈钢、沉淀硬化型不锈钢等。不锈钢的组织主要取决于钢中碳、铬、镍的含量及相互配比。

(1)铁素体类不锈钢(如美国牌号 405、430 钢)

当含铬量在 17%～28%,并且含少量碳(0.05%～0.20%)时,从高温到低温可得到单一的铁素体相,这类钢约含 1% 的锰、硅,不含镍。

铁素体类不锈钢的抗腐蚀性能中等,热膨胀系数低,导热好,易于加工,对 SCC 不敏感,但强度较低、焊接性能较差,并且在使用中要注意 σ 相的析出问题。

这类钢常用于化工设备和食品加工设备等要求耐腐蚀,但强度要求不高的构件上。在核电厂用得比较少,可以用作热交换器中的管板等。

(2)马氏体类不锈钢(如 1Cr13、2Cr13、3Cr13 等)

这类钢含 13%～17%铬,碳含量在 0.10% 以上,依含碳量的不同区别牌号。这类钢虽然强度高,但只能耐大气、蒸汽和弱介质的腐蚀。

马氏体钢主要用于抗弱腐蚀介质,同时要求较高的韧性和承受冲击载荷的零部件,如汽轮机叶片、水压机阀、结构件和螺栓等,在反应堆环境中主要用于控制棒驱动机构等。

(3)奥氏体不锈钢(如美国牌号304、316钢)

这类钢含镍量高于8%,含铬量为18%～27%,俗称18-8不锈钢,广泛用于核反应堆中,是压水堆堆芯容器内衬、堆内构件、热屏蔽、支撑板等的主要选材。它的高温强度(500 ℃以上)好、韧性好、焊接性能好、耐腐蚀,对高温水等一般化学介质表现了出色的抗腐蚀性能。

但它对应力腐蚀敏感,尤其在含氯离子和氧离子的环境中,并且在快中子辐照下会因硬化、肿胀、蠕变而造成性能下降,这是在使用中需注意的问题。

在核电厂中用得最多的是奥氏体不锈钢。为了得到单相奥氏体组织,如只用镍,含量需高达27%,但当铬镍配合使用时,在18%铬的钢中加入8%的镍就可以得到单一奥氏体组织,再添加少量 Mo、Cu、Si 等元素提高耐蚀性,就得到奥氏体不锈钢。奥氏体不锈钢在美国牌号中是以3开头的,因此称为300系列。上面说过,由于这类钢的含铬量为18%左右,含镍量为8%左右,因此也称为18-8不锈钢。

(4)双相不锈钢(如 1Cr21Ni15Ti、1Cr18Mn10Ni5Mo3N)

双相不锈钢是指奥氏体和铁素体双相钢,这类钢是在18-8型钢的基础上,增加铬或其他铁素体形成元素,因此含有一部分铁素体相。

研究表明,奥氏体钢中含有部分铁素体相可以降低应力腐蚀开裂时的裂纹扩张速率,因此这类钢有比较好的耐晶间腐蚀能力和抗应力腐蚀能力。它兼有奥氏体和铁素体的优点,克服了两者的部分缺点,如强度高、韧性好、抗晶间腐蚀和应力腐蚀。但由于 σ 相易在铁素体-奥氏体边界析出,因此长期在高温下工作会有 σ 相析出。

双相不锈钢有 Cr18、Cr21、Cr35 三种型号,Cr18 以奥氏体为基,奥氏体占80%～95%;Cr21 和 Cr35 以铁素体为基,铁素体占50%～70%。双相不锈钢可用于制造化工化肥设备和管道、海水冷却的热交换设备等。在反应堆条件下使用要注意 σ 相析出的问题。

(5)沉淀硬化型不锈钢

沉淀硬化型不锈钢有马氏体型、奥氏体型、奥氏体-马氏体型和奥氏体-铁素体型四类。这类钢的成分介于各类不锈钢的成分之间,铬镍含量一般都不超过18-8型钢的相应值,碳含量都比较低,硬化主要靠加入 Al、Ti、Nb、Mo、Cu、Co 等元素形成的硬化相析出,如 Ni_3Al、Ni_3Ti 等。

这类钢有更高的硬度、耐蚀性、强度、韧性,焊接性能和冷加工性能也较好。典型的牌号有 0Cr17Ni4Cu4Nb(相当于美国牌号 17-4PH),0Cr17Ni7Al(相当于美国牌号 17-7PH)和 0Cr15Ni7Mo2Al(相当于美国牌号 PH15-7 Mo)。这类钢在反应堆中用得不多,主要是辐照效应比较复杂。

6.4.2 反应堆中为何常用奥氏体型不锈钢

在反应堆系统中大多采用奥氏体型不锈钢的原因如下:

(1)马氏体不锈钢虽然强度高,但耐蚀性较差;高铬铁素体不锈钢虽然耐蚀性比马氏体不锈钢好,但比奥氏体不锈钢差,且脆化倾向较大,而且不能用热处理方法使之强化。双相不锈钢虽然综合了铁素体和奥氏体不锈钢的优点,但仍具有铁素体不锈钢的三种脆性(475 ℃脆性、σ相脆性和高温脆性)和耐热性,冷、热加工性能较差,所以在反应堆系统中优先采用奥氏体不锈钢。

(2)从焊接性能考虑,马氏体不锈钢一般不用作焊接件,必要时需要进行焊前预热和焊后热处理,以免焊接时因热影响区硬化而产生低温(冷)裂纹或氢致延迟裂纹。铁素体不锈钢焊接时,易引起热影响区晶粒长大使韧性降低,所以也需要进行预热和焊后热处理,另外该钢的三种脆性对工程安全也有威胁。所以对大多数铁素体钢,尤其对合金含量高的铁素体钢的焊接都要特别谨慎。奥氏体不锈钢焊接时,虽然也需进行消除应力处理,但为避免敏化增加腐蚀倾向,一般不需要预热和焊后热处理,因此主回路管道多采用奥氏体不锈钢,以便容易进行现场焊接。另外,由于焊接往往损害不锈钢的抗蚀性,降低抗晶间腐蚀的能力以及焊接时产生的残余力在敏感介质作用下会引起应力腐蚀,所以要求焊后很难进行热处理的不锈钢母材和焊接接头应具有足够的抗蚀性。就此要求而言,奥氏体不锈钢的焊接性优于马氏体型和铁素体型不锈钢。

(3)奥氏体不锈钢的辐照敏感性比较低,一般经 10^{21} cm^{-2} 中子辐照后才有明显的辐照效应,而铁素体型和马氏体型不锈钢的辐照敏感性比较强。

(4)虽然奥氏体不锈钢的强度比较低且不能通过热处理使其强化,但因它们塑性高、屈强比小、加工硬化率大,所以可通过冷加工提高强度。例如 18 – 8 钢经 23.2% 冷加工变形后,强度明显提高且延伸率仍有 16.3%。

(5)18 – 8 钢加工硬化效应大的原因,除了冷加工使晶格畸变,增加位错密度外还与冷加工促使部分奥氏体转变为马氏体有关。为了减少马氏体和铁素体的转变量以及降低 σ 相析出和抗应力腐蚀的危害,反应堆用不锈钢大多采用高铬镍的不锈钢,以便增加奥氏体基体相的稳定性。

综上所述,不难理解反应堆系统多选用奥氏体不锈钢的原因所在。但由于奥氏体不锈钢的热膨胀系数为低碳钢的 1.35 倍,而导热率仅为低碳钢的 1/3,所以反应堆系统中的厚大部件一般不用奥氏体不锈钢,一是难于热加工,价格昂贵;二是在厚截面的温差热应力作用下易发生变形。表 6 – 5 列出了不锈钢在轻水堆、钠冷快堆及高温气冷堆上的用途以及它们在使用中存在的问题。

表 6 – 5　核反应堆用不锈钢用途举例及存在的问题

	轻水堆 (PWR,BWR)	液体金属冷却快中子增殖堆 (LMFBR)	高温 He 气冷却堆 (HTGR)
化学介质 引起的损伤	(在 250～350 ℃高温中的损伤) 应力腐蚀断裂 晶间腐蚀 疲劳腐蚀	(700～750 ℃液体钠中的损伤) 渗碳、脱碳、质量迁移、晶间腐蚀、蠕变和疲劳强度降低 核裂变产物引起的侵蚀和燃料的反应引起的侵蚀	在 1 000 ℃的 He 中的损伤,微量杂质引起的腐蚀,内部氧化、脱碳、渗碳、剥落、蠕变和疲劳强度降低,热粘、咬死、磨损 蒸汽腐蚀和破裂 氢渗透,脆化(二回路)

表 6 - 5（续）

	轻水堆 （PWR，BWR）	液体金属冷却快中子增殖堆 （LMFBR）	高温 He 气冷却堆 （HTGR）
辐照损伤	（几乎不作堆芯材料使用）	（在快中子 10^{20} ~ 10^{22} cm^{-2}， 500 ~ 750 ℃时的损伤） 辐照脆性，生成 He，形成空隙 肿胀引起体积增大和脆性蠕 变和疲劳强度降低	在热中子 10^{18} ~ 10^{19} cm^{-2}， 750 ~ 1 000 ℃时的损伤 He 脆 蠕变和疲劳强度降低 表面氧化皮粉末的活化 （在快中子 10^{20} ~ 10^{21} cm^{-2} 时 引起的损伤）
用途举例	堆芯结构部件，热屏蔽、围板、压力容器金属覆层	燃料包壳、堆芯结构、冷却循环系统、加热器、再热器等）	主要是耐热钢，用于 He 循环装置等的一部分

另外，为了防止主管道焊接和压力容器内壁堆焊不锈钢衬里时，在熔敷金属或热影响区产生裂纹，以及改善抗晶间腐蚀和抗应力腐蚀的性能，标准要求焊缝应含5% ~12%的 δ 铁素体。原因是 δ 相可打乱单一 γ 相柱状结晶的方向性以及磷、硫在 δ(α) 相中的溶解度比在 γ 相中大，从而可减少杂质在晶界偏聚；铁素体的强度比奥氏体高并有足够的韧性，这对防止裂纹产生和阻止裂纹扩展有利；δ(α) 铁素体容易沿奥氏体晶界析出并含有较高的铬，因此当奥氏体晶界析出 $Cr_{23}C_6$ 时，铁素体中的 Cr 能给以补充和防止晶界贫铬而引起晶间腐蚀。但铁素体含量不宜过高，否则易析出 σ 相或呈网状分布而产生脆性。焊缝组织的类型及各组元的含量，主要取决于其合金元素的配比。许多奥氏体不锈钢的含氮量比较高，以提高强度，减少热裂倾向。

6.4.3 奥氏体不锈钢的腐蚀

奥氏体不锈钢虽然具有优良的耐蚀性和耐热性等优点，但经形变加工和焊接后以及处于介稳状态的奥氏体在敏感介质下，仍存在晶间腐蚀、应力腐蚀和点腐蚀等隐患。它们一旦出现，对力学性能和工程安全危害较大，故使用时应注意防止。

1. 晶间腐蚀

当18 - 8 钢再加热到450 ~ 850 ℃或热加工和焊接后冷却经过此温度区间时，材料将会出现晶间腐蚀倾向。这种使固溶体材料产生晶间腐蚀的碳化物析出区域称为敏化区，碳化物开始析出的曲线称为敏化曲线。因碳化物在晶界析出产生晶间腐蚀，使晶粒之间丧失了结合力，故受这种腐蚀的设备或零件，尽管表面完好光亮，但轻轻敲击即粉碎。因此晶间腐蚀是一种危险性很大并受到工程界重视的腐蚀。

（1）奥氏体不锈钢晶间腐蚀的诱因

前已述及奥氏体不锈钢的晶间腐蚀主要是晶界贫铬造成的。奥氏体不锈钢对晶间腐蚀比较敏感，因为这类钢在 1 050 ℃固溶时可溶解0.20%碳，当材料加热或冷却过程中缓慢经过450 ~850℃区间时，过饱和的碳将从奥氏体中析出且碳原子（半径 0.086 nm）向晶界的扩散速度比铬（0.128 nm）快，故使碳与晶界附近的铬形成 $Cr_{23}C_6$ 的碳化物并优先沉淀在相界和晶界上。

对一些非敏化态,即固溶稳定的奥氏体不锈钢在强氧化性介质中也会出现晶间腐蚀,其是由硅、磷等杂质元素在晶界偏聚而引起的。

(2)防止晶间腐蚀的方法

室温下碳在奥氏体中的极限溶解度为0.03%左右,因此钢中碳含量若接近此值,就没有过饱和碳从奥氏体中析出,晶界也就不会出现导致晶间腐蚀的贫铬区。超低碳($w(C) \leq 0.04\%$ C)不锈钢晶间腐蚀倾向小的原因就在于此。

因Ti和Nb与碳的亲和力大于铬,钢中加入少量Ti或Nb后通过稳定化处理可形成稳定的TiC和NbC,阻止形成$Cr_{23}C_6$,从而也能达到防止晶间腐蚀的目的。

热加工和焊后快冷,减少在450~850℃敏化区的停留时间,即采用合理的热处理制度和热加工工艺,以改变晶界沉淀相的类型、数量和分布,也能减少晶间腐蚀。

2. 奥氏体不锈钢的应力腐蚀

在以上几种典型的不锈钢中,虽然奥氏体不锈钢的耐蚀性、焊接性与热强性比较好,但对应力腐蚀比较敏感。例如在美国轻水堆系统中发生的应力腐蚀断裂,以304非稳定型奥氏体不锈钢发生的次数较多(113/150之比),就部件而言,管道(48/150之比)和蒸汽发生器(33/150之比)产生应力腐蚀的事故多。

奥氏体不锈钢抗应力腐蚀能力低于其他类型不锈钢的原因与基体的晶体结构有关。一般来说,体心立方晶格(铁素体与马氏体)比面心立方晶格(奥氏体)耐应力腐蚀性能好。原因是在体心立方铁素体晶格中滑移面多,但滑移方向少,易产生交滑移和构成网状位错排列,位错网使裂纹扩展困难;而奥氏体不锈钢的面心立方晶格滑移面因局限在4个{111}面上且滑移方向多[⟨110⟩×3],有利于生成共面或平行的位错排列,裂纹沿此扩展比较容易。

一般还认为铁素体不锈钢耐氯化物应力腐蚀的性能高于奥氏体不锈钢,原因是前者的腐蚀电位低于临界破裂电位,而后者的腐蚀电位却高于临界破裂电位(低于这个电位应力腐蚀破裂不会发生)。例如对耐应力腐蚀性能较好的含20%Cr铁素体不锈钢加入20%以下Ni时,它的临界破裂电位就下降到腐蚀电位以下,因此在130℃的$MgCl_2$溶液中2 h就破裂。反之,加Ni量大于25%之后可使临界破裂电位正移到腐蚀电位之上,因而提高了抗应力腐蚀性能,所以20Cr25Ni的310改进型不锈钢(AGR堆燃料元件包壳)及含铬的镍基、铁镍基合金(Inconel-600,Inconel-690,Incoloy-800)的抗应力腐蚀性能比较好。

尽管奥氏体不锈钢对应力腐蚀比较敏感,但通过控制材质与环境条件可减少或避免此隐患。如研究已查明,轻水堆主管道的应力腐蚀主要是来自高温水中的Cl^-及残余氧和焊接引起的敏化或修磨引起的表面裂纹,以及局部应力过高等综合作用的结果。针对这些原因,为克服常规不锈钢低的抗敏化性能,压水堆主管道淘汰了早期用的304不锈钢,美、日、法改用AIS1316不锈钢(0Cr18Ni12Mo2),德国多用347不锈钢(0Cr18Ni11Nb),俄罗斯采用321不锈钢(0Cr18Ni9Ti)。

另外,为保证冷却剂压力边界的重要环节——主管道的强度和耐蚀性,又发展了超低碳加氮强化的核级316不锈钢。它兼顾了普通316钢的强度和316L钢的耐蚀性,其成分为:$w(C) \leq 0.02\%$,$w(N) = 0.06\% \sim 0.12\%$,$w(Si) \leq 0.8\%$,$w(Cr) = 16\% \sim 18\%$,$w(Ni) = 11\% \sim 14\%$,$w(Mn) \leq 2\%$,$w(P) \leq 0.035\%$,$w(S) \leq 0.030\%$,$C + N \leq 0.12\%$。

根据应力腐蚀具有材质与介质匹配的特征,对冷却剂的水质及其pH值也进行了严格控制,要求pH $= 5.4 \sim 10.5$,氯化物的含量小于1.5×10^{-7},溶解氧的含量小于1.0×10^{-7}。

发生应力腐蚀不仅是因为氯离子的平均浓度高,更多的情况是局部区域发生氯离子浓缩偏聚。比如蚀坑、结构缝隙和循环水的滞留区以及水位最高处与空腔交界的干、湿处都容易浓积氯离子,所以这些地方是容易发生应力腐蚀的危险部位。

由上可知,为了避免不锈钢发生应力腐蚀,应选用碳化物稳定的 Cr – Ni 奥氏体不锈钢,或用能提高强度和耐蚀性的含 Mo 低碳不锈钢（核级 316 钢）,必要时可选用铁镍基或镍基耐蚀合金。对冷加工或焊接后的 18 – 8 型不锈钢应进行消除应力处理,或使其含有少量 δ(α) 铁素体。另外,除严格控制水质或介质条件外,对容易富积或浓缩氯离子的部位还需进行定期清洗。

3. 不锈钢的点腐蚀

前已述及,点蚀是钝性金属在活性离子作用下发生的局部腐蚀,例如不锈钢在含有 Cl^-、Br^-、I^- 等活性离子的介质中,当活性离子的浓度、不锈钢在介质中的温度或电位达到临界值时即发生点蚀,因此常用这些临界值的高低作为衡量抗点蚀能力大小的依据。例如由图 6 – 2 可以看出,常用不锈钢中的 Cr、Mo 含量愈高,其临界点蚀温度愈高,即抗点蚀能力愈强,这与实验结果相符。

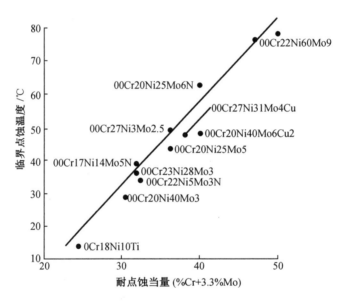

图 6 – 2　在 10%$FeCl_3$ 溶液中不锈钢和 Ni 合金的临界点蚀电位

实验还表明,静态溶液比流动介质诱发点蚀倾向大;温度升高,点蚀敏感性增大。pH 值 1.6 ～ 10 之间,影响很小,这可能是蚀孔中水解反应发生的自身酸化,使整个溶液的酸化对它影响很小,但在碱性溶液中 pH 值对点蚀电位影响很大,当 pH > 10 之后,点蚀电位急剧升高,虽然这对抗点蚀有利,但为防止 pH 值过高时铁与水反应生成 $Fe(OH)_3$ 而使铁发生溶液腐蚀,水质控制要求为 pH < 10.5。

6.4.4　奥氏体不锈钢的辐照效应

需要重视奥氏体不锈钢辐照效应的堆型主要是快堆和改进型气冷堆。热中子堆用的不锈钢,如 PWR 的吊篮及燃料组件的上、下管座等在活性区外围,虽然也产生辐照效应,但比较小,对反应堆的安全威胁不大(腐蚀除外)。

(1)实验表明,奥氏体不锈钢经 10^{21} cm^{-2} 注量中子辐照后才有明显的辐照效应,它比铁素体钢(10^{18} cm^{-2})耐辐照。这可能与奥氏体不锈钢为面心立方结构,比体心立方铁素体滑移方向多、层错能低、位错宽度大等原因有关。

(2)热中子堆的元件包壳一般都不采用奥氏体不锈钢,而堆内其他结构部件的注量都低于 10^{21} cm^{-2},所以对热中子堆构成威胁的不是奥氏体不锈钢的辐照效应而是它的腐蚀。

(3)奥氏体不锈钢中的合金元素及杂质 N 的快中子(n,α)反应和(n,p)反应的截面都比较大,且杂质 $_5^{10}$B 的热中子(n,α)反应截面更大,尤其快堆温度高达 600 ℃以上且快中子注量远比热中子堆内高,例如元件包壳高达(10^{22} ~ 10^{23}) cm^{-2},结构部件的注量也在(10^{20} ~ 10^{21})cm^{-2} 之间,所以快堆中的不锈钢除辐照引起晶体缺陷,高温、高注量引起的包壳肿胀外,还有蠕变脆性及(n,α)反应引起的氦脆和以碳为主的各元素质量迁移等。

1. 核嬗变引起的辐照效应(He 脆)

奥氏体不锈钢在快中子注量率高的快堆中长期辐照时,几乎它的所有组成元素都能通过(n,α)反应和(n,p)反应生成 He 和 H,同时还有杂质 B 的 $_5^{10}$B(n,α)$_3^7$Li 反应产生的 He。虽然后者反应截面比前者大 5 个量级,但因它是钢中杂质且快堆全部构件都是不锈钢并受到(10^{20} ~ 10^{23})cm^{-2} 的高注量快中子辐照,所以不锈钢主成分及杂质 N 产生的 He 占主要份额。

根据不锈钢的组元成分,从反应堆材料手册相关表中查出,除 N、C、B 外,所有元素的(n,p)反应截面都远大于(n,α)反应截面,且表中所列 H 的生成量比 He 大 10 倍。但因 H 质量小,在高温下扩散快,大部分都逸出,只有一小部分 H 渗入 He 中,因此核嬗变影响材料性能的主要是 He。而惰性气体 He 不与基体晶格相溶,多积聚在晶体缺陷、晶界和析出物中并逐渐聚集成 He 气泡。它的形成与长大对材料的强度、塑韧性及疲劳强度和蠕变强度以及包壳管的肿胀、变形都有很大的影响。因为(n,α)反应生成的 He 原子占金属基体原子的 10^{-7} 以上,而且随着注量增加,He 所占的比例增大,随之基体晶格畸变增加,脆性增大,故称此为 He 脆或 He 损伤。

2. 辐照对拉伸性能的影响

中子辐照引起的晶格损伤和嬗变引起的氦脆与辐照温度和试验温度都有关,所以进行了高温辐照(500 ~ 650 ℃)的不同抗拉试验温度的试验。当中子注量超过 10^{21} cm^{-2} 之后在 430 ~ 480 ℃下试验时,随着注量增加,抗拉强度明显上升,同时总延伸率急剧下降。高于 540℃试验时,虽然抗拉强度随注量升高保持不变,但总延伸率却明显下降。其原因是辐照产生的缺陷群是引起强度升高、塑性下降的主要原因,试验温度低时,缺陷群尺寸小、密度大;试验温度高时,缺陷群增大及退火使其密度减小。另外,基体中形成富镍和硅的析出相也是影响 316 不锈钢辐照后力学性能和肿胀的重要因素。这一现象在快堆燃料包壳设计中应给予充分重视。

3. 辐照肿胀

快堆元件包壳管在高注量(> 10^{22} cm^{-2})下产生的肿胀一直受到元件设计和运行的重视。肿胀是用体积增加的百分数 $\Delta V/V$ 表示,ΔV 是体积增量,V 是试样体积。由于快堆比功率大,要求元件棒细长,而高的增殖比又要求高的中子注量率(10^{15} cm$^{-2} \cdot$ s^{-1})和避免中子慢化,因此辐照肿胀会引起细长和径向注量梯度较大的快堆元件包壳弯曲变形和阻塞冷却剂通道。这对元件更换和热工安全以及诱发元件外壳局部温度过高都有不利的影响。

电镜观察表明，金属的辐照肿胀是由空穴（空洞）产生的。快中子与点阵原子碰撞会产生大量空位和间隙原子。它们大部分通过复合而消失或者被位错、晶界和缺陷之类的尾闾所吸收。剩余的点缺陷因位错俘获间隙原子的半径大于对空位的俘获半径，过剩空位的浓度大于间隙原子的浓度并且它们分别通过聚集、崩塌而形成位错环，但空位还可聚集成三维空位团，即空穴。当不锈钢中的不溶解气体，如嬗变产生的 He 或杂质 H、O、N 等成为空位聚集的芯核，便能阻止空位团塌陷为位错环而形成空穴。例如 Bloom 预先将 He 气注入奥氏体不锈钢中，经辐照后发现钢中空穴和 Frenkel 位错密度增加，另外，经固溶退火的 316、317 不锈钢辐照后，发现晶界上析出的碳化物也是空洞成核的位置。空穴肿胀在注量 10^{22} cm^{-2} 辐照之后才明显增大，称此为注量阈值。说明在此之前为孕育期，即需要经过如此高的注量辐照之后才能产生足够的 He 气和足够浓度的过饱和空位，促进空洞成核和长大。Harkneor 认为辐照后空洞和位错环的成核与传统非辐照均匀成核特征相似，即在空位成核的胚芽上，增加一个空位或释放一个间隙原子都能使空洞长大。

第7章 反应堆控制材料

7.1 概　述

为了使反应堆安全可靠地连续运行,必须使用控制材料对其进行安全有效的控制,通用的方法是使用控制棒,或将控制材料加入冷却剂中,对反应堆的反应性进行补偿、调节和安全控制。对控制材料的要求除能有效地吸收中子外,还应具有以下性能:①不但本身的中子吸收截面大,其子代产物也应具有较高的中子吸收截面(可燃毒物除外),以增加控制棒的使用寿命;②材料对中子的 $1/v$ 吸收和共振吸收能阈广,即对热中子和超热中子都有较好的吸收能力;③熔点高、导热性好、热膨胀系数小,使用时尺寸稳定并与包壳相容性好;④中子活化截面小,含长半衰期同位素少;⑤强度高、塑韧性好、抗腐蚀、耐辐照。

反应堆控制材料主要是根据工作温度、反应性的控制要求并结合材料性能综合考虑来确定。由于工况和堆型不同,控制材料的种类很多,但大体上可分为:①元素控制材料,如铪、镉等;②合金控制材料,如银-铟-镉;③稀土元素,如钆、铕等;④液体材料,如硼酸溶液。

反应堆内控制材料一般是指中子吸收截面大的元素及其合金、氧化物、水溶液和陶瓷材料等,其目的是控制和储备堆芯反应性,使核反应堆具有可控和自持功能。例如核电站通过控制材料改变堆内剩余反应性,实现了核能的人为可控释放。根据反应堆物理的知识我们知道:

(1)当控制材料使反应性 $\rho = 0$ 时, $k_{eff} = 1$,即反应堆处于临界状态。此时堆芯内产生的中子数和吸收与泄漏的中子数相等,核链式反应稳定进行,反应堆功率维持不变;

(2)控制棒调节到 $\rho < 0$ 时, $k_{eff} < 1$,说明堆内中子的损失大于中子的产生,反应堆处于次临界状态,功率逐渐下降,直至终止链式反应而停堆;

(3)控制使 $\rho > 0$ 时,因 $k_{eff} > 1$,反应堆处于超临界状态,此时堆内产生的中子数大于中子损失数,功率迅速上升,由功率调节器使之达到设定功率后,又维持 $\rho = 0$。超临界若失控,其后果是灾难性的,例如切尔诺贝利事故就是超临界造成的。

总之,反应堆是否安全、平稳和正常运行,控制材料起着十分重要的控制和保障作用。由此可见,反应堆的运行、停堆和变动功率是通过调节反应性实现的。反应性控制的主要任务是控制堆芯剩余反应性,使反应堆能够长期自持运行;通过控制材料合理的空间布置和最佳的提棒程序,使反应堆在整个堆芯寿期内保持较平坦的功率分布和较小的功率峰因子;当核电厂电网负荷发生变化时,能自动调节反应性,使发电功率具有自动跟踪能力;尤其在发生事故时,能自动迅速停堆并保持一定的停堆深度(控制棒全部投入堆芯时,反应堆所达到的次临界度),以免在堆芯冷却和氙-135衰变后,使反应性回升到恢复临界的危险。

从反应性公式 $\rho = (k_{eff} - 1)/k_{eff}$ 不难看出,反应性控制原理是调节有效中子增殖系数 k_{eff}。因 k_{eff} 是堆内本代裂变中子总数与上一代裂变中子总数之比,根据反应堆物理知识可

知,对于有限大小的反应堆可推导出

$$k_{\text{eff}} = \varepsilon p f \eta \cdot P \qquad (7-1)$$

由式(7-1)可以看出,改变式中每项因子的数值都能起到调节 k_{eff} 的目的。但因快中子增殖系数 ε、热中子裂变因数 η,以及中子逃脱共振吸收概率 p 主要由燃料性质决定,对于特定的堆,燃料浓度及慢化剂都已确定,所以 ε、η 和 p 三值基本不变,对反应性控制效果不大。因此反应性控制主要是通过改变热中子利用系数 f 及中子不泄漏概率 P 来实现。由以上所述原理可知,常用的控制反应性的方法有中子吸收法,改变中子慢化性能法,改变燃料含量法和改变中子泄漏法。这些方法中,以改变中子吸收量法应用最广。

反应性控制方式与堆型有关。在石墨或重水慢化的反应堆中,由于初始剩余反应性(堆内没有控制毒物时,堆的超临界的反应性)比较小(0.04),控制棒的价值比较高,所以多采用控制棒方式控制反应性。而在轻水慢化的反应堆中,因初始剩余反应性较大(0.25),控制棒的价值(一根完全提出的控制棒全部插入临界的反应堆中所引起的反应性变化)又比较低,如果全靠控制棒来控制,需要控制棒的数目很多。而轻水反应堆体积比较小,栅格稠密,要安排很多控制棒,需在压力容器上封头增多开孔数,这将严重影响上封头强度。所以电站压水堆一般都是采用控制棒和在冷却剂中加硼酸的控制方式。在船用压水堆中考虑化容系统处理硼酸的添加和稀释比较复杂,所以多采用增加固体可燃毒物的方式进行反应性的补偿控制。

在一些特殊用途的反应堆中,也采用改变中子泄漏量的方法来控制反应性,例如苏联研制的空间用反应堆 TOPAZ-II,由于其堆芯体积较小,在太空中使用,就是在堆芯外侧采用铍反射层转鼓来调节中子的泄漏量,进而达到控制反应堆的目的。

7.2　反应堆控制方式和特点

7.2.1　控制棒控制

控制棒是控制堆芯反应性的可移动部件。它是由中子吸收材料和包壳(铪除外)材料制成的,并用控制棒驱动机构使其插入或抽出堆芯,以吸收中子的多少来控制裂变反应的强弱。根据功能不同,控制棒可分为以下几种。

1. 补偿棒

该棒最初全部插入堆内,当燃耗增大、裂变产物毒性和慢化剂温度效应等使反应性下降时,它逐渐抽出,释放被它抑制的剩余反应性,以补偿上述慢变化的反应性亏损。虽然它上移很慢,但控制能力强,能粗调功率。补偿棒也可用化学毒物控制来代替,如压水堆用的硼酸化学补偿控制。

2. 调节棒

它主要用来补偿快的反应性变化,如功率升降、变工况时的瞬态氙效应,电网负荷变化时的快速跟踪等。调节棒动作快,响应能力强,但反应性控制价值较小,适于功率细调。

3. 安全棒

安全棒供停堆用,它抑制反应性的能力除大于剩余反应性外,还应保持一定的停堆深度,尤其在发生事故时能紧急停堆,即落棒时间短。

由上可知,控制棒的优点是吸收中子能力强,控制速度快,动作灵活可靠,调节反应性精确度高。但伴随控制价值高的缺点是,控制棒对反应堆的功率分布和中子注量率的分布干扰大,影响运行品质。为克服此缺点,多采用棒数多、直径小的棒束控制组件,可采用以化学补偿控制为主,控制棒为辅的控制方式,来改善压水堆运行品质,对首批装料的新元件还配合可燃毒物控制。

控制棒的形状和尺寸与堆型有关,在石墨或重水慢化的反应堆中,一般都采用粗棒或套管形式的控制棒;沸水堆采用十字形控制棒;压水堆采用在燃料组件中插入棒束控制组件的方法。

7.2.2　化学补偿控制

化学补偿控制是指在压水堆冷却剂中加入可溶性中子吸收剂硼酸,通过改变其浓度,达到控制反应性的目的。

化学补偿控制的优点是硼酸随冷却剂循环,调整硼酸浓度可使堆芯各处的反应性变化均匀,不会引起堆芯功率分布的畸变,从而能提高平均功率密度,且调节方便,不占堆芯栅格位置,可省去驱动机构,减少堆顶开孔及其相应的密封,能提高结构安全性和经济性。硼酸是弱酸,无毒、化学稳定性高、不易燃烧和爆炸、溶于水中后不易分解,对冷却剂水中的 pH 值影响小,因此不会增加主回路中材料的腐蚀速率。所以化学补偿控制被压水堆广泛采用并作为重要的控制方法(占 $20\% \Delta k$)。其作用与补偿棒相同,皆是补偿一些慢变化的反应性亏损。例如燃耗及裂变产物积累所引起的反应性变化和反应堆从冷态到热态(零功率)时,慢化剂温度效应所引起的反应性变化以及平衡毒性(^{135}Xe、^{149}Sm)所引起的反应性变化。

化学补偿控制虽然有许多优点,但也有缺点,它只能控制慢变化的反应性;在一定条件下,有可能使反应堆出现正的反应性温度系数,导致反应性增加。如图 7－1 中 4,5 曲线所示,当硼浓度高时慢化剂反应性温度系数随硼酸浓度升高而增加。这是因为随着温度升高,水的密度减小,单位体积水中硼原子的核数也相应减少,因此使反应性增加,给反应堆正常运行带来威胁(可能超临界)。从图 7－1 还看出,慢化剂温度低时,当硼的质量分数超过 0.05% 时,也可能出现正的反应性温度系数,所以反应堆不允许在低温下达到临界。此规定还与防止压力容器发生低温脆性断裂有关。由于在反应堆工作温度(280～310 ℃)区间,硼的质量分数大于 0.14% 才会出现正反应性温度系数,所以标准规定堆芯硼的质量分数应在 0.14% 以下,以保证反应堆慢化剂在运行中始终保持负的反应性温度系数,称此为临界硼浓度(质量分数)。

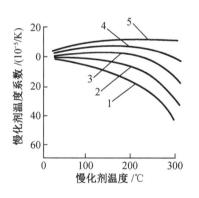

1—0;2—0.05%;
3—0.1%;4—0.15%;
5—2.0%,纵坐标零下为负数。

**图 7－1　在不同硼溶度下慢化剂
温度系数与慢化
系数的关系**

上述临界硼浓度随着燃耗加深、反应性减小而减少(见图 7－2),同时反应性温度系数随燃耗加深而减小的幅度比临界硼浓度降低得更明显,但二者变化规律相似(见图 7－3)。二者相似之处还表现在燃耗初期,临界硼浓度和反应性温度系数都急剧下降。前者是由裂变产物中毒物积累所引起的。

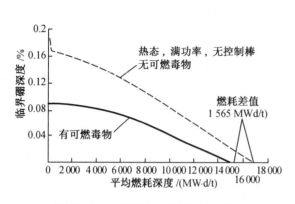

图7-2 临界硼浓度随燃耗的变化

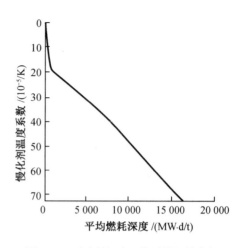

图7-3 反应性温度系数随燃耗的变化

7.2.3 可燃毒物控制

所谓可燃毒物控制是指随着堆芯剩余反应性下降,毒物(中子吸收剂)也随之同步消耗,且毒物消耗后所释放出的反应性与燃料燃耗所减少的剩余反应性基本相等,这种控制多用在剩余反应性比较大的轻水动力堆上。

为了延长堆芯寿期、加深元件燃耗,必须在装料时加大剩余反应性,如压水堆规定新装料时 $k_{eff}=1.26$。从图7-4看出,化学补偿控制为20% Δk,可燃毒物控制为8% Δk。从以上数据可以看出,压水堆的初期反应性主要以化学补偿控制为主,但因首次装料的元件是新的,剩余反应性很大,若靠在控制溶液中增加硼浓度来抵制它,很可能超过0.14%的临界硼浓度,使反应性温度系数出现正值,这样是不符合安全要求的。为了既不超过临界硼酸浓度,又要兼顾反应性控制,就需要添加固体可燃毒物。可燃毒物仅是在新装料时为了控制最大剩余反应性而设置的,换料后已无必要。因为此后大部分是燃耗过的元件,燃料中产生的可燃毒物使剩余反应性明显减小。此时希望残余毒物愈少愈好,否则会缩短堆芯燃料使用寿命。

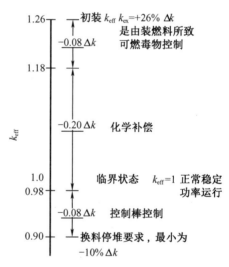

图7-4 压水堆三种控制方式的 k_{eff} 分配

固体可燃毒物的作用与补偿棒和化学补偿控制相似,其区别是,它不需要外部控制,是自动进行的。共同点是它们都是为了储备剩余反应性,使反应堆处于充分可调的控制状态,以便延长堆芯寿期和改善运行品质。

可燃毒物控制的优点显示在图7-5中,即在相同条件下,有可燃毒物(曲线1,2)的初始 k_{eff} 值为1.03,它比无可燃毒物的初始 k_{eff} 值(1.14)小很多。这意味着可燃毒物减小了控制棒所需控制的反应性,从而可减少控制棒数量,并能减少控制棒移动时对通量和功率的扰动。从图7-5还看出,当可燃毒物均匀布置时(曲线2),在整个堆芯寿期内, k_{eff} 的最大值远超过其初始值,但仍低于无可燃毒物(曲线3)的 k_{eff} 值。而非均匀分布(曲线1)的可燃毒物在堆芯整个寿期内,其 k_{eff} 一直低于初始的 k_{eff},即非均匀分布比均匀分布更好。显然从图中三条曲线比较看出,在堆芯寿期内,有可燃毒物比无可燃毒物好(k_{eff} 变化值小),并以非均匀分布为最好,表现在它能有效抑制剩余反应性(曲线1,3差值大),减少控制棒数目,且控制效果平稳(曲线1为水平线)。也就是说,采用非均匀分布可燃毒物对运行最经济,对展平通量和功率分布最有利。

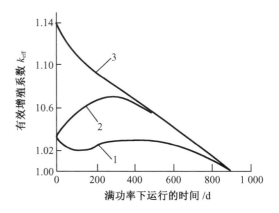

图7-5　可燃毒物对 k_{eff} 的影响

1—可燃毒物非均匀分布;
2—可燃毒物均匀分布;3—无可燃毒物

从上述可燃毒物的作用及其功能要求可知,在换料后可燃毒物的残余量应尽可能少,因此除了长寿的铪、铕等控制材料外,其他控制材料一般都能作为可燃毒物使用。常用的元素有硼和钆,前者多做成棒状或管状插进燃料组件中;后者多和燃料混合在一起,如在 UO_2 燃料中掺进3%～10%的 Gd_2O_3 作可燃毒物。

早期压水堆曾采用硼不锈钢作可燃毒物棒,但由于硼燃耗后,留下的不锈钢棒仍有较大的中子吸收截面,这与可燃毒物的性能要求不符,后改为硼玻璃放在不锈钢或锆合金包壳管内作毒物棒。由于在堆芯寿期末,硼已基本耗尽,剩下的仅是吸收截面比较小的玻璃,所以它比用硼不锈钢作毒物棒的寿期长。

7.3　控制棒材料的性能要求及其类型

7.3.1　控制棒材料的性能要求

控制棒是控制反应性的可移动部件,对反应堆的安全运行非常重要。由于控制棒放于燃料组件中与冷却介质接触,所以控制棒材料应满足下列性能要求:

(1)中子吸收截面大,其嬗变核素(子代产物)也应具有较高的中子吸收截面(可燃毒物除外),以增加控制棒的使用寿命;

(2)材料对中子的 $1/v$ 吸收(v 为中子速度)和共振吸收能阈广,即对热中子和超热中子都有较高的吸收能力;

(3)熔点高、导热好、热膨胀系数小,使用时尺寸稳定并与包壳相容性好;

(4)中子活化截面小,含长半衰期同位素少;

(5)强度高、塑韧性好,抗腐蚀、耐辐照;

(6)生产工艺简便、容易加工、成本低廉。

7.3.2　控制棒材料的类型

反应堆控制棒材料主要是根据使用温度、反应性的控制要求并结合材料性能因素综合考虑而确定的。由于堆型的不同,控制材料的类型很多,但大体可分为以下几类:

（1）元素控制材料，如 Hf、Cd、B、Gd、Ta 等；

（2）合成金属控制材料，如 Ag – In – Cd、硼不锈钢和硼钢等；

（3）陶瓷控制材料，如 B_4C，$B_4C – Al_2O_3$ 烧结块，稀土元素和氧化物的烧结体等，以便提高抗蚀性和耐高温性能；

（4）弥散体控制材料，如硼钛、硼锆和稀土元素弥散在不锈钢基体上，以便提高强度和核性能的均匀性。

图 7 – 6 显示了主要控制元素的中子吸收截面和能量的关系。

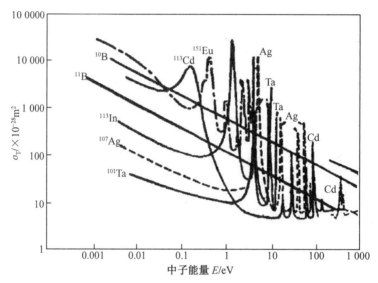

图 7 – 6　主要吸收材料对 0.005 ~ 100 eV 中子的吸收截面
（σ_T 为吸收截面加上散射截面，散射截面通常可忽略不计）

7.4　主要控制材料性能及其特点

7.4.1　铪（Hf）

铪是性能比较优异的控制材料，也是压水堆理想的控制棒材料。但它在自然界中与 Zr 大约以 1∶50 的比例共存，比较稀缺昂贵，从而限制了它的使用。

从图 7 – 7 中实线和图 7 – 8 有关铪的中子吸收谱线、力学性能和核截面数据，不难看出铪具有下列特点：

（1）铪对热中子及超热中子均具有良好的共振吸收能力，即在较大的能量范围内，铪具有良好的中子吸收能力。

（2）铪有 6 种同位素，吸收截面全都比较高，它们的嬗变产物也具有较高的中子吸收截面（表 7 – 2），并且半衰期长，这意味着铪的使用寿命长。例如从图 7 – 7 看出，含 3% 硼的不锈钢，虽然吸收中子的能谱与铪相似，但只能使用 3 ~ 5 a，而铪控制棒可使用 20 a。

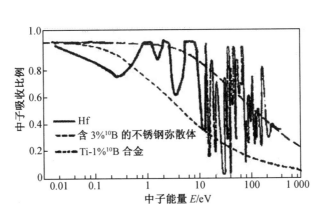

图7-7 厚5 mm的吸收材料的中子吸收比例

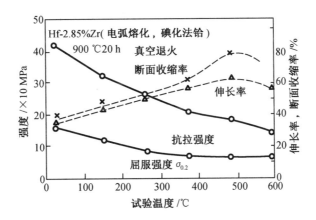

图7-8 铪的力学性能(空气中拉伸试验)

表7-2 有关铪同位素的核性能

核素	丰度/%	主要反应	热中子截面(0.025 3 eV)/×10⁻²⁸ m²	共振积分截面/×10⁻²⁸ m²
^{175}Hf	0.16	^{175}Hf$(n,\gamma)^{176}$Hf	400±50	
^{176}Hf	5.16	^{176}Hf$(n,\gamma)^{177}$Hf	15±15	≈900
^{177}Hf	18.39	^{177}Hf$(n,\gamma)^{178}$Hf	380±30	8 090±1 800
^{178}Hf	27.24	^{178}Hf$(n,\gamma)^{179}$Hf	80±10	1 610±300
^{179}Hf	13.59	^{179}Hf$(n,\gamma)^{180}$Hf	70±15	500±200
^{180}Hf	35.46	^{180}Hf$(n,\gamma)^{181}$Hf	10±2	≈18

(3)铪吸收中子为(n,γ)反应,比(n,α)反应辐照效应小,这对延长寿命和保证使用安全有利。

(4)铪的熔点高(2 210℃),热膨胀系数小($5.6×10^{-6}$/℃),这能增强控制棒使用时的热稳定性,避免控制棒与导向管内壁胀结或粘连。

(5)从图7-8看出,铪具有较高的力学性能,塑性好,容易加工成型。另外,耐辐照、抗高温水腐蚀性能好，因此可以不用包壳直接作控制棒使用。

铪的上述优点，使铪在反应堆发展初期即被广泛使用，但因 Zr 与 Hf 的化学性质相似，分离成本高，且密度大（13.29 g/cm³），后来被 Ag - In - Cd 合金所代替。目前，铪一般用作船用动力堆的控制棒材料。

7.4.2　银 - 铟 - 镉（Ag - In - Cd）合金

Ag - In - Cd 合金是为了取代稀缺昂贵的 Hf 而研制的合金。该合金是在镉控制棒基础上发展起来的。镉共有 8 种稳定同位素，即 ^{106}Cd，^{108}Cd，^{110}Cd，$\cdots$，^{114}Cd。只有丰度占 12.3% 的 ^{113}Cd 具有很高的热中子吸收截面（2.0×10^{-24} m²），其余的并不高，而且对超热中子没有共振吸收能力（见图 7 - 6），所以天然镉的吸收截面为 2.45×10^{-25} m²，并且镉的强度低，耐蚀性差，熔点低。因此镉作为控制材料并不理想，它的主要缺点是燃耗快、寿命短。但镉的价格低廉，加工性能好，耐辐照（再结晶温度低，易恢复），用铝、锆或不锈钢作控制棒包壳后，一般在试验堆和零功率堆上使用。

由于 Cd 的上述缺点，后来又发展了 Ag - Cd 和 Ag - In 合金，但它们耐蚀性差。为了提高耐蚀性和高温强度以及改善燃耗快的缺点，又发展了 Ag - In - Cd 合金。它含 15% 的 In，5% 的 Cd，其余为 Ag，其成分匹配是从 Ag - Cd 和 Ag - In 合金的大量试验研究中确定的，其特点如下：

（1）为提高耐腐蚀和耐高温性能，基体最好是单相面心立方（fcc）晶格，所以选用晶胞为 fcc 的 Ag 作基体。从图 7 - 9 看出，含 15% 的 In 和 5% 的 Cd 的 Ag - In - Cd 合金恰位于 fcc 单相区中。

（2）从图 7 - 10 看出，Ag - In - Cd 合金对中子的吸收特性（图中实线），它与 Hf 的中子吸收特性（见图 7 - 7）完全相似。这表明该合金达到了 Hf 的控制效能，即 Hf 在比较宽的能量范围内吸收中子能力强，尤其对稠密栅格、中子能谱较硬、超热中子较多的压水堆中子场，具有比较强的共振吸收效应。由于 Ag - In - Cd 合金具备了 Hf 的这些核性能特点，所以在有些方面取代了 Hf，并被广泛用作压水堆控制棒材料。

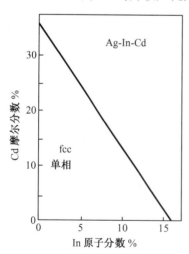

图 7 - 9　Ag - In - Cd 合金的单相区

（已考虑 10^{14} cm^{-2}·s^{-1} 之下辐照 3 000 h 之后的核转变）

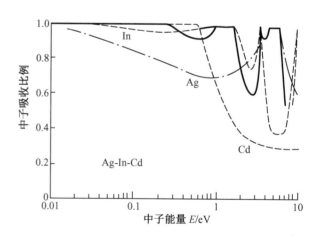

图 7 - 10　单独的 Ag, In, Cd 及 Ag - In - Cd(1:1:1) 混合物的中子吸收特性

（3）从图7－11和7－12看出，含15％In,5％Cd的Ag－In－Cd合金具有较高的蠕变强度和良好的加工硬化性能，对保证控制棒在高温下和抗热振的尺寸稳定性有利。

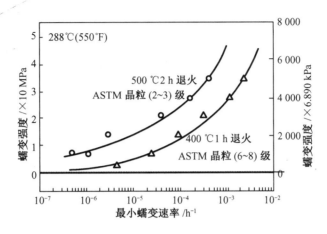

图7－11　Ag－15％（质量分数）In－5％Cd
合金在288 ℃下的蠕变性能

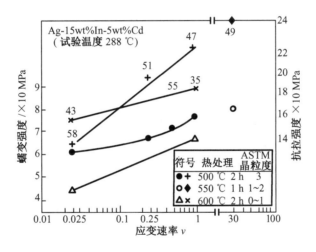

图7－12　Ag－15％（质量分数）In－5％Cd
合金的应变速率与强度的关系

（4）Ag－In－Cd合金的抗辐照性能比较好，其甚至在2.2×10^{21} cm^{-2}注量辐照下，未表现出明显的辐照硬化与脆化，这可能与Ag－15％In－5％Cd合金基体为面心立方晶格结构有关，因为fcc结构的奥氏体不锈钢对辐照也不敏感，直到5.0×10^{21} cm^{-2}才显示出性能有变化。

7.4.3　含硼控制材料

硼资源丰富并在较宽的中子能量范围内服从$1/v$吸收规律，具有强的中子吸收能力，尤其在中子吸收截面大的天然元素中，以硼和镉最便宜，而镉对超热中子的吸收能力不如硼

（见图7-6），所以硼最容易被首先考虑用作反应堆控制材料。但硼吸收中子后，发生 $^{10}B(n,\alpha)^7Li$ 反应，产生 Li 和 He(α)而易引起晶格损伤、肿胀和内应力，尤其在高燃耗时更严重，这对控制棒的安全和长期使用不利。

在天然硼中只有丰度占18.8%的 ^{10}B 吸收中子截面大（$3.837 \times 10^{-25} \ m^2$），$^{11}B$ 几乎不吸收中子。天然硼的中子吸收截面为 $7.80 \times 10^{-26} \ m^2$，为了提高控制效率，常用浓缩硼。在反应堆中由于要做成控制棒的形式，因此一般不用纯硼形式而采用碳化硼或者硼玻璃的形式做成控制棒。

1. 碳化硼（B_4C）

正因为 B_4C 晶体结构复杂，其间容纳 Li 和 He 的空隙多，所以在中子辐照下 B_4C 的结构比较稳定。另外，结构复杂使 B_4C 质地硬、熔点高（2 350 ℃）、强度大（抗压强度200 MPa），密度小（2.49 g/cm^3），热膨胀系数小（4.5×10^{-6}/℃）、导热好（200 ℃，100.48 J/(m·K)）。这些优点使 B_4C 抗内应力、抗热振、抗温差变形的能力强，即尺寸稳定性好。B_4C 还耐酸、碱腐蚀和成本低廉，因此在各种堆型或中子吸收体中，以采用 B_4C 作控制棒材料的居多数，例如沸水堆、快堆、高温气冷堆（B_4C 弥散在石墨基体上的空心圆柱体）、部分压水堆、个别重水堆和试验堆都采用 B_4C 放在不锈钢包壳内作控制棒。

根据 B_4C 的上述结构和性能，在沸水堆内使用几乎没有什么问题。但快堆控制棒（管束）是 B_4C 烧结块，比较密实，多采用高浓度 ^{10}B。因 ^{10}B 的(n,α)反应放出 He 气，它将引起肿胀，这对使用有危害。尤其快堆只靠控制棒控制，无可燃毒物配合（剩余反应性小），所以控制棒负担繁重，对肿胀问题应予注意。

因释放氦而引起的肿胀量与 B/C 比、^{10}B 浓度、晶粒度以及松装度和添加物有关，并受到使用温度和运行方式的影响，所以肿胀是一个复杂和值得重视的问题。理论计算表明，由 $^{10}B(n,\alpha)^7Li$ 反应所产生的 Li 与 He 原子，体积增大了 20 倍。

尽管 B_4C 与 316 不锈钢或 304 不锈钢相容性比较好，不锈钢包壳在 316 ℃下对辐照也不敏感，但为了防止高温时硼扩散浸入包壳管内壁，一般希望在包壳管的内表面镀一层铬。

（1）碳化硼的核性能

硼（B）有 ^{11}B 和 ^{10}B 两种同位素，天然硼中 ^{10}B 约为 19.8%（摩尔分数），占80.2%（摩尔分数）的 ^{11}B 几乎不吸收中子，只有 ^{10}B 吸收中子发生核反应产生锂和氦，即

$$^{10}B + {}^1n \rightarrow {}^7Li + {}^4He$$

不过在快中子能谱范围内，^{10}B 吸收中子的截面也不大，只有 $2.6 \times 10^{-28} \ m^2$ 左右，因此 B_4C 作为快堆的控制材料，根据需要使用不同浓缩度 ^{10}B 同位素的 B_4C，特别是快堆补偿棒和安全棒倾向使用高浓度 ^{10}B 的 B_4C（例如92%的 ^{10}B）。

在快堆的高能区 ^{10}B 吸收中子产生氚，其反应如下：

$$^{10}B + {}^1n \rightarrow {}^3T + 2{}^4He$$

^7Li 有可观的吸收中子截面，会导致下述反应：

$$^7Li + {}^1n \rightarrow {}^1n + {}^4He + {}^3T$$

图7-13 给出了 ^{10}B 的吸收截面与中子能量的关系，其基本服从 $1/v$ 定律。而 $^{10}B(n,T)2\alpha$ 的反应仅在很高的能量末端才会发生。尽管从控制棒反应性价值密度的观点来看，这个反应是有利的，但是 这种反应的结果是产生氚，由于在快堆运行温度范围内，绝大部分氚要释放到冷却剂和堆芯环境中，它是十分有害的物质，在800℃以下，产生80%左右的氚仍保留在 B_4C 基体内。

（2）碳化硼的物理性能

碳化硼最重要的热物理性质是热导率，这是目前人们最关心的特性参数。每发生一次（n,α）反应释放的能量为 2.78 MeV，并且大部分能量都直接储存在 B_4C 基体内。在快增殖堆中，自然存在的 B_4C 的能量积存量约为 75 W/cm^3。因此，B_4C 吸收体材料中的温度梯度是热导率的正比函数。图 7-14 表示辐照对烧结致密的 B_4C 材料热导率的影响。由图可以看出，经过辐照的 B_4C 其热导率明显降低，这一点是特别重要的。图中下面的几条曲线代表了大量收集的辐照数据，包括了在不同辐照条件下所得到的结果。

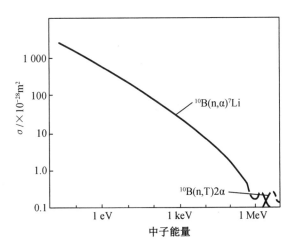

图 7-13　^{10}B 的吸收截面与中子能量的关系

（3）碳化硼的化学性能

B_4C 芯块与奥氏体 316 型不锈钢包壳相容性很好。在芯块表面温度低于 700 ℃时就在包壳内表面生成一层 Fe_2B。如果吸收体棒是通气式结构，间隙内填充金属钠，包壳内壁的腐蚀要加速，要比无钠条件下高 3 倍。如果温度升到 1 226 ℃会形成某种低共晶体。若 B_4C 有过量的硼，将增加对钢的腐蚀。并且已证明，（n,α）反应产生的锂的存在将会促进碳和硼向钢中扩散。

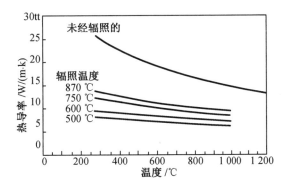

图 7-14　辐照对碳化硼热导率的影响

为了限制 B_4C 芯块与包壳之间的化学反应，影响包壳的厚度，早期限制 B_4C 芯块表面温度不高于 550 ℃，由于控制棒运行数据的积累，现在设计上规定 B_4C 芯块表面温度不高于 600 ℃。辐照期为 400 个有效天时包壳碳化层厚度前者为 8 μm，后者为 10 μm。

（4）He 的产生和释放

根据硼吸收中子的反应，每消耗 1 个 ^{10}B 原子，产生 1 个 He 原子，所以 He 的产生随 B 燃耗按线性增加。对于天然的 B_4C 来说，如果把 1 m^3 中的 ^{10}B 原子全部耗尽，也就是说在 1 m^3 的 B_4C 中发生 2.2×10^{28} 次俘获，那么在标准压力和温度条件下，就可以产生 814 m^3 的 He 气。在产生的过程中，He 的释放与辐照温度和 B 燃耗有关。当 B 燃耗低于 10^{26} cap/m^3（cap:俘获），辐照温度大于 1 000 ℃时，由图 7-15 看出，He 释放率很低，随着 B 燃耗加深，辐照温度升高会加速 He 的释放，当 B 燃耗超过 150×10^{26} cap/m^3，辐照温度高于 1 000 ℃时，He 的释放量几乎等于它的产生量。

图 7-15 进一步说明辐照温度对 He 释放的影响。可十分清楚地看出，在 B 燃耗低于 150×10^{26} cap/m^3 范围内，He 释放与温度服从线性关系；当 B 燃耗超过 150×10^{26} cap/m^3，B

燃耗效应大于温度效应。

此外 B_4C 芯块密度、晶粒度和 ^{10}B 加浓度也影响 He 释放率,不过在 B 高燃耗下,这种效应可以略去不计。因为高燃耗下芯块碎裂,支配着 He 释放。

2. 硼不锈钢和硼钢

在不锈钢中加入大量硼后,因析出 $(FeCr)_2 \cdot B$ 复杂硼化物相,性能变得硬而脆,难于加工。试验证明,调整 18Cr – 8Ni 成分为 19Cr – 14Ni 后加适量铝,在含硼量小于 3% 时,还可以施行热加工。大于此值,加工成形就困难了,因为硼含量愈大,强度愈高,延伸率愈小,增大了塑性变形难度,极易脆裂。由于

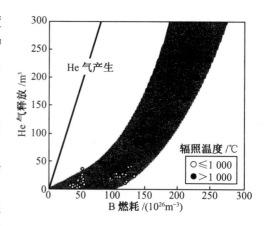

图 7 – 15　碳化硼芯块内氦气释放与硼燃烧的关系

硼不锈钢基体仍是面心立方晶体,辐照后性能变化不明显,所以它被用作可燃毒物插入沸水堆燃料组件的间隙中。

含 2% ~4% 硼的硼钢是用作气冷堆的控制棒材料,它和硼不锈钢一样也难于加工。但经提高钢的纯净度和加铝后,形成 Fe – B – Al 合金可使含 2% ~4.75% 硼的硼钢进行锻造和轧制。气冷堆硼钢控制棒的包壳是奥氏体不锈钢。

3. 硼硅酸玻璃

硼硅酸玻璃,如 Pyrex 玻璃(SiO_2 82.8%, B_2O_3 11.5%, Al_2O_3 1.3%, $Na_2O + K_2O$ 4.4%),它的热膨胀系数小,耐热性好,抗辐照,尤其是硼可连续调节、加工方便、成本低,因此被用作压水堆固体可燃毒物棒,其缺点是 (n,α) 反应引起肿胀大,需放在奥氏体不锈钢壳管内使用。

7.4.4　稀土控制材料

适合作反应堆控制材料的稀土元素有铕、钆和镝。铕适合作控制调节棒,在长期使用中其效率不会发生变化,当俘获中子后在调节棒中所产生的核素也有很大的中子俘获截面,因此氧化铕调节棒可长期有效地使用。但氧化铕的价格很昂贵,钆和镝也有很大的中子吸收截面,适合做反应堆内的调节棒和控制棒。

1. 铕

铕是 63 号元素的中文名称,古代无此字,这是我国根据拉丁文名称的音译,为此专门新造了一个形声字。铕元素的绝大多数生成于恒星演化核燃烧阶段的中子俘获过程,地壳丰度 2.1,居第 50 位。在化学元素周期表中,铕属于 f 区镧系的稳定稀土金属元素。

1896 年,法国化学家德马尔赛在不纯的氧化钐中发现了铕。这是人类发现的第 77 种元素,他为其命名的拉丁文名称叫 europium,元素符号——Eu。

铕属于亲氧元素,自然界中无单质存在,多与铈组稀土元素一起,以氧化物的形式蕴藏在富含氧的氟碳铈镧矿、异性石矿、黑稀金矿与独居石矿中,特别是我国台湾地区的黑独居石矿里铕含量最高,铕也多少不等地存在于其他稀土矿物里。

铕有两种天然同位素,名称、符号及所占百分率分别是铕 – 151(^{151}Eu)占 47.82%、铕 – 153(^{153}Eu)占 52.18%。

铕的原子半径为(共价半径)185 pm,离子半径94.7 pm(+3 价),112 pm(+2 价),相对原子质量151.964,原子的摩尔体积28.98 cm^3/mol,密度5.259 g/cm^3;比热容138 $J/(kg\cdot K)$,熔点828 ℃,沸点1 596 ℃;电阻率90.0 $\mu\Omega\cdot cm$。

金属铕为银白色,晶体结构类型为金属晶体、立方晶系体心立方晶格,密度和硬度较小,质地较软,延展性好;能抽成丝,轧成箔。在镧系元素中比热容最小,热膨胀系数最高。电阻率偏高,传热、导电能力较差;有顺磁性,−268.78 ℃以下有超导性。

铕的价电子构型$4f^76s^2$,电负性1.1,第一电离能548 kJ/mol,标准电极势−2.407 V;氧化数+3、+2,常见化合价+3。

铕的化学性质比较活泼。室温下,在干燥空气中氧化缓慢,在潮湿空气中氧化迅速,表面颜色变暗,但不能阻止进一步氧化;可燃性强,高于300 ℃时能燃烧成氧化物;高于1 000 ℃时,能燃烧成氮化物。与冷水作用缓慢,与热水作用迅速,但都能放出氢气,生成+3 价氢氧化铕。在较高温度下可跟碳、氮、硫、磷、硅、卤素等多种非金属元素化合,生成相对应的化合物;也能把钛、钒、铬、锰、铁等金属,从它们的化合物中置换出来。

铕为碱性金属,不溶于碱,溶于稀酸。与稀的硫酸、碳酸、硅酸、磷酸等反应,均能放出氢气,生成相对应的铕盐。高价氧化物呈碱性,其水合物为碱性氢氧化铕。

铕的化合物类型主要是铕的非金属化合物、含氧酸盐和无氧酸盐。常见化合物有氧化铕(Eu_2O_3)、氟化铕(EuF_3)、硫酸铕[$Eu_2(SO_4)_3$]、碳酸铕[$Eu_2(CO_3)_3$]、磷酸铕($EuPO_4$)、氢氧化铕[$Eu(OH)_3$]、六水氯化铕($EuCl_3\cdot 6H_2O$)等。

利用铕核很强的热中子吸收能力(平均中子吸收截面1.5×10^{-24} m^2,热中子能量为0.01~0.5 eV 时,其吸收截面为2.0×10^{-25}~2.0×10^{-24} m^2),可制作核反应堆的控制棒、补偿棒和安全棒。其中Eu_2O_3–Al 或Eu_2O_3–不锈钢是用于高通量同位素堆(HFIR)的控制材料。铕的每一代嬗变核素都有较大的中子吸收截面,如^{151}Eu(9.0×10^{-25} m^2),^{152}Eu(5.5×10^{-26} m^2),^{153}Eu(4.2×10^{-26} m^2),^{154}Eu(1.5×10^{-25} m^2),^{155}Eu(1.4×10^{-25} m^2),所以Eu 同Hf 一样,属于无燃耗长寿命控制材料。例如Eu_2O_3吸收价值减少10%所需的时间大约是B_4C的3 倍,即使使用10 a 后,其吸收价值仍有3/4。显然,长寿命控制材料不能作可燃毒物用。

从前面的图7–6 可以看出,尽管Eu 的共振吸收截面高,但(n,γ)反应强,放射性大,不宜用作压水堆的控制棒材料,但是可用于其他类型的反应堆。稀土元素价格昂贵,它们多以氧化物或以弥散体的形式使用。

2. 钆

钆是64 号元素的中文名称,读作gá,古代无此字,这是我国根据它拉丁文名称的音译,为此专门新造的一个形声字。钆元素的绝大多数生成于恒星演化核燃烧阶段的中子俘获过程和质子俘获过程;地壳丰度7.7,居第41 位。在化学元素周期表中,钆属于f 区镧系的稳定性稀土金属元素。

1880 年,瑞士化学家马里纳克首先从褐钇铌矿中分离出一种不纯的钆土——氧化钆;1886 年,法国化学家布瓦博德朗又从不纯的钐土中分离出纯氧化钆,并确定它含有一种新元素。这是人类发现的第73 种元素,他为其命名的拉丁文名称叫gadolinium,元素符号——Gd。

钆属于亲氧元素,自然界中无单质存在,最爱跟铈组稀土中的镨、铕、钐、钕一起,以氧化物形式共生在富含氧的褐钇铌矿、氟碳铈矿、独居石矿与黑稀金矿里,也或多或少地存在于其他稀土矿物中。

钆的天然同位素有 7 种，名称、符号及所占百分比分别是：钆－152（^{152}Gd）占 0.2%、钆－154（^{154}Gd）占 2.15%、钆－155（^{155}Gd）占 14.73%、钆－156（^{156}Gd）占 20.42%、钆－157（^{157}Gd）占 15.68%、钆－158（^{158}Gd）占 24.87%、钆－160（^{160}Gd）占 21.90%。

钆的原子半径为（共价半径）161 pm，离子半径 93.8 pm（+3 价）；密度 7.895 g/cm^3，相对原子质量 157.25，原子的摩尔体积 19.91 cm^3/mol；比热容 234 J/（kg·K），熔点 1 312 ℃，沸点 3 233 ℃；电阻率 140.5 μΩ·cm。

金属钆呈银白色，晶体结构类型为金属晶体、六方晶系；能发光，密度和硬度较低，质软如银，延展性好；电阻率很高，传热、导电能力较差，却有良好的超导性；具有强顺磁性，并具有磁致伸缩性。

钆的价电子构型为 4f^{7}5d^{1}6s^2，电负性 1.1，第一电离能 594 kJ/mol，标准电极势 −2.397 V；氧化数 +3，化合价 +3。

钆的化学性质比较活泼。常温下，在干燥空气中氧化缓慢，在潮湿空气中金属表面变暗，生成的氧化膜容易脱落；可燃性强，升温至 300 ℃ 在空气中燃烧，生成氧化钆；升温至 1 000 ℃ 以上时，在空气中燃烧生成氮化钆。与冷水反应缓慢，与热水反应迅速，但都能放出氢气，生成氢氧化钆。在高温条件下，能跟碳、氮、硫、磷、硅、卤素等许多非金属元素反应，生成稳定化合物。能把活泼性差的两性金属单质，从它们的化合物中置换出来。

钆为碱性金属，不溶于碱，溶解在稀酸中放出氢气，生成相应的盐类。氧化物呈碱性，其水合物为碱性氢氧化钆。

钆的化合物类型主要是钆的非金属化合物、含氧酸盐和无氧酸盐。常见化合物有氧化钆（Gd_2O_3）、氟化钆（GdF_3）、碳酸钆［$Gd_2(CO_3)_3$］、磷酸钆（$GdPO_4$）、硝酸钆［$Gd(NO_3)_3$］、氢氧化钆［$Gd(OH)_3$］、六水氯化钆（$GdCl_3·6H_2O$）等。

在核反应方面，钆是稳定元素，但钆 152 是放射性同位素，能进行 α 衰变。

利用钆核的最佳吸收热中子能力（平均中子吸收截面 $3.63×10^{-24}$ m^2，热中子能量为 $1.0×10^{-4}$ ～ 0.1 eV 时，其吸收截面为 $1.0×10^{-25}$ ～ $8.0×10^{-23}$ m^2），制作核反应堆中的控制棒、补偿棒与安全棒，也作为防止中子辐射造成危害的防护材料。钆可作为合金元素加入不锈钢和钛合金中。这种含钆量达 25% 的合金在 360 ℃ 以下都是稳定的，含钆不锈钢的硬度和脆性随钆含量的增加而增加，Gd_2O_3 可用作动力堆的可燃毒物。

利用钆的核磁特性，把钆的配合物 Gd－DOTA 制成核磁共振成像造影反差剂，可用于医院的透视诊断，可大幅提高图像的清晰度。

3. 镝

镝是 66 号元素的中文名称，这是我国很早就有的一个形声字，读作 dī，名词，箭头之意；66 号元素的拉丁文名称传入我国后也音译作镝。镝元素生成于恒星演化核燃烧阶段的中子俘获慢过程、中子俘获快过程和质子俘获过程，地壳丰度 6，居第 42 位。在化学元素周期表中，镝属于 f 区镧系的稳定性稀土金属元素。

1886 年，法国化学家布瓦博德朗用分级沉淀法把不纯的钬土一分为二，并通过光谱分析证明其中有一种新元素。这是人类发现的第 74 种元素，他为此命名的拉丁文名称叫 dysprosium，元素符号——Dy。

镝属于亲氧元素，自然界中无单质存在，常跟钇组稀土混在一处，以氧化物形式蕴藏在富含氧的硅铍钇矿、独居石矿、氟碳铈镧矿与褐钇铌矿中，尤其是与钬更是亲密得难解难分,也多少不等地存在于其他稀土矿物中。

镝的天然同位素有 7 种,名称、符号及所占百分比分别是:镝 – 156(^{156}Dy)占 0.052%、镝 – 158(^{158}Dy)占 0.09%、镝 – 160(^{160}Dy)占 2.29%、镝 – 161(^{161}Dy)占 18.88%、镝 – 162(^{162}Dy)占 25.53%、镝 – 163(^{163}Dy)占 24.97%、镝 – 164(^{164}Dy)占 28.18%。

镝的原子半径为(共价半径)159 pm,离子半径 91 pm(+ 3 价),相对原子质量 162.5,原子的摩尔体积19.1 cm^3/mol,密度 8.55g/cm^3;比热容 172 J/(kg·K),熔点 1 407 ℃,沸点 2 335 ℃;电阻率 57.0 μΩ·cm。

金属镝为银白色,晶体结构类型为金属晶体、六方晶系;密度和硬度较小,有延展性;电阻率较高,传热、导电性稍差;有铁磁性,而且磁矩大,在 – 268.78℃ 以下有超导性。

镝的价电子构型 4f^{10}6s^2,电负性1.1,第一电离能 657 kJ/mol,标准电极势 – 2.355 V;氧化数 + 3、+ 4,常见化合价 + 3。

镝的化学性质比较活泼。在空气中,常温下金属表面容易生成氧化膜;具有可燃性,加热条件下可以燃烧,300 ℃ 以上时生成 + 3 价氧化物,1 000 ℃ 以上时生成 + 3 价氮化物。与冷水反应缓慢,与热水反应强烈,但都能放出氢气,生成氢氧化镝。在温度较高时,可跟碳、氮、硫、磷、硅、卤素等大多数非金属化合。

镝为碱性金属,与碱不发生作用;溶于稀酸,与稀硫酸、盐酸、草酸、碳酸等均能反应,放出氢气,生成相应的镝盐。氧化物呈碱性,其水合物为碱性氢氧化镝。

镝的化合物类型主要是镝的非金属化合物、含氧酸盐和无氧酸盐,常见化合物有氧化镝(Dy$_2$O$_3$)、氟化镝(DyF$_3$)、氢氧化镝[Dy(OH)$_3$]、碳酸镝[Dy$_2$(CO$_3$)$_3$]、磷酸镝(DyPO$_4$)、六水氯化镝(DyCl$_3$·6H$_2$O)等。

利用镝核的中子吸收能力(平均中子吸收截面 1.1 × 10^{-25} m^2,热中子能量为 5.0 × 10^{-3} ~ 3 eV 时,其吸收截面为 1.0 × 10^{-26} ~ 6.0 × 10^{-25} m^2),可制作核反应堆中的控制棒、补偿棒与安全棒。

第 8 章　反应堆慢化剂和冷却剂材料

8.1　慢化剂材料

8.1.1　概述

由于中子能使 $^{235}_{92}U$、$^{239}_{94}Pu$ 和 $^{233}_{92}U$ 发生裂变反应，并且每次裂变产生的平均中子数大于 1，这才使建造核反应堆成为可能。如果每次裂变产生的中子有一个继续引起另一次核裂变，就会发生自持裂变链式反应。裂变反应产生的中子能量可以用 Maxwellian 分布来描述，平均值在 2 MeV 左右。每次裂变产生的中子数平均约为 2.5 个，根据核裂变的特性，由中子引发的裂变反应，其反应截面随着中子能量的减小而增加，所以降低裂变中子的能量是有利的，可以提高持续核裂变反应的可能性。利用慢化剂可以达到这一目的，慢化剂是一些中子散射截面大、吸收截面小的材料，在慢化剂中中子和核的碰撞会降低中子能量而不过多地吸收中子。原则上很多材料可以作为慢化剂，但在实际上只有少数几种已被采用。使用慢化剂的反应堆一般称为热中子反应堆或者超热中子反应堆，这取决于中子能量减小的程度。一般来讲，对慢化剂的要求是：中子吸收截面小，质量数低，散射截面大；热稳定性及辐射稳定性好；传热性能好；密度高；价格便宜，容易加工。本章主要叙述对慢化剂材料的一般要求及已被广泛使用的慢化剂材料在使用中的行为。

在反应堆内感兴趣的中子能量范围是从 0.02 eV 到 10 MeV，中子和静止状态的原子核之间的相互作用可以用弹性碰撞方法来进行处理。如果原子核的相对原子质量是 A，那么初始能量为 E_n 的一个中子损失的能量 ΔE_n 由下式给出：

$$\frac{E_n - \Delta E_n}{E_n} = \frac{A^2 + 2A\cos\theta + 1}{(A + 1)^2} \tag{8-1}$$

式中，θ 是质量中心系中的中子散射角。式（8-1）可以改写成

$$\Delta E_n = E_n\left[\frac{2A(1 - \cos\theta)}{(A + 1)^2}\right] \tag{8-2}$$

当 $\theta = \pi$ 则 $\cos\theta = -1$，ΔE_n 达最大，括号内的值变为 $[4A/(A + 1)^2]$，用 α 来表示。在质量中心系中散射一般是各向同性的，中子损失的平均能量是最大能量的一半：

$$\overline{\Delta E_n} = \frac{1}{2}\alpha E_n \tag{8-3}$$

式（8-3）表示每次碰撞中子的能量损失与散射核的相对原子质量有关，在最轻的氢原子核的情况下，$A = 1$，$\alpha = 1$，因而一个中子与一个氢核发生一次碰撞就可能失去它全部的动能，对于碳原子，$A = 12$，则 $\alpha = 0.284$。随着相对原子质量 A 的增加，α 可用下式表示，即

$$\alpha = 1 + \frac{(A + 1)^2}{2A} \tag{8-4}$$

1. 衡量慢化剂优劣的参数

（1）平均对数能降 ε

对于中子和原子核的碰撞，一般习惯定义一个平均对数能降 ε，也就是 $\ln(E_1/E_2)$ 碰撞的平均值，E_1 和 E_2 分别是碰撞前后的中子能量。ε 由下式给出：

$$\varepsilon = 1 + \frac{(A+1)^2}{2A}\ln\left(\frac{A-1}{A+1}\right) \tag{8-5}$$

当 $A > 10$ 时，式（8-5）可变为下面的近似关系式：

$$\varepsilon = 2/(A+2/3) \tag{8-6}$$

上式说明，如果在质心系（以中子和靶核的重心为坐标原点）内散射是各向同性的（球对称），平均对数能降 ε 值只和靶核的相对原子质量 A 有关，可以看出，中子与质量越小的靶核碰撞其平均对数能降越大，这一过程与中子能量无关。这就使 ε 成为计算慢化特性的非常有用的量。

（2）慢化能力（$\varepsilon\Sigma_s$）

慢化能力是介质的宏观散射截面 Σ_s 与中子平均对数能降 ε 的乘积。宏观散射截面由下式给出：

$$\Sigma_s = N_A\rho\sigma_s/A \tag{8-7}$$

式中　N_A——阿伏伽德罗常量；

　　　ρ——密度；

　　　σ_s——微观散射截面。

从中子慢化角度来看，除慢化剂应为轻元素外，还应具有大的平均对数能降 ε 值和大的宏观散射截面 Σ_s。否则，仅 ε 值大而中子与靶核发生散射碰撞概率小，中子能量降低也少。所以把 $\varepsilon\Sigma_s$ 叫作慢化剂的慢化能力。慢化能力大，表明中子慢化长度（行程）短，泄漏的中子少，因此装入堆芯的慢化剂体积可以小一些。

（3）慢化比（$\varepsilon\Sigma_s/\Sigma_a$）

慢化比是慢化剂的慢化能力与其宏观吸收截面之比。也就是作为慢化剂希望它的慢化能力 $\varepsilon\Sigma_s$ 要大，但宏观吸收截面 Σ_a 要小。否则，将会有较多被慢化的中子在被燃料吸收之前就被慢化剂吸收掉了。因此，慢化比是表征慢化剂优劣的一个重要物理参数。

从式（8-6）看出，质量愈轻的元素，ε 值愈大，即 ΔU 差值愈大，碰撞后的中子剩余能量愈小，即每次散射平均损失的中子动能多，也就是说质量轻的元素，中子慢化效果好，它可减少快中子慢化到热中子时的碰撞次数。

ε 值大对提高慢化能力（$\varepsilon\Sigma_s$）和慢化比（$\varepsilon\Sigma_s/\Sigma_a$）有利，而这两个值是判断慢化剂优劣的重要判据。从 $\varepsilon = \overline{\ln(E_1/E_2)}$ 可知，若 N 为平均慢化碰撞次数，中子与某一特定慢化剂的原子核碰撞，从能量 E_1 降到 E_2 所需平均碰撞次数为

$$N = \ln(E_1/E_2)/\varepsilon \tag{8-8}$$

上式说明，当由式（8-6）计算出 ε 后，即可算出在特定介质中，由平均能量 2 MeV（E_1）的快中子降低到 0.025 eV（E_2）热中子时的平均碰撞次数。因 $\ln(E_1/E_2) = \ln(2.0\times10^6/0.025) = 18.2$，所以碰撞次数

$$N = 18.2/\varepsilon \tag{8-9}$$

表8-1列出了常用慢化剂的 ε 值及由式（8-9）求出的中子能量由 2.0 MeV 降至 0.025 eV 热中子化的过程中，所需的平均碰撞次数。

表 8 – 1　不同元素在轻水中的散射性质

元素	氢	氘	氦	锂	铍	碳	氧	铀	H_2O	D_2O
相对原子质量	1	2	4	7	9	12	16	238	18	20
ε 值	1.000	0.725	0.425	0.268	0.209	0.158	0.120	0.008 38	0.925	0.572
热中子化平均碰撞次数 $18.2/\varepsilon$	18	25	43	67	86	114	150	2 172	20	28.3

表 8 – 2 列出了常用慢化材料的慢化能力和慢化比。从表中数据可以看出,重水的慢化比最大,慢化能力居第二,所以具有良好的慢化性能,但价格贵;水的慢化能力 $\varepsilon\Sigma_s$ 值最大,故用水作慢化剂的反应堆,具有较小的堆芯体积。但水的吸收截面较大,消耗中子多,因此需用浓缩铀作燃料;石墨的慢化比也较大,慢化性能较好,但它的慢化能力小,慢化长度大,因而石墨堆一般具有较大的体积。

表 8 – 2　常用慢化剂材料的慢化能力和慢化比及核性能

慢化剂	单位	水	重水	石墨	氦	铍
慢化能力 $\varepsilon\Sigma_s$	cm^{-1}	1.53	0.170	0.064	1.6×10^{-5}	0.176
慢化比		72	21 000	170	83	159
微观散射截面	10^{-24} cm^2	49	10.5	4.8		7.0
宏观散射截面	cm^{-1}	1.64	0.35	0.41		0.86
微观吸收截面	10^{-24} cm^2	0.66	0.002 6	0.003 7		0.010
宏观吸收截面	cm^{-1}	0.022	8.5×10^{-5}	3.7×10^{-4}		1.2×10^{-3}

2. 慢化剂应具备的性能

从慢化材料的物理功能和工程应用考虑,慢化剂材料还应具备下列性能:

(1) 质量轻、对中子散射截面大、吸收截面小,使慢化剂具有足够的慢化能力和慢化比以及较大的平均对数能降 ε 值,以确保散射碰撞时,中子能量损失大,慢化效果好;

(2) 与燃料元件包壳材料和冷却剂材料相容性好,不起化学作用;

(3) 化学稳定性和辐照稳定性好,并有一定的机械强度(固体慢化剂),成本低廉。根据上述要求,常用的慢化剂材料有轻水、重水、石墨、铍和氧化铍等。

8.1.2　固体慢化剂

1. 石墨

石墨是迄今为止最重要的慢化剂材料之一。世界上建造的第一座核反应堆用石墨作为慢化剂,利用天然铀作为燃料,这样可以避免昂贵的铀的富集过程。石墨已经用于各种类型的反应堆,包括钚生产堆和二氧化碳冷却的动力堆。目前也有一些新型反应堆设计使用石墨作慢化剂。

(1) 石墨的制造

核反应堆中使用的石墨慢化材料由焦炭制成,这种焦炭可以由多种方法制得。焦化所得的产品被粉碎,然后加热到 900 ~ 1 300 ℃进行煅烧,去除挥发性物质,以防止后续过程中收缩过大。近代某些工艺,通过在煅烧过程中避免或者降低挥发性物质的损失,从挥发性材料中生产出碳素。焦炭由油类或沥青等高分子量化合物制得,它的结构可以变化很大。石油焦产品具有明显的非等轴性和高度择优取向的结构,而沥青焦产品的结构是各向异性但非等轴性程度较小。特殊的原料可以生产出极其复杂的各向同性的焦颗粒。

一定大小配比的焦炭颗粒与煤沥青油相混合,产生一种可塑的混合料,混料是在能保证好的混料效果的温度下进行。这种可塑的混合料经挤压、模压或等静压的方法成形到所希望的形状。在成形过程中,焦炭颗粒的形状是重要的,因为非等轴颗粒在挤压或压制过程中要择优取向,从而得到各向异性的最终产品。本来各向同性的等轴焦粒产生各向同性的最终产品,与成形工艺无关。长条状焦粒的长轴将趋向于平行挤压方向或者垂直模压方向,从而使产品呈现以挤压或压制方向为轴的旋转对称性,这种对称性与石墨晶体以六方轴为对称轴的情况基本一致。

成形半成品在 $750 \sim 900 \ ^\circ C$ 的温度下进行烘烤,使沥青黏结剂焦化而成固体。烘烤时把成形半成品堆放在导电的粒状焦床炉内。使用焦炭作为填料可以支撑成形半成品,同时又提供了加热介质。烘烤用的炉腔较大,这意味着一个烘烤周期需要数十天。这期间大约挥发了 $1/3$ 的沥青黏结剂,从而减小了密度。

烘烤以后,用选定的煤焦油沥青进行一次或多次浸渍,每次浸渍后再进行烘烤使沥青炭化,用这种方法提高半成品密度。为易于浸渍,浸渍用的沥青油熔点和黏滞度要比作为黏结剂的沥青油低。一般 $2 \sim 3$ 次浸渍烘烤过程可以产生所需要的密度增量。

最后石墨化在 Acheson 炉内进行,温度为 $2600 \sim 3000 \ ^\circ C$。炭块堆放在导电的焦炭内,然后整个埋在热绝缘的沙粒中,大电流从水冷电极通入,流经焦炭,水冷电极位于支撑在耐火砖炉壁的炉子两端上。加热 – 冷却周期约 20 d,冷却以后就可以卸料。制造石墨的费用很高,每生产一千克石墨要耗电 $2 \sim 5 \ kW \cdot h$。最终热处理去除了挥发性杂质,但是为了减小中子吸收,核用石墨的纯度要很高,这是通过选用高纯焦炭或者在制备焦炭或石墨过程中加入纯化工艺来取得的。上述过程有许多方法,如热加工最终产品或者使用某些专门的浸渍剂,但至今没有一种在反应堆内大规模使用。

完好石墨的晶体结构如图 8 – 1 所示,它由共价结合的碳原子以六方网格片层组成,碳原子的间距为 1.42×10^{-8} cm,片层以 ABAB 的堆积次序相结合,结合力较弱,片层间距为 3.3535×10^{-8} cm。有时可观察到 ABC 的堆积次序,这与不全位错的排列有关。用于制造石墨的多晶焦炭的晶体不太完好,每六层中近似有一层发生堆垛层错。石墨晶体可有两个明显不同的量度,平行于基面的晶体大小 L_a 和垂直于基面的晶体大小 L_c。不同的测试方法得到稍有差别的结果,但是可以预期,用 X 射线方法测定制造核级石墨的焦炭的 L_a 和 L_c,它们应该分别在 8.0×10^{-6} cm 和 6.0×10^{-6} cm 左右。

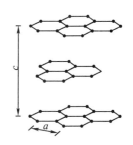

图 8 – 1 石墨晶格

用于早期核反应堆的核级石墨是基于冶金工业用的电极石墨,那时趋向于使用针状焦炭和会产生各向异性的挤压成型工艺,这种工艺使焦粒长轴平行于挤压方向。后来发现这样制得的石墨有一些不足之处,作为一种改进,发展了几种专门用作核反应堆慢化剂的石墨,这种石墨各向趋于同性,密度和强度比早期的高,中子辐照性能也得到了改善。

石墨作为反应堆慢化剂的主要困难是辐照损伤使它的性能发生明显的而且是连续的

变化,从而在设计稳定的寿命长的慢化剂结构时遇到了一些难题。

（2）石墨的辐照损伤机理

中子能量小于 2 MeV 左右时,中子与碳原子核的弹性散射截面基本保持不变,在 4.5×10^{-24} cm^2 左右,随着中子能量增加,由于发生某些非弹性散射,弹性散射截面减小,式（8-2）表明,A 等于 12 时,能量为 E_n 的中子可以传递出的最大能量份额是 0.284,平均值是 0.142。较高能量状态下的碳原子一次碰撞把能量损失在固体的电子中,结果在式（8-8）和式（8-9）近似的情况下,离位数等于 $L_c/2E_d$,与中子起始能量无关。

已经用几种不同的方法测得了从晶格中不可逆地移动一个碳原子所需要的能量 E_d,但在数值上存在明显的差别,因此在比较不同学者报道的原子离位数的不同计算结果时要多加注意。在许多英国学者的计算中,E_d 值使用了 60 eV,而其他一些国家的学者采用 25 eV。在实际情况下,重要的是不同中子谱下的原子离位的相对数,但在理论模型中,离位数的绝对值是重要的。

中子和原子核碰撞引起的一次原子离位会产生进一步的离位,最终形成级联,Simmons 在 1965 年就已经详细分析了级联过程,指出在石墨晶格这种相对开放的结构中,级联分布在一定的体积范围内,而不像在其他固体中形成的离位峰。这种离位趋于以 5~10 个原子结成小团,而且在大多数的情况下,可以认为它们是随机发生的。

（3）石墨的辐照效应

①石墨中的储能

在历史上第一次受到人们重视的石墨辐照效应的严重后果,是由于所形成的晶体点阵缺陷,在石墨晶体内存在过多能量,产生的这种过多的能量称作储能或 Wigner 能,以纪念曾经预言存在这种效应的著名物理学家 Wigner。已经发现,在室温下进行中子辐照,如用燃烧热的增加来测量,这一能量可以达到 2 720 J/g,如果绝热释放,这一能量可以使石墨温度升高到 1 300 K 左右,经过相当小的剂量辐照,就可部分地看到这种现象。如果试样温度被加热到 70 ℃ 左右,它的温度将很快上升到 400 ℃,然后很快返回到室温,图 8-2 表示了这样一个试样的行为,试样放于保持 200 ℃ 的高热容的炉子内,这是一种监督各类反应堆条件的粗略技术。显然,人们担心温度突然上升可能引起反应堆的严重事故,因此产生了在达到这种情况之前,用可控加热的办法来消除石墨慢化剂中储能的技术,设计并制作了各种不同的量热计,用来确定:在恒温或绝热条件下,储能作为时间函数的释放速率;当石墨等速升温时,每单位温升作为温度函数的储能释放速率。

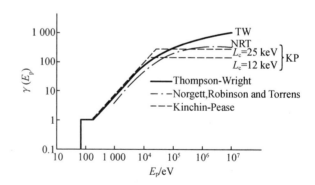

图 8-2　30 ℃ 辐照过的石墨放在 200 ℃ 等温炉内的行为

图 8-2 表明这种能量释放是如何引起温度迅速上升的,当周围温度为 T_s,石墨小试样的温度为 T_g,控制石墨试样温度的公式可以写成

$$m\left(c_p - \frac{\mathrm{d}S}{\mathrm{d}T_g}\right)\left(\frac{\mathrm{d}T_g}{\mathrm{d}t}\right) = hA(T_g - T_s) \qquad (8-10)$$

式中 m——试样质量；

$\quad A$——试样表面积；

$\quad c_p$——比热容；

$\quad h$——试样对周围介质的传热系数；

$\quad S$——单位石墨质量的储能；

$\quad t$——时间；

$\quad c_p - \mathrm{d}S/\mathrm{d}T_g$——石墨的有效比热容,它可以是负值,与升温速度有关,但不是很敏感。

②辐照后石墨的尺寸变化

利用 X 射线测量晶格常数表明,辐照后石墨层间间距增大,而层面上原子间距减小。这些变化反映在多晶石墨的宏观尺寸变化上,它可以增加,也可以减小。

直接测量石墨单晶和用甲烷热解沉积制得的高度择优取向多晶石墨,结果表明垂直于基面方向的晶体伸长量或者平行于基面方向的收缩量总是等于或者大于等效的 X 射线测得的应变量。定义直接测得的垂直或平行于基面的晶体应变分别为 $\Delta X_c/X_c$ 和 $\Delta X_a/X_a$,而相应的晶格常数变化用 $\Delta c/c$ 和 $\Delta a/a$ 表示,那么在任何特定的辐照中

$$\Delta X_c/X_c \geqslant \Delta c/c \text{ 和 } |\Delta X_a/X_a \geqslant \Delta a/a|$$

图 8-3 和 8-4 是高度择优取向的多晶石墨一系列等温辐照实验得到的结果,在较低的辐照温度下,晶体尺寸变化与晶体完整性无关。但是辐照温度提高时,不太完整的晶体的尺寸变化随温度增高而增大;温度更高时,更完整的晶体的尺寸变化也增大了。

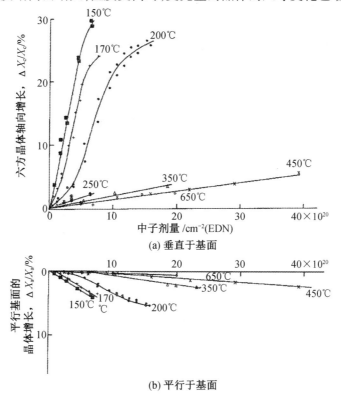

(a) 垂直于基面

(b) 平行于基面

图 8-3 热解石墨的尺寸变化

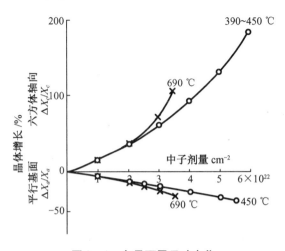

图 8-4　多晶石墨尺寸变化

③石墨的热膨胀系数

在低于 300 ℃ 温度下辐照，改变了单晶的热膨胀系数：垂直于基面的热膨胀系数从 $2.6 \times 10^{-5}\ \mathrm{K^{-1}}$（20～120 ℃）降低到 $1.4 \times 10^{-5}\ \mathrm{K^{-1}}$，而平行于基面的热膨胀系数，在相同的温度范围内，从 $-1.25^{-6}\ \mathrm{K^{-1}}$ 增加到 $+1.0 \times 10^{-6}\ \mathrm{K^{-1}}$ 左右。图 8-5 表示了高度择优取向的热解石墨的热膨胀系数与辐照剂量和温度的关系。多晶石墨的热膨胀系数，在辐照下表现出极其复杂的行为，这是结构因子 A_x（α_c 和 α_a 也一样）随剂量大小发生变化的缘故。

④石墨的热导性能

石墨晶体的基本热导，即平行于基面的 K_a 和垂直于基面的 K_c，主要来自声子的贡献。辐照损伤引起的晶格缺陷使这两个基本热导都减小，但是除了择优取向极高的多晶石墨外，由于 $K_a \gg K_c$，石墨的热导主要由晶粒的基面分量 K_a 决定。普通石墨在 x 方向测得的热导可以写成

$$K_x(T) = \beta_x K_a(T) \tag{8-11}$$

所以，它的变化也是由基面方向的变化所决定，通常情况下，数据是用室温下测得的相对热阻变化来表示的，即

$$f = \frac{K_x^{-1}(T) - K_{0x}^{-1}(T)}{K_{0x}^{-1}(T)} = \frac{K_{0x}(T)}{K_x(T)} - 1 \tag{8-12}$$

式中，$K_{0x}(T)$ 是未经辐照的值。在应用时，需要的是运行温度下的热导，而不是室温下的热导数据。在未辐照状态下，平行于基面的热阻主要是由于晶界散射和碰撞过程。辐照引起的缺陷产生附加的热阻，如果缺陷类型相同，热阻的变化将类似于高热阻试样的热阻变化，因此 f 与材料的晶粒大小有关。已经给出了一些方法，在已知室温 f 的条件下，可以计算某一温度下的热导。增加辐照剂量到某一值，由于晶格缺陷引起的热导变化发生饱和，这一剂量值随着温度升高而降低，但是由于 β_x 因子减小，也可能使热导发生变化。β_x 因子的减小与不协调的晶体应变或氧化产生的孔洞有关。之前已经发现，室温下的 f 与石墨的储能有关，但是在缺陷数量相同的情况下，f 值随晶体完整程度不同而变化，所以不同石墨之间关系式中的常数是不同的，而在同一种石墨内，不随测量方向的变化而变化，图 8-6 表示了某种石墨在不同辐照温度下的 f 值。

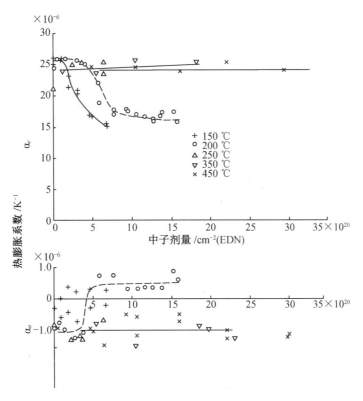

图 8-5 不同温度下高度择优取向的热解石墨的基本热膨胀系数

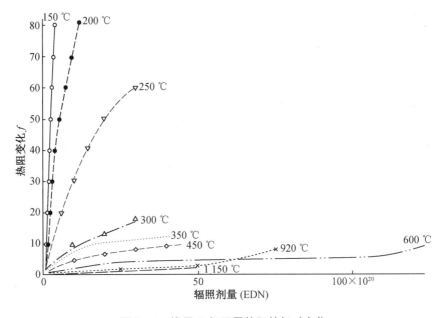

图 8-6 堆用 A 极石墨热阻的相对变化

⑤石墨的力学性能

由于辐照损伤,石墨的力学性能发生明显变化。未经辐照的情况下,多晶石墨呈现脆性材料的特征,在发生相对低的应变时就断裂(拉伸时约0.5%,压缩时约2.0%),但是应力-应变曲线是非线性的,卸载时存在明显的能量迟滞损失和永久变形。重复应力循环,并不增加卸载后的永久变形,但是能量迟滞损失重复发生,图8-7表示了这些特征。由于辐照,应力-应变曲线线性化,永久变形减小,断裂时的应变量降低,但是杨氏模量和强度明显增加。

辐照温度低于300 ℃时,杨氏模量和辐照剂量之间的关系是极其复杂的。随着辐照剂量的增大,杨氏模量首先明显增加,接着下降,然后第二次再显著增大,接着又下降,最终变为零,这是石墨特有的性质。辐照温度高于300 ℃时,杨氏模量开始升高后,接着在一剂量区间内保持不变,然后再明显增加后减小到零,除了最初增加的值随辐照温度而减小外,提高辐照温度将减小杨氏模量发生变化所需的辐照剂量。

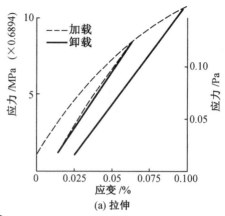

(a) 拉伸

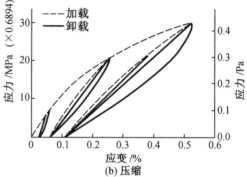

(b) 压缩

图8-7　石墨的应力-应变曲线

2. 氢化锆

由于许多金属氢化物中氢原子密度远远超过液态氢的密度,所以金属氢化物是一种潜在的有效慢化剂,它们特别适用于要求减小堆芯质量和体积的热堆。例如,氢化锆已经用于液态金属冷却的 SNAP（system for nuclear auxiliary power）堆,在法国发展得相当好的 KNK 堆也用了氢化锆作为慢化剂,钠作为冷却剂。将来,这种反应堆可能作为遥远地区的动力站(南北极地区或者行星上)、可移动电站或空间宇航系统。

制备金属氢化物的方法,一般是通过氢和金属在高温下直接反应,随后在氢气氛下冷却,对锆来说,合适的氢化温度是800 ℃,通常氢气压力为1个大气压,但有时也用更高的压力。制成适合于慢化层结构所必需的形状的加工方法有两种:成形金属的直接氢化,或者用氢化物粉末压制成一个所需形状的整体,这两种方法都有它们的不足之处。

氢化锆的密度比金属锆小14%,而且即使在氢化温度下,它的延性也很低,这样就产生一个困难,氢化试件的厚度大于0.5 cm时就可能碎裂。用很慢的氢化速度进行氢化,使氢在金属内的梯度很小,这样就可能制备出较大的慢化剂单元体,用这种方法可以氢化约2.5 cm厚的金属,利用细晶和晶粒随机取向的金属可以改善这一工艺。加入0.3%~0.5%的碳化锆能够达到这一要求,在氢化过程中碳化锆可以阻止晶粒长大。另外一种工艺是直接氢化锆粉,然后用粉末冶金技术制成所需要的单元体,由这种方法制得的部件的物理和力学性能比直接氢化金属件的要差,主要原因是在极短的时间内所需达到的烧结温度使氢化物分解,在这些情况下,块状氢化物的密度大于理论密度的80%是很困难的。表8-3和8-4给出了氢化锆的性质。

表 8-3 氢化锆的性质

性能	数值
结构	f. c. t. [a]
密度(30 ℃)	5. 610 g·cm^{-3}
单位体积氢原子数比热容 N_H	7. 0 × 10^{22} cm^{-3}(298 K)
ZrH$_{1.58}$	40. 7 J·mol^{-1}·K^{-1}
ZrH$_{1.25}$	30. 5 J·mol^{-1}·K^{-1}
热膨胀系数	
ZrH$_{1.54}$(20 ~ 850 ℃)	1. 42 × 10^{-5}·K^{-1}
ZrH$_{1.83}$(20 ~ 550 ℃)	9. 15 × 10^{-6}·K^{-1}
热导率	20 W·m^{-1}·K^{-1}

[a] 面心四方

表 8-4 氢化锆的力学性能

组成	N_H	温度/K	杨氏模量/MPa	拉伸强度/MPa	伸长/%	面积收缩/%
ZrH$_{0.72}$	2. 7 × 10^{22}	300	8. 5 × 10^4	157	0	0
		700	0. 77	155	1. 5	1
		1 000	0. 40	19. 3	49	93
		1 200	0. 30	11	72	100
ZrH$_{1.01}$	4. 0 × 10^{22}	300	8. 1 × 10^4	91	0	0
		700	0. 61	131	1	1
		1 000	0. 44	19. 3	53	100
		1 200	0. 17	22. 7	22	61

氢化物单位体积(cm^3)内的氢原子数可以根据下式算出：

$$N_H = \frac{60.23(H/M)\rho}{M_W} \tag{8-13}$$

式中　　(H/M)——氢与金属的原子数比；

ρ——氢化物的密度,g/cm^3；

M_W——氢化物的相对分子质量。

N_H 随温度变化而变化,对于每一种氢化物都存在一特征温度,在该温度时氢急剧损失,显然实际使用时必须避开这个温度,图 8-8 是氢化锆的相图。

利用取自 KNK 堆慢化剂内外层的试样,研究了氢化锆的辐照行为,在美国 Vallecitos 的 GETR 堆,荷兰 Petter 的 HFR 和比利时 Mol 的 BR$_2$ 堆内都进行了氢化锆的辐照试验。

在 KNK 研究的实验中,使用了第一个堆芯中的所谓材料试验元件和附着在一根燃料元件上的慢化剂试样,材料试验元件内的 ZrH$_2$ 试样包含 61.54% H(x = 1.6)或 63% H(x = 1.7),燃料元件慢化剂起始 x 也等于 1.7,从试验元件取出的试样尺寸没有变化,机械完整性没有降低。直接在钠冷却剂中暴露 2.5 a,在实验条件(420 ~ 480 ℃)下相容性是很好的,仅仅在厚度为 100 um 左右的表面层内，晶界上存在某些微裂纹。相分析表明，在 480 ℃ 时已失掉某些氢，降到 $x = 1.63$，而 420 ℃ 时不存在失氢的任何证据，在 370 ℃ 时同样没有失氢的迹象。

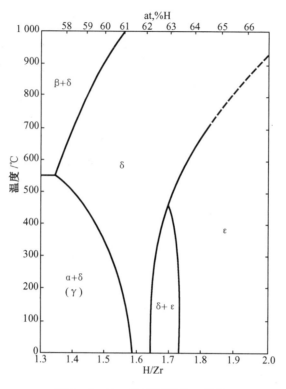

图 8−8　Zr−H 系相图的一部分

氢化锆与钠的相容性也是好的，暴露 3.5 a，金相检查表明，在 520 ℃ 时，x 从 1.7 降到 1.6，但是在 360 ℃ 和 450 ℃ 时 x 没有变化。

Paety 和 Lucke(1972) 进行了四次辐照实验，所使用的试验材料是纯 δ 氢化锆，纯 ε 氢化锆及这两种氢化锆的均匀混合物。实验 1,2 和 4 使用薄壁不锈钢盒，试样与不锈钢盒之间充钠。实验 3 使用了无缝铝盒。实验 2 和 6 中温度最高的试样预先包覆一层氧化层，这种氧化层可以防止氢的损失。

试样含氢量的分析表明，在实验 1 中，氢含量在冷端增加，在热端减少，在一个平行的控制实验中也观察到这一现象。在辐照温度为 450 ℃ 的试样中，有些试样被氢化到 63.4% 的含氢量。低温辐照的试样，含氢量未发生变化。试样尺寸检查表明，只有当辐照发生在 ε 相和双相区时，才可能发生体积增加。δ 氢化锆经辐照后不发生尺寸变化。给定的中子辐照剂量下，体积增加与 ε 相的量呈线性关系，纯 ε 相时，体积增加的最大值是 0.47%。比较辐照前后氢化锆的密度表明，δ 相和 ε 相氢化锆相差 0.46%，这样就无法用 ε 相转变成 δ 相来解释体积的增加，仔细控制条件证明了这些影响不是由温度造成的。尽管早先对 $ZrH_{1.65}$ 和 $ZrH_{1.67}$ 铀合金的研究证实了 δ 相不存在辐照效应，但是没有见到关于 ε 相辐照行为数据的具体报道。

很可能有关于锆和其他金属氢化物的有价值的数据，如氢化钇，也同样是一种有前途的可用作为慢化剂的材料，由于它可能用于空间和军事上，所以是保密的。

3. 铍

铍是一种很轻的碱土金属,密度是铝的 2/3,熔点为 1 283 ℃,中子吸收截面为 9.0×10^{-31} m^2,散射截面大,因此铍是较好的中子慢化和反射层材料。它的慢化能力比石墨大,适用于较小的反应堆,例如航天用的小型核动力反应堆。铍的高温强度好,熔点、热导率、比热容都较高,所以适用于高温反应堆。铍有较强的抗腐蚀能力,尤其在二氧化碳中稳定性良好。由于它具有中子增殖反应 (γ,n) 和 $(n,2n)$,因此有利于反应堆的经济性。中子辐照下的基本反应有 $^9Be(n,\alpha)^6He$、$^9Be(n,\gamma)^{10}Be$ 和 $^9Be(n,2n)^8Be$。正常的同位素成分是 100% 的 ^9Be。铍反应产生的氦和氚聚集成气泡引起铍的局部体积肿胀,另外,铍是有毒性的物质,价格昂贵,这给铍的广泛应用带来困难。

表 8 – 5 总结了铍的重要性能,在自然界中铍存在于绿柱石 $Be_3AL_2Si_6O_{18}$ 和金绿宝石 $BeAl_3O_4$ 中。

表 8 – 5　铍的物理性能

性能指标	数值	性能指标	数值
晶体结构	六方密排	热膨胀系数	
晶格常数	$a_0 = 2.286 \times 10^{-8}$ cm	373 K	4.0×10^{-5} K^{-1}
	$c_0 = 3.358\ 1 \times 10^{-8}$ cm	473 K	47 K^{-1}
密度	1.847 g·cm^{-3}	673 K	53 K^{-1}
熔点	1 283 K	873 K	57.5 K^{-1}
比热容		1 073 K	63 K^{-1}
273 K	1.67 J·g^{-1}·K^{-1}	热导	
473 K	2.30 J·g^{-1}·K^{-1}	293 K	14.6 W·m^{-1}·K^{-1}
673 K	2.61 J·g^{-1}·K^{-1}	473 K	134 W·m^{-1}·K^{-1}
873 K	2.71 J·g^{-1}·K^{-1}	673 K	115 W·m^{-1}·K^{-1}
1 073 K	3.01 J·g^{-1}·K^{-1}	873 K	104 W·m^{-1}·K^{-1}
		杨氏模量	303 GPa

铍是具有各向异性的六方晶体结构,在平行和垂直于六方轴方向测得的晶体性能是不一致的,平行于六方轴方向的热膨胀系数低于垂直于六方轴方向的。除非晶体的取向混乱,这种铍晶体的各向异性导致铍块也有各向异性。显而易见,挤压制备的材料是各向异性的,而热压可以制得各向同性的铍。

铍的拉伸强度从室温时的 300 MPa,以几乎不变的速度降到约 900 ℃时的极低值。如表 8 – 6 所示,强度的各向异性可以达到 2∶1 左右。但是延伸率从室温时很低的值(0.5%)随温度升高而增大,在 400 ~ 500 ℃时达到 30%,然后在 900 ℃时又降到 5% 左右。当应变速度在 0.01 min^{-1} 和 10 min^{-1} 之间时,拉伸强度随应变速度增加而增大,但是对延伸率影响很小。在 600 ℃ 以下,铍晶粒大小的变化与强度间表现出相反的关系,但在高温时,影响大大减小。铍的力学性能与它的晶粒大小有关,低于 600 ℃ 时,细晶使强度增加,但是当温度高于 600 ℃ 时,细晶不再使强度增加。在 300 ℃ 和 600 ℃ 之间,细晶改善铍的塑性。

表8-6　铍在室温时的力学性能

	方向	强度/MPa	延伸率/%
铸态	∥	467	0.36
	⊥	277	0.30
挤压	∥	571	1.82
	⊥	237	0.18
挤压和退火	∥	665	0.55
（800℃）	⊥	415	0.30

注：∥表示平行于挤压轴；⊥表示垂直于挤压轴。

通过生产铍的加工方法来调整它的主要变量有取向、晶粒大小和纯度，特别重要的杂质是 BeO，它可以在粉末磨碎过程中生成，BeO 含量的差异使高温力学性能数据高度分散，BeO 的比例越大，极限拉伸强度和延伸率就越高。

含有 1.2% 和 3% BeO 的真空热压铍的应力断裂值，随 BeO 含量增加而增大。温度从 400 ℃上升到 900 ℃，100 h 的应力断裂值很快下降约两个数量级。

早在 20 世纪 60 年代，学者们已经研究了铍的中子辐照行为，当时想把铍既作为慢化剂，又作为燃料包壳，但很快认识到，由于 $^9Be(n,2n)^4He$、$^9Be(n,\alpha)^6Li$ 和 $^6Li(n,\alpha)^3He$ 这些反应，铍转变为 He，这种转变与通常的损伤过程相比，至少是同等重要的。

Ells 和 Perryman 等首先研究了中子辐照铍产生气体的问题。他们实验用的铍试样都在美国材料试验堆中进行辐照，辐照温度低于 100 ℃，辐照注入量达 10^{22} cm^{-2} 左右（$E_n > 1$ MeV），对每一种条件辐照后的试样都进行了测试，原始材料的密度为 1.84 g·cm^{-3} 到 1.85 g·cm^{-3} 之间，含有 1% 左右的 BeO。试样切割过程发现试样呈现明显的脆性。Ells 和 Perrymen 把试样在不同温度下进行退火，保温时间为 1 h，退火温度逐渐增加，并测量密度的变化，收集释放出的气体。在 700 ℃ 以前密度缓慢降低，然后当温度从 700 ℃ 上升到 1 000 ℃ 时，密度下降速度加快，在更高的温度下密度降低了 20%，从试样接受剂量低的部位到高的部位，每 cm^3 金属中气体含量从 5.2 cm^3 增加到 24 cm^3，而理论最大值是 23.2 cm^3。在 700 ℃ 退火几小时后，在金相磨片上可以观察到晶界上有一些大孔洞。在一给定的退火温度下，肿胀缓慢地延续几百个小时。假定在孔洞中的气体压力超过了产生肿胀的屈服应力是肿胀的简单模型，那么用这种模型就可以解释密度的减小。Rich 等人获得了类似的结果，他们同样发现，辐照后 450 左右的显微硬度，在 600~900 ℃ 之间退火后，很快降到 50 左右，退火温度高于 300 ℃ 左右时，弯曲强度随温度升高而线性下降，到 700 ℃ 时，降到一个低值。

Rich 和 Walters（1961）研究了辐照铍的力学性能，辐照温度是 350 ℃ 和 600 ℃，所用试样经过热压，然后在 1 050 ℃ 挤压成板形，从纵向和横向切取拉伸试样，放在位于 Harwell 的 Pluto 材料试验堆的中空燃料元件的内部和外侧进行辐照，辐照温度为 350 ℃，试样受到的中子注入量为 1.6 × 10^{17} cm^{-2}（裂变中子）和 2.6 × 10^{19} cm^{-2}（热中子），而对于辐照温度为 600 ℃ 的试样，中子注入量高达 4.8 × 10^{20} cm^{-2}（裂变中子）和 1.5 × 10^{21} cm^{-2}（热中子）。

无论是 350 ℃ 还是 600 ℃ 辐照的试样，它们密度的变化都不大于 0.2% 的测量误差。

对 350 ℃ 和 600 ℃ 辐照后的试样进行退火,只有退火温度分别高于 1 000 ℃ 和 900 ℃ 时,密度才明显下降,退火保温时间均为 1 h。拉伸试验温度分别为 20 ℃、150 ℃、450 ℃ 和 600 ℃,每个温度最少两个试样。对于 350 ℃ 辐照的试样,当拉伸试验温度低于辐照温度时,纵向屈服强度增加,在室温下升高了 60%,但是试验温度高于辐照温度时,基本不变。纵向延伸率在低于辐照温度时明显下降。辐照温度为 600 ℃ 的试样在低于 600 ℃ 的任何试验温度下,纵向屈服强度或者延伸率都没有明显变化。未经辐照的材料在较低的温度下,横向的延伸率比纵向的低得多,但是在 350 ℃ 和 600 ℃ 辐照后没有产生明显的影响。当裂变中子注入量在 10^{18} cm^{-2} 和 2.0×10^{20} cm^{-2} 之间时,20 ℃ 或者 150 ℃ 测得的纵向屈服应力与注入量间呈近似的对数关系。这些试样在 300 ℃ 和 1 000 ℃ 之间进行退火,屈服强度逐步降低。

在空气中低于 570 K 时,铍的腐蚀不明显,但是温度高于 570 K 时,表面形成一层铍的氧化物。铍块的抗氧化性能与它的成型方式有明显的关系,真空铸造的材料要优于用粉末冶金方法制得的材料。铍在水中的腐蚀速度要比锆快,但当水的 pH 值大于 6.5 左右时,铍的腐蚀速度减小。

4. 氧化铍

氧化铍是陶瓷材料,它的热中子吸收截面小,慢化能力强,熔点高达 2 550 ℃。可在高温液态金属反应堆和高温气冷堆中作慢化剂、反射层及核材料基体。氧化铍具有良好的化学稳定性,在高温液态金属、CO_2、He、H_2 和 O_2 中都是稳定的。但其在湿空气中加热时会生成有毒性的氢氧化铍挥发物,氧化铍比金属铍难于加工,这些问题使氧化铍的使用受到一定限制。

氟化或者硫酸处理铍矿,生成铍的氢氧化物,这种铍的氢氧化物在 1 800 ℃ 加热处理可以还原成氧化铍。但这样制得的氧化铍的杂质较多,还不能用于反应堆中,必须进行纯化,纯化过程是把它再溶解在硫酸中,用硫酸铵沉淀出金属铝,再使铍的硫酸盐结晶,然后蒸发、冷却。这样得到的高纯硫酸铍经 1 150 ℃ 煅烧就可以制得高纯的氧化铍。

另一种方法是把刚制得的铍的氢氧化物用醋酸转化成铍的醋酸盐,然后在 400 ℃ 进行蒸馏,再在 600 ~ 700 ℃ 热分解,这样就可以制得氧化铍粉末。

(1)加工成型方法

BeO 制品可以用通常陶瓷加工的方法成型。各种不同的黏结剂,例如树脂或者淀粉,可以用作预烧结黏合剂。当最终烧结制品需要机械加工时,制品要在 1 200 ~ 1 500 ℃ 预烧,预烧后可以用硬质合金刀具进行加工,然后在 1 700 ~ 2 000 ℃ 进行最后热处理。

冷压体和烧结体的密度可以有明显的变化,但是使用高纯 BeO 并仔细控制加压和加热条件,可以生产出高密度的制品,在 Battelle 研究所进行的研究中,经 1 400 ℃ 最后烧结后密度达到 2.98 ~ 3.04 g·cm^{-3},而理论密度是 3.03 g·cm^{-3}。实验发现,在 1 100 ~ 1 600 ℃ 之间,晶粒大小随烧结温度增高而近似呈线性增大,但是在相同的烧结温度范围内,弯曲强度逐渐下降到起始值的 1/4。

表 8 - 7 列出了高密度 BeO 的性能,与通常的规律一样,这些性能与材料的起始密度有关,例如杨氏模量和热导随密度增高而增大,而热膨胀系数对密度不敏感,强度随密度减小而降低。

表 8-7 BeO 的物理和力学性能

性能	值	性能	值
晶体结构	六方	热导率	
晶格常数	$a_0 = 2.69 \times 10^{-8}$ cm	273 K	2.51 W·m^{-1}·K^{-1}
	$c_0 = 4.39 \times 10^{-8}$ cm	373 K	2.09 W·m^{-1}·K^{-1}
理论密度	3.035 g·cm^{-3}	673 K	0.83 W·m^{-1}·K^{-1}
熔点	2 550℃	873 K	0.42 W·m^{-1}·K^{-1}
比热容		1 073 K	0.22 W·m^{-1}·K^{-1}
173 K	0.050 J·g^{-1}·K^{-1}	1 273 K	0.21 W·m^{-1}·K^{-1}
273 K	0.92 J·g^{-1}·K^{-1}	1 473 ~ 2 073 K	0.17 W·m^{-1}·K^{-1}
373 K	1.29 J·g^{-1}·K^{-1}	热膨胀系数	
673 K	1.76 J·g^{-1}·K^{-1}	298 ~ 373 K	5.5 × 10^{-6} K^{-1}
1 973 K	2.06 J·g^{-1}·K^{-1}	298 ~ 573 K	8.0 × 10^{-6} K^{-1}
		298 ~ 873 K	9.6 × 10^{-6} K^{-1}
2 073 K	2.21 J·g^{-1}·K^{-1}	298 ~ 1 073 K	10.3 × 10^{-6} K^{-1}
		298 ~ 1 273 K	10.8 × 10^{-6} K^{-1}

在高于 1 300 ℃时,弹性模量急剧下降,这类似于弯曲强度的情况。在 1 550 ℃ BeO 有明显的蠕变。核慢化剂所需的关键性能是它在辐照下的行为和它的抗腐蚀性能。

(2)辐照效应

最初对氧化铍辐照行为的研究表明,辐照温度为 100 ℃左右时,块状 BeO 的体积随中子注入量($E_n > 1$ MeV)增加而线性增大,这些尺寸的变化是伴随着 a 轴和 c 轴两方向的晶格常数的变化,在各向同性材料中对于小尺寸的变化,宏观长度的变化与 $1/3(\Delta c/c + 2\Delta a/a)$ 符合得很好。小尺寸变化时($\leqslant 0.04\%$)杨氏模量发生的变化,可以增加,也可以减小,但对强度的影响可忽略。$\Delta c/c$ 的变化十倍于 $\Delta a/a$ 的变化。在这一工作中也发现,在辐照温度为 100 ℃左右,辐照注入量大于 2×10^{20} cm^{-2}($E_n > 1$ MeV)时,这些变化引起材料碎裂。在 350 ℃辐照时,晶格常数的变化比较缓慢,但是($\Delta a/a$)($\Delta c/c$)比值增加。热导随辐照温度降低而明显减小,这种关系大部分可以在 800 ℃进行退火而消除。之后的科学工作者对宏观尺寸变化及相应的晶格常数变化作了广泛研究。对粉末多晶试样和单晶试样都进行了测量,得到了类似的结果。测得的数据比较分散,但可以归纳总结如下:

①在给定中子注入量下,辐照温度大于 400 ℃时的 a 和 c 晶格常数的增大比低于 150 ℃时小得多。

②700 ℃下辐照时,中子注入量超过 4.0×10^{20} cm^{-2}($E_n > 1$ MeV)以后,c 轴晶格常数增长 2.2% 达到饱和。

③1 000 ℃左右辐照,a 轴增长 0.2%。

观察到的宏观尺寸变化可以归纳为:第一,对于给定的辐照注入量,随着辐照温度增加体积扩张减小;第二,在注入量大于 2.0×10^{20} cm^{-2}($E_n > 1$ MeV),温度小于 150 ℃时,晶粒粗大的材料的扩张比细晶的快得多;在中等剂量时,扩张速率增大,然后在 1.0×10^{21} cm^{-2}($E_n > 1$ MeV)时开始下降。一些学者比较了宏观和微观的变化,认识到一些因素可以促使宏观体积扩张 V_M,具体如下:

①由测量晶格常数所确定的体积变化 V_x;

②由于微观裂纹引起的体积扩张 V_c；

③位错环所产生的晶体扩张 V_l，该项太大了，因而没有包括在 V_x 中；

④在 V_x 中没有包括由氦气泡造成的体积扩张。

当辐照温度为 100~600 ℃ 时，对于单晶 $V_m = V_x$，但是当辐照温度在 650~1 100 ℃ 时，V_m 大于 V_x（至少在辐照剂量小于 5.0×10^{20} cm^{-2}，$E_n > 1$ MeV 时）。在多晶材料中，辐照温度小于 150 ℃ 时 $V_m = V_x$。辐照温度一直到 600 ℃，不存在微观裂纹的情况下 $V_m = V_x$。BeO 晶体尺寸变化引起了材料的完整性问题，在低温和高温辐照的单晶中，有时都观察到了裂缝，但是这些裂缝似乎与晶体中的夹杂有关。

在多晶试样中，根据开口孔的增加可以观察到微裂纹，根据 X 射线衍射线宽化的应变组分的减小，即弯曲强度急剧减小导致最终碎裂，这些也证实了微裂纹的存在。许多研究结果证明了在 BeO 中辐照产生的微裂纹与它的晶粒大小、密度、加工方法和辐照温度有关。在给定的辐照温度下，晶粒尺寸增大，发生微裂纹和粉化所需的辐照注入量降低；对于晶粒大小一定的材料，随着辐照温度增加，冷压和烧结的材料阻止微裂纹产生的能力比热容压制的材料强，这可能是由于热压材料在辐照前就有微裂的趋势，在辐照温度为 100 ℃ 左右时，低密度的材料较早产生微裂纹。

在低温下辐照 BeO 产生微裂纹，发生碎裂的基本原因是晶体各个方向上不同的尺寸变化造成晶界处发生应变。

已经报道过一些测量辐照后 BeO 中储能的工作。值得注意的是在辐照温度为 100 ℃，辐照剂量为 4.0×10^{20} cm^{-2} 时，储能可以达到 380 J·g^{-1}。但是在较高温度下辐照，储能明显减小。

根据上面的论述可以明显看出，由于一种或多种内部畸变的机理，BeO 中会产生微裂纹，所以它只能在对应于每一温度时的有限快中子剂量范围内作为固体慢化剂使用。

尽管 BeO 在高温下与水蒸气，熔融的碱性金属和氢氟酸发生反应，但它是一种相当稳定和惰性的材料。

由于 BeO 与水蒸气反应，因此对于 BeO 制品的烘烤和抛光精整是重要的，但是由于对 BeO 陶瓷本身可能的损伤，同样因为释放到大气中 Be 的毒性，所以 BeO 在 1 200 ℃ 以上时不应暴露在潮湿气氛中。

BeO 能很快地溶解于熔融碱金属、碱性碳酸盐和焦硫酸盐中，但是与硫酸只发生轻微的反应，在高温下与碳、硅和硼发生很弱的反应。

8.1.3　液体慢化剂

1. 轻水和重水慢化剂

目前使用的液体慢化剂主要是轻水（H_2O）和重水（D_2O），它们还兼作反应堆冷却剂和辐射屏蔽。现已建成了许多使用轻水作慢化剂的压水堆和沸水堆，也有国家（加拿大）以重水作为慢化剂和轻水作为冷却剂的反应堆，即重水堆。

轻水价廉，来源丰富，被动力堆广泛应用，但必须是去离子的高纯度水，以便保证：

（1）去除水中杂质，以减小水对回路中材料的腐蚀和降低水中的放射性活化强度；

（2）减少水中杂质及腐蚀产物沉积在燃料包壳管上，以免引起导热率下降而使局部过热或腐蚀加重；

（3）降低氯离子和溶解氧含量，避免应力腐蚀；

（4）减少水垢，防止水流阻力增加和减轻水的辐照分解；

（5）去除对锆合金和奥氏体不锈钢有害的氟离子，使其低于规定限值（100 μg/L），并减少溶解氢；

（6）保持 pH 值在 5.4～10.5 范围，Li 含量在 0.22～2.2 mg/L 之间。

总之，水质是保证反应堆安全和正常运行的重要环节，必须严格监督和控制。

重水的中子吸收截面小、慢化比大，因此中子损失少、核燃料利用率高，可用天然铀作燃料。但重水昂贵，为防止泄漏、减少损耗和去除杂质等，对重水的处理、密封、回收、净化和 PD 值（重水酸度）控制严格。即重水堆核电站比压水堆的辅助系统多、结构复杂。

水的辐照效应主要表现为水的辐照分解。轻水和重水经堆内强烈的中子流和 γ 射线照射后，会使水分解而产生氢、氧和过氧化氢等。其过程为 γ 射线主要产生康普顿效应；中子与水或重水主要发生弹性散射碰撞，产生高速带电粒子。高速带电粒子通过库仑力作用，将轻水或重水分子轨道上的电子击出，使水分子离子化或处于不同程度的激发状态。此时水中电离了的分子和激发状态的分子很快变为游离基 H 和 OH。游离基是沿着带电粒子的路径产生的，因产生率不均等，沿途会出现游离基浓度起伏。在游离基浓度高的地段，大部分在扩散之前即结合，生成稳定的分子 H_2O、H_2、H_2O_2（D_2、D_2O_2、O_2）等。因此，水经辐照分解的一次化学产物主要是 H、OH、H_2、H_2O、H_2O_2 等。当辐照分解产物滞留在溶液中时，将引起辐照感生逆反应，使最后反应产物的浓度达到稳定状态，即分解反应的速度、逆反应的速度和最终达到的稳定状态的浓度是相互影响的，并对射线的作用、温度、溶质形态及浓度的影响敏感。

压水堆中的化学补偿控制是在慢化剂中加硼酸实现的，为保证满足慢化剂水中的 pH 值要求，需要在慢化剂中同时加入 LiOH 或 KOH。Li^+ 对锆合金转折点后的腐蚀速率虽然有加速作用，但硼酸能部分地抑制锂的有害影响。

轻水慢化能力很强，但由于它的中子吸收截面的原因，需要利用富集铀才能达到临界反应。采用低富集铀（2%～3%^{235}U）会大大增加相关的系统费用。以重水作为慢化剂，使用非富集燃料的反应堆也可以达到临界反应，与轻水堆比较，可抵消因使用重水而增加的部分费用。从运行人员受到辐射剂量角度来看，尽管辐射的主要来源是冷却剂/慢化剂中的腐蚀产物，但慢化剂/冷却剂中的感生放射性也是一个非常重要的问题。水中最重要的直接反应是 $^{16}O(n,p)^{16}N$ 和 $^{18}O(n,\gamma)^{19}O$，它们的感生放射性半衰期分别是 7.43 s 和 29.4 s。表 8-8 给出了中子与氧的重要反应。

表 8-8　氧中的中子反应

同位素	富集度/%	中子反应	半衰期/s
^{16}O	99.76	$^{16}O(n,p)^{16}N$	7.43
		$^{16}O(n,\alpha)^{13}N$	600
^{17}O	0.037 4	$^{17}O(n,p)^{17}N$	4.14
		$^{17}O(n,\alpha)^{14}C$	1.8×10^{11}
^{18}O	0.204	$^{18}O(n,\gamma)^{19}O$	29.43

正如我们将了解的那样，由反应堆高能辐射引起水的辐射分解和冷却剂的化学性质控

制,是使用水作慢化剂/冷却剂时最重要的特性。轻水和重水的物理性能如表8-9所示。

表8-9 轻水和重水的物理性能

物理性能	轻水 H_2O	重水 D_2O
相对分子质量	18.02	20.03
密度/$g \cdot cm^{-3}$	1.00	1.107
沸点/K	373.1	377.5
凝固点/K	273.15	276.96
临界温度/K	647.3	644.6
最大密度温度/K	277.13	284.34
蒸发热/$J \cdot g^{-1}$	2 232.9	2 073.4
热导率/$W \cdot m^{-1} \cdot K^{-1}$	2.12	1.96
黏度/$kg \cdot m^{-1} \cdot s^{-1}$	1.005×10^{-3}	$1.251\ 4 \times 10^{-3}$
折射率	1.332 6	1.328 3

2. 水慢化剂的辐射化学和控制

在反应堆堆芯中的高能辐射引起水慢化剂/冷却剂的辐射分解,它与使用 CO_2 作冷却剂、石墨作慢化剂产生的辐射分解相似。在反应堆辐射作用下,水分子可以被活化、电离或分解。过剩的能量在几次原子振动时间内传递给其他分子,接着就是生成的物质之间和它们与水分子之间相互反应。许多研究者对水的辐射分解作了广泛研究,在300~410 ℃下,这一过程可以简单地描述如下:

$$H_2O \rightarrow H_2, O_2, H_2O_2, H, OH, HO_2, HO_2^-, O_2^-, O, H^+, OH^-, e_{aq}^{-1}$$

表8-10给出在高温(300~410 ℃)下一次辐射分解产物的 G 值。

表8-10 在高温下一次辐射分解产物的 G 值

粒子	e_{aq}^{-1}	H^+	H	H_2	OH	O	H_2O
G 值(个数/100 eV)	0.4	0.4	0.3	2.0	0.07	2.0	-2.7[①]

注:①负值表示分解速率。

Cohen(1969)提出了估算堆芯中能量沉积的公式:

由 γ 射线引起的能量沉积为

$$E_\gamma = 9.0 \times 10^{-2} PM_w / (V_f V_w) \qquad (W \cdot cm^{-3})$$

由中子引起的能量沉积

$$E_n = 1.7 \times 10^{-2} P / (V_f V_w) \qquad (W \cdot cm^{-3})$$

式中 P——反应堆热功率,W;

     M_w——堆芯中水的质量份额;

     V_f——堆芯平均空泡份额;

     V_w——冷却剂在堆芯内的体积。

在反应堆回路中,估算不同部位辐射分解产物的浓度是非常复杂的,趋势是堆芯的浓度高而远离堆芯处的浓度低。

重水与轻水具有相同的辐射分解模式，然而必须把释放出的氚（D）进行回收，以便利用它生产需要的 D_2O。在重水慢化剂中，通过 $^2D(n,\gamma)^3T$ 反应（放出 β 射线，能量为 0.018 MeV，长半衰期），中子会引起氚的产生。由于产生的活度可能达到 40 $Ci \cdot dm^{-3}$，因此，对慢化剂和冷却剂必须进行氚的净化处理。应该注意到 $^2D(n,\gamma)^1H$ 反应会使氘贫化。重水的同位素污染源分别是潮湿的大气和常规水的泄漏或凝聚。重水的表面应覆盖加压、干燥的惰性气体。

（1）沸水堆中水的辐射分解

在水慢化剂回路系统中通常不希望发生水的辐射分解，由于分解后在回路中会产生易爆炸的气体、含氧的水和各种自由基，这些自由基会加速回路材料的腐蚀。腐蚀会引起水垢在燃料元件表面沉积；在回路中存在大量的活性物质，增加了工作人员所受的剂量；在沸水堆中，存在辐射分解的氧，会促使回路中不锈钢部件的应力腐蚀开裂。由于反应堆堆芯中水的辐射分解和除气反应，在反应堆的水中可能溶有 2.0×10^{-7} 的氧，同时还溶有与氧成化学计量比的氢。在这样水平的含氧量以及内应力作用下会引起不锈钢晶间应力腐蚀开裂。实验证明，减少溶解的氧含量，可以减少应力腐蚀开裂。因此，研究减少辐射分解产生的氧在 BWR 系统中溶解量是很重要的。

在沸水堆中为了抑制水的辐射分解和氧的产生，对可以作为沸水堆慢化剂/冷却剂的添加剂（包括氨、联胺、吗啉和氢）进行了综合分析。由于氢不会影响水化学，不必改装反应堆净化系统及冷凝软化器，也不必大量增加新设备，所以选择了氢作为添加剂。另外，对不同研究堆有效注氢方法已进行了研究。

如果补给水中含氢量达到 1.6×10^{-6}，反应堆水中氧含量将从 2.0×10^{-4} 减到 2.0×10^{-5}。氧含量低于 2.5×10^{-5}，可以明显减少钢的应力腐蚀开裂。1982 年在美国 Dresden 反应堆中进行了这方面实验。以前的经验表明，蒸汽中氧含量与反应堆水中氢含量关系如下：

$$[H_2]^2_{水} \cdot [O_2]_{蒸汽} = K(Power)^2$$

式中，K 为常数，补给水中氢含量是变化的：5.0×10^{-9}，2.0×10^{-7}，4.0×10^{-7}，1.0×10^{-6} 和 1.8×10^{-6}，前三种低浓度分别加两天，后两种高浓度分别加 4 h。在循环水、补水和主蒸汽管道中进行氢和氧浓度测量，通过链式反应，水中过量的氢可以明显抑制水的辐射分解和氧的产生。链式反应迅速消除 OH、HO_2、H_2、O_2 和产生氧的物质，即

$$H_2 + OH \rightarrow H_2O + H$$
$$H + O_2 \rightarrow HO_2$$
$$H + HO_2 \rightarrow H_2O_2$$
$$H + H_2O_2 \rightarrow H_2O + OH$$

链式反应使稳定的辐射分解产物 H_2O_2 和 H_2 重新合成 H_2O，慢化剂中过量的氢提供了初始链式反应的氢自由基，不会导致氢的净损耗。实验数据表明，氧的表观蒸汽/水分配系数为 90，而 Henry 预测为 180。这一差别认为是分离器出来富蒸汽的气和在下水管区产生附加的辐射分解所致。

常规 BWR 运行条件下，由辐射分解产生的正化学计量比的氢和氧在废气复合系统内重新结合生成水。加入氢后，复合系统的 H_2/O_2 值发生了变化，没有充分的氧与所有的氢发生反应。只要冷却剂中氢的体积分数小于 4% 或者氧的体积分数小于 5%（体积比），废气系统就能够安全运行。在常规的反应堆运行中这很容易达到，但是在实际中，为了避免不

稳定的情况发生,在复合系统的入口加氧去除过量的氢。实验表明,这对补给水和反应堆堆内水的电导不会有长期影响。反应堆水 pH 值从 7.3 增至 7.7,其电导从 0.28 μS/cm 增至 0.34 μS/cm。通常补给水中腐蚀产物的浓度较低,但某些腐蚀产物(Fe、Ni、Co)的可溶或不可溶份额略有增加。活化的腐蚀产物的浓度增高,因此冷却剂的比活度要增加 $2 \sim 3$ 倍。

在 BWR 运行过程中,冷却剂中主要辐射源是 ^{16}N。在正常的水化学条件下,通常由蒸汽带出的放射性氮是堆芯产生的总量的百分之几。加入氢增加了蒸汽的活性,这可能是在消耗水中阴离子物质后增加了阳离子 ^{16}N 的结果。目前正考虑加入电子净化剂,如 N_2O,来抑制 ^{16}N 挥发的可能性。

最近 BWR 水化学有了进一步发展,包括添加金属离子来控制辐射场。美国研究表明,加入 5.0×10^{-9} 的 Zn,可减少 50% 由 ^{60}Co 引起的辐射积累,剂量率在两个有效满功率年的运行时间内达到平衡。注入 Zn 可通过几个方面来起作用:减少冷却剂中 ^{60}Co 放射性,使表面不易吸附 Co;直接与 Co 抢占激活位置。已经发现,在停堆时 ^{63}Zn 会爆发放出辐射,但在反应堆运行后期可以避免。日本 BWR 采用向冷却剂中加入 Fe 来改进燃料元件表面沉积物的成分。核电厂有高效的净化系统,可以有效地去除 Fe 基杂质。加入添加剂后,腐蚀产物主要是 Ni 基的,并且沉积物很容易在堆芯释放出活性物质。铁的加入使铁酸镍的氧化物比镍的更为稳定,实际上也减少了运行人员的照射剂量。

(2)压水堆中水的辐射分解

压水堆与沸水堆的水化学存在较大的差别:一般在慢化剂中加入可溶性的硼酸,并且在商用堆中需用它来长期控制堆芯反应性。因此在反应堆停堆装燃料后,硼酸(H_3BO_3)的浓度倾向于高一些,在燃料循环期间随堆芯反应性而下降。硼酸使某些回路材料腐蚀增加,也需要增加各种附加系统。为了减少可溶性腐蚀产物迁移,减少放射性物质在堆芯外的沉积,在 PWR 中一般采用的措施是加入碱性缓冲剂 ^7LiOH($7.0 \times 10^{-7} \sim 2.0 \times 10^{-6}$),来将 pH 值调节到 $5.6 \sim 7.5$ 范围之内(在运行温度下)。在俄罗斯的 VVER 压水堆中采用氢氧化钾和氨来缓冲硼酸的作用。在两种情况下由 $^{10}B(n,\alpha)^7Li$ 反应都会产生 ^7Li。

为了确定加入适当的 LiOH 后得到最佳的 pH 值,实验上取得了一致的结果,将 pH 值提高到 6.9 以上,可使燃料元件上的沉积物(水垢)明显减少,这一工业标准值已保持了十年之久。英国的堆内沉积研究和德国的反应堆冷却剂研究指出,pH 在 $7.2 \sim 7.4$ 之间时沉积物溶解度最小。瑞典的 3 个 Ringhals 堆和美国 Millstone 3 个 PWR 堆的研究表明,pH 值升到 7.4,最大的 LiOH 浓度为 3.5×10^{-6},pH 值提高到 7.4,回路的剂量率降低。法国和德国的研究表明,pH 值分别为 7.2 和 7.4,可以得到相似的改善效果,德国使用的 LiOH 浓度为 2.0×10^{-6}。

8.2　冷却剂材料

8.2.1　概述

核反应堆的冷却剂是指用来冷却核反应堆堆芯,并将堆芯所释放的热量载出核反应堆的工作介质,也称载热剂。除了由核燃料的核裂变产生热量以外,其他部件也因吸收 β 射线和慢化中子而发热,所以对相关组件和堆内构件以及反射层、屏蔽层等也需要适当冷却。堆内约90%以上的发热来自燃料元件,冷却的重点也是燃料元件。

核反应堆冷却的特点是:第一,在稳态运行工况下,核反应堆是一种控制发热型装置,为维持一定的温度,必须采取可控冷却措施,在停堆过程中也需要排出剩余衰变热量;第二,在异常和事故工况下,如出现燃料元件、材料部分熔化时都应确保反应堆的冷却条件;在丧失冷却剂事故中,需启动紧急堆芯冷却系统。反应堆冷却剂要满足在任何情况下冷却堆芯,因此冷却剂的作用是非常重要的,它的功能是不可替代的。

为了在尽可能小的传热面积条件下从堆芯载出更多的热量,得到更高的冷却效率,冷却剂可选用比热容和热导率大、熔点低、沸点高的物质。冷却剂的材料总是流体,但用哪种流体取决于反应堆的设计,可以采用液态,也可以采用气态。目前大多数热中子堆都使用轻水或重水作为冷却剂材料;快中子堆采用液态金属,而气冷堆则用 CO_2 或氦作为冷却剂材料。

在选用核应堆冷却剂之前,首先要了解核反应堆的类别、功能和运行条件,然后再明确对冷却剂材料的要求,最后在可能的候选冷却剂中进行选择,判断是否可行。冷却剂材料应具有以下特性:

（1）冷却能力强

为了降低燃料和包壳的最高温度,要求冷却剂材料具有强的冷却能力,即要求传热系数大。而传热系数取决于冷却剂材料的热导率等物性值,还与流体的流量、管道的形状及尺寸有关。

（2）在较低压力下可获得高温

对动力反应堆而言,需要由冷却剂将裂变能以热量形式传给循环介质加以利用或冷却剂本身就是循环介质（如 BWR 中的蒸汽和高温气冷堆中的氦气）,这要求液体冷却剂有高的工作温度。而液体及其饱和蒸汽在冷却系统内的温度受饱和压力制约。对于水来讲要获得高温,冷却剂就要在高压下运行。虽然液态金属因沸点高而不存在此问题,但在事故分析中也要考虑因相变而出现随热功率变化的压力脉动。在这一点上气体冷却剂不受此限制,可在高温低压下运行。

（3）易于靠自然循环排出余热

在反应堆停堆后,冷却剂需在较长时间内继续排出衰变余热,或在主循环泵停止运行引起反应堆紧急停堆需采取应急冷却措施时,液体冷却剂易于实现靠冷段和热段中流体密度差在重力作用下所产生的驱动压头,进行自然循环排出衰变余热。

（4）化学稳定性好

这里的化学稳定性应包括冷却剂本身在使用条件（高温、高压和辐射）下的变质和与接触的所有材料间的腐蚀及相容性。若冷却剂是化合物,则可能受辐射而分解,如水分解产生氢或氘和氧。关于材料间的腐蚀和相容性则取决于冷却剂的纯度管理、运行温度、压力以及冷却剂流速等因素。所以在反应堆内设置冷却剂净化系统是必需的。

（5）核性能良好

从中子经济性考虑,冷却剂材料应具有尽可能低的中子吸收截面。如果冷却剂兼为慢化剂,要求兼有大的慢化能力。热中子堆选用气体冷却剂、快中子堆选用液态钠冷却剂都能满足核性能的要求。但使用液态钠作为冷却剂需对其感生放射性的抑制采取有效措施。

为了便于相互比较,对一些已经得到实用的冷却剂材料列出了其主要特性（见表 8 -

11）。表内特性和数据都代表纯净物质，内容包括核性能和热性质。其中冷却剂动力参数 $E = \eta^{0.2}/(\rho^2 c_p^{2.8})$，$\eta$ 为冷却剂材料的黏度，ρ 和 c_p 分别是冷却剂材料的密度和比定压热容。

表 8 – 11　几种实用冷却剂的特性

名称	轻水	重水	钠	二氧化碳	氦
相对分子质量或相对原子质量	18.016	20.029	22.989 8	44.01	4.0
同位素含量/%	^{1}H,99.981 4 ^{2}D,0.015 6	^{2}D,100	^{23}Na,100	^{12}C,98.9 ^{13}C,1.1	^{4}He,99.999 9 ^{3}He,10^{-5}
热中子吸收截面/($\times 10^{-28}$ m^2)	0.664	0.001 2	0.505	—	—
(n,γ)总放射性/MeV	小	小	γ(2.75) β(1.4)	无	小
冰点/℃	0	3.81	97.8	−56.6(三相点)	−272.2(26 atm)
标准沸点/℃	100.0	101.4	883	−78.5(升华)	−268.9
熔化潜热/(J/g)	333.7	318.2	113.0	180.9	—
蒸发潜热/(J/g)	1 406.8	1 281.2	3 877.0	554.3	20.9
临界温度/℃	374.2	371.6	2 460	31.0	−267.9
临界压力/MPa	22.12	21.85	41.34	7.38	0.229
密度/(g/cm^3)	0.712	0.770	0.832	2.8×10^{-2}	2.4×10^{-3}
体膨胀系数/℃$^{-1}$	3×10^{-3}	3×10^{-3}	2.9×10^{-4}	1.29×10^{-3}	1.28×10^{-3}
比定压热容/[J/(g·℃)]	5.69	6.20	1.26	1.17	5.27
黏度/Pa·s	8.9×10^{-5}	9.8×10^{-5}	2.5×10^{-4}	3.4×10^{-5}	3.9×10^{-5}
热导率/[W/(m·℃)]	0.536	0.536	67.3	0.058 6	0.276
普朗特数	0.98	1.2	0.006 4	0.67	0.73
冷却剂动力参数 E	2.35×10^{-3}	1.6×10^{-3}	0.144	108	217

注：表中水的数据均为 300 ℃饱和水的值；Na 的是 500 ℃,0.1 MPa 下的数值；气体的全是 500 ℃,4.1 MPa 下的数值。

8.2.2　液体冷却剂

轻水是目前热中子反应堆中应用最多的冷却剂材料,是自然界里存量最多的液体材料,它的慢化能力强,热中子徙动长度短,用轻水慢化的堆芯结构紧凑。水的比热容高、热容量大,在输送热量时所需的质量流速低于许多其他冷却剂,需要泵的唧送功率小。所以轻水既是极好的慢化剂,又是极好的冷却剂。

轻水的热中子俘获截面较大,所以轻水慢化和冷却的堆芯必须要用富集铀作燃料。另外,水的沸点低,如要提高运行温度,就必须加高压。例如压水堆中运行压力一般为 14～16 MPa,沸水堆一般约为 7 MPa,这样高的压力给设备的制造带来一定困难。

在动力反应堆中,水的工作温度约为 290～340 ℃。由于碳钢不耐腐蚀,必须采用腐蚀率低的奥氏体不锈钢作设备、管道和容器材料,或在反应堆和蒸汽发生器这些大设备上采用内表面堆焊不锈钢的加工方法。

反应堆内使用的水必须净化,去除其中所含的有害离子杂质,以减少中子有害吸收及感生的放射性,即使这样,当水流经堆芯时,在快中子照射下,会通过(n,p)反应而生成具有放射性的 ^{16}N 和 ^{17}N。此外,水中的可溶性杂质,可溶性或悬浮状的腐蚀产物会产生活化,而使放射性增强。

水的辐照效应主要表现为水的辐照分解。水经堆内强烈的中子流和 γ 射线照射后,会使水分解而产生氢、氧和过氧化氢等。其过程为 γ 射线主要产生康普顿效应,中子与水发生弹性散射碰撞,产生高速带电粒子,高速带电粒子通过库仑力作用,将水分子轨道上的电子击出,使水分子离子化或处于不同程度的激发状态。此时水中电离了的分子和激发状态的分子很快变为游离基 H 和 OH。游离基是沿着带电粒子的路径上产生的,因产生率不均等,沿途会出现游离基浓度起伏。在游离基浓度高的地段,大部分在扩散之前即行结合,当辐照分解产物滞留在溶液中时,将引起辐照感生逆反应,使最后反应产物的浓度达到稳定状态,即分解反应的速度、逆反应的速度和最终达到的稳定状态的浓度具有相互影响的作用,并对射线的作用、温度、溶质形态及浓度的影响敏感。

水中氧的存在会加速对材料的腐蚀,因此在设计时必须考虑把氧气移走或使之重新结合。一般设有排气系统和加氢系统,并且在系统中加复合器。在水冷反应堆中,由于裂变产物在溶液中释出,所以水分解的氢气和氧气影响很大,如不加处理就有发生爆炸的危险。

1. 水冷却剂系统内腐蚀产物的迁移问题

已经发现反应堆回路运行一年后,回路中腐蚀产物可能有几十千克重。运行经验表明,在稳态条件下的任何时间,反应堆水冷却剂中通常携带的腐蚀产物不到 10 g,也就是说,在任何时间仅有 0.1% 的腐蚀产物发生质量迁移。这一结论意味着在冷却剂的回路中沉积是一个主要的和快速的过程。在典型大功率 PWR 中,燃料元件的表面积为 6.0×10^3 m²,沉积量≤0.1 mg·cm⁻²,中子注量率为 $10^{13} \sim 10^{14}$ cm⁻²·s⁻¹,这将产生大量的放射性物质。放射性物质迁移到堆外回路会引起电站运行的剂量问题。表 8-12 中列出了重要的放射源。

表 8-12　重要的放射源

母核	放射性核素	能量/MeV	半衰期
^{59}Co	^{60}Co	1.2	5.3 a
^{58}Ni	^{58}Co	0.8	71 d
^{58}Fe	^{59}Fe	1.1	45 d
^{54}Fe	^{54}Mn	0.8	313 d
^{50}Cr	^{51}Cr	0.3	28 d

已经观察到 BWR 中燃料元件表面沉积的水垢比 PWR 中的大一个数量级,但在 PWR 中波动较大。在 BWR 堆芯中的沉积物有几十千克重的情况下,表面沉积水平达到 5 mg/cm²。在 PWR 中表面沉积一般在 0.05 ~ 0.10 mg/cm² 范围之内,但也有观察到表面沉积达到 9 mg/cm² 的情况。沉积物的迁移是一个非常复杂的过程,微粒和可溶性物质在堆芯内、外都可以从沉积层中释放出来。虽然在反应堆运行的前几年,^{58}Co 可能是非常重要的辐射源,但运行人员受到主要照射剂量的来源是 ^{60}Co。下面分别对 BWR 和 PWR 系统中的迁移问题进行论述:

2. 沸水堆中水垢迁移

在 BWR 中的水垢迁移可作如下描述:

(1) 从零部件和管道中铁基合金的腐蚀产物中释放出金属杂质,以离子、胶体和不溶性氧化物形式进入冷凝器和补给水中,这些杂质迁移的比例取决于补给水/冷凝器纯化系统的效率。将阴离子杂质含量减少至最低水平对控制腐蚀是很重要的。

(2)在一回路中,进入水中的金属离子来自腐蚀表面,主要是不锈钢的表面。化学杂质含量的水平取决于冷却剂的纯化率,所以冷却剂系统的纯化率是一个决定性的因素。

(3)当个别物质(一般是氧化物或水化合物)超过饱和溶解度时,粒状和胶体物质就会形成。这在回路中可能是局部的而不是普遍的现象。

(4)水中可溶性的离子可能被水垢吸收。例如,溶解的钴可以通过离子交换或者吸附－解吸吸附在堆芯中的锆合金表面。

(5)不能从冷却剂中过滤掉的水垢或其他物质会在燃料元件表面沉积。影响沉积最重要的参数是冷却剂中铁的浓度、热流密度、泡核沸腾、表面状况和雷诺数。水垢基本上是铁基物质,但也有其他物质如铜、镍、钴、锰的情况。与大的晶体颗粒相比,胶体物质和微细氧化物颗粒优先在沸腾的表面沉积。

(6)初始沉积在表面的物质是疏松的,但随着沉积层增厚,在表面的结合状态变得更强。在最严重时会导致包壳破损。内层滞留的时间越长,放射性也越强。

(7)引起放射性物质从堆芯迁移的途径有溶解、离子交换、磨损、侵蚀和由于冷却剂冲刷剪切力作用产生的剥裂。当沸腾引起冷却剂流速增加,并产生侵蚀时,在这种地方会出现沉积的峰值,沉积随流体的剪切应力增加而减少。

(8)迁移出来的放射性物质可分两类:一类通过过滤和改变冷却剂的条件可以去除,另一类不可去除。微小的温度差别、氧和氢浓度都可以使一些活性物质重新分布。

(9)放射性物质和其他腐蚀产物在反应堆堆芯以外的管道表面沉积主要取决于这些区域的表面腐蚀。这一过程的模型假设^{60}Co渗入到表面生长的氧化膜中,因此不锈钢腐蚀动力学控制了放射性污染速率,^{60}Co从氧化膜中释放遵从常规的固态扩散规律,因此非常慢。冷却剂纯度影响材料表面腐蚀速率,所以它是影响表面沉积的一个重要参数。

(10)这种过程导致堆外沉积物由两层构成,内层是基体腐蚀产物,外层是冷却剂中杂质的沉积。来自燃料元件表面附近的Fe_2O_3,可能在堆外沉积时转变成Fe_3O_4,特别是在蒸汽分离处溶解的氧量低时更易转变。在280 ℃时BWR的冷却剂为中性并含有氧,能够溶解1.0×10^{-9}的Fe和远小于1.0×10^{-9}的Co,Cu和Cr(铬酸盐)的溶解度相当高。由于^{60}Co的放射性比度高,即使很少量的Co也必须引起重视。

3. 压水堆中水垢迁移

上面关于BWR水垢迁移的许多规律同样也适应于PWR,但有本质差别。PWR回路是封闭的,没有外来腐蚀产物源;使用的结构材料也有较大的差别,如蒸汽发生器采用大量的高镍合金制成。一般来说,回路中冷却剂的温度还存在较大差异,PWR冷却剂回路的温度为280～320 ℃,BWR则为274～280 ℃。温度的这种不同,能够决定冷却剂中携带的各种金属的溶解度,以及在堆芯中的沉积潜力。PWR冷却剂的化学性质也是变化的,由于采用调节硼/锂的相互含量来控制 pH 值,可以使堆芯沉积减至最低。

很明显,PWR水中腐蚀产物的溶解度是物质迁移的一个重要因素,对减少沉积也是重要的,其后果与反应堆运行人员所受辐射剂量密切相关。

堆芯中运行时的 pH 值是一个重要参数,已经发现,碱性增强可以限制堆芯的沉积。除了改变冷却剂化学性质外,其他方法也已经被考虑了。例如,Darras 利用在低含氢量(或者有氧存在)下的氧化还原转变、水热转变,使溶于水的金属以尖晶石形式析出。两种转变可能都会出现局部沸腾现象。另外，反应堆辐照场对新的腐蚀产物沉积也有影响。例如，在试验时发现离子辐射和提高 pH 值，Fe 的沉积速率增大。

在反应堆中杂质沉积和迁移的行为很难预测，其原因是不能在反应堆运行期间直接获得代表堆内情况的样品。然而我们完全有理由推断，在满功率运行之前，预先处理一下表面可以在短期内减少放射性的积累，或许长期也有作用。回路材料的不同、设计细节的差别和运行情况都是影响沉积的重要因素。

4. 重水堆中水垢迁移

重水堆用重水作慢化剂，轻水作冷却剂，尽管重水堆与压水堆设计的差别非常大，但水垢和放射性却非常相似。因此在 PWR 中腐蚀产物的产生、释放、迁移等许多方面也适用于重水压水堆。

加拿大原子能委员会（AECL）组织了一个广泛的研究计划以支持 CANDU 型反应堆。Le Surf（1978）总结了这项工作的许多内容，将重要的过程归纳如下：

（1）堆芯以外的表面腐蚀；

（2）腐蚀产物以离子或微粒形式进入回路冷却剂中；

（3）腐蚀产物随冷却剂转移到堆芯，并在堆芯沉积；

（4）活化的腐蚀产物从堆芯释放，随冷却剂迁移到堆外；

（5）活化的离子与腐蚀表面的离子交换，将放射性传递给它们。

上述过程与 PWR 的情况非常相似，只是冷却剂中没有硼酸的影响。

对于水冷反应堆值得考虑的是，怎样设计和运行新的电厂才能减少水垢和回路活化的问题。后者尤为重要，因为它与降低运行人员允许剂量有关。首先应考虑的事情是任何结构材料都要排除高钴合金，并要减少材料中钴杂质的含量，这在经济上是可能的。其次，已经知道在运行状态下大量的腐蚀产物会释放，如果在反应堆达到临界之前，去除或限制这种腐蚀产物，将会明显减少活化物质的总量。再次，使用前或运行期间对表面进行预处理（改善处理）。例如日本新的 BWR 采用一回路表面预先氧化处理，生成一层老的氧化膜，它的吸钴能力比运行生长的氧化膜要低。在 PWR 的应用中，通过反应堆运行时的加氢处理，能够有利于获得化学还原性的冷却剂，这种方法改进了氧化膜，明显减缓了释放过程。在一些 PWR 中，特别是法国，在回路中需检测和维修的地方，利用电解抛光减少微表面，这样可以降低表面腐蚀速率和减少活化物的滞留。

8.2.3 气体冷却剂

气体的中子吸收截面低，加热温度不受压力的限制，因此气体是值得推荐作为冷却剂的材料之一。尽管其传热性能不如水和液态金属，但它有一些特殊的优点，例如气体作冷却剂的反应堆，其冷却剂的温度很高，从而动力装置的效率高，气冷堆核电站的效率可达到40% 以上。气体的热容量和导热率低，这意味着需要大量的气体流过反应堆，使装置复杂化并提高了造价，为喞送冷却剂要消耗大量电能。而衡量气体冷却剂的主要指标之一是在其他条件相同的情况下，传递相同的热量所需的泵耗功最小。

1. 二氧化碳

气冷反应堆的冷却剂主要包括二氧化碳和氦两种。前者主要应用于堆芯温度较低的石墨气冷堆，后者主要应用于高温气冷堆（HTGR）。第一代石墨气冷堆采用石墨慢化，二氧化碳冷却，金属铀（Magnox）作燃料，镁合金包壳。为防止金属铀与镁合金在高温条件下遭到破坏,第一代石墨气冷堆的堆芯出口温度较低,不超过400 ℃。在第一代石墨气冷堆的基础之上,二代气冷堆采用二氧化铀作燃料,不锈钢作包壳,堆芯出口温度较第一代气冷堆有所提高,达到670 ℃。

二氧化碳的中子吸收截面很小,没有毒性及爆炸的危险,在中、低温时是惰性的,不会侵蚀金属。在接近大气压的条件下,二氧化碳在辐照下不分解。随着压力的升高,二氧化碳的稳定性下降。当压力为1 MPa时,其分解很明显,在辐照作用下二氧化碳的最初分解反应是

$$2CO_2 \longrightarrow 2CO + O_2$$
$$CO_2 \longrightarrow C + O_2$$

其中第一个反应分解占优势。二氧化碳的感生放射性是在辐照下生成的核素[16]N、[19]O、[41]Ar和[14]C所决定的。

二氧化碳密度比空气大,能溶于水,与水反应生成碳酸,不容易燃烧。作为冷却剂材料,其优点包括温度较低时化学特性稳定、感生放射性小、载热能力与辐照稳定性较强,且廉价易于制取。在石墨气冷堆工作温度(250 ℃ ~400 ℃)和压力(1 ~4 MPa)条件下,二氧化碳的物理特性较稳定,其主要物性参数见表8 - 13。可以看出,二氧化碳具有较大的可压缩性,压力的增大会导致二氧化碳密度显著增大,压缩率有所降低,而压力的变化对比定压热容、热导率、黏度以及普朗特数的影响很小。同一压力条件下,温度的增大会导致二氧化碳的密度有所降低,热导率及黏度有所升高,其余物性参数变化不大。

表8 - 13 不同条件下二氧化碳的物性参数

工作压力/MPa	1		4	
温度/℃	250	400	250	400
密度/(kg/m³)	10.178	7.869 3	41.397	31.528
比定压热容/[kJ/(kg·K)]	1.040 9	1.119 3	1.077 2	1.136 6
热导率/[MW/(m·K)]	35.619	47.428	36.518	48.086
黏度/(μPa·s)	25.013	30.749	25.256	30.913
普朗特数	0.730 98	0.725 72	0.744 97	0.730 71
压缩率/MPa⁻¹	1.005 8	1.000 7	0.255 33	0.250 36

温度较低条件下,二氧化碳的物理化学特性很稳定,600 ℃以下时二氧化碳与慢化剂石墨不起反应,但反应堆中受辐照的影响二氧化碳会被活化而与石墨发生气化反应,但反应速率较慢。温度高于625 ℃时,高温会引起石墨表面原子与二氧化碳发生剧烈的气化反应,导致石墨的大量消耗。二氧化碳在高温条件下还会氧化钢材,导致钢材表面的氧化膜脱落,进而出现剥离,这种剥离现象与钢材的化学成分和表面状况有很大关系,且二氧化碳中若含水,则会加速钢材的氧化。然而,二氧化碳在高温时会与石墨反应还原成一氧化碳,尤其在温度达410 ℃时会对低碳钢有腐蚀作用。为了限制腐蚀速率而降低出口温度,英国镁诺克斯型反应堆只得降功率运行。

二氧化碳的临界压力值为7.38 MPa,由于这一压力比较适中,目前一些国家正在研究使用超临界二氧化碳作为冷却剂。超临界二氧化碳反应堆是一种堆芯完全用超临界低密度冷却剂冷却的气冷堆,超临界二氧化碳在反应堆的运行参数范围内密度变化不大,因此

以二氧化碳作工质的压缩机、汽轮机等设备结构紧凑、体积小,可降低动力系统的成本。美国从 20 世纪 60 年代就开展了超临界二氧化碳反应堆的研究工作,其中提出的一个设计方案是运行压力 20 MPa,堆芯出口温度 550 ℃,净效率达 43%。

2. 氦气

由于二氧化碳在高温条件下会与石墨以及不锈钢发生反应,这便限制了堆芯出口温度的提高,因此高温气冷堆采用全陶瓷涂敷颗粒型燃料元件,以氦气作为冷却剂,在 1 600 ℃高温条件下,涂敷颗粒仍然能保持其完整性,反应堆出口冷却剂温度可达到 750 ~ 950 ℃。氦为无色无味的惰性气体,不燃烧,微溶于水和有机溶剂,与反应堆结构材料有很好的相容性,且具有很好的导热率,这些特性使氦气作为高温气冷堆冷却剂的首选材料。氦气的主要物性参数见表 8 - 14。

表 8 - 14　氦气的主要参数物性

温度 /K	密度 /(kg/m³)	热导率 /[W/(m·K)]	比热容 /[kJ/(kg·K)]	黏度 /(10^{-3} Pa·s)	普朗特数 Pr
273	0.178	0.141	5.20	0.018 6	0.68
500	0.097 3	0.211	5.20	0.028 0	0.69
700	0.070 3	0.278	5.20	0.034 8	0.65
900	0.052 9	0.335	5.20	0.041 4	0.64
1 100	0.043 2	0.389	5.20	0.046 0	0.61

注:在 1.013×10^5 Pa(1 大气压)的压力下。

氦冷却剂具有如下优点:

①化学惰性　这在高温反应堆中是一个很重要的优点。纯氦在几千摄氏度的温度下也不会与石墨起反应,它与燃料和其他金属材料有很好的相容性,它跟二回路的水介质和环境空气也不发生反应,这些对提高运行参数和安全性都是十分有利的。

②良好的核性能　氦气的中子俘获截面极小,纯氦气没有感生的放射性,氦气是单原子气体,不会发生辐照分解。

③容易净化　由于氦气临界温度很低,因此用低温吸附法就能去除其中的放射性裂变碎片(如 Kr,Xe 等)及其他杂质,使氦气完全纯化。

④在气体冷却剂中,氦气具有较好的传热和载热特性,它的热导率约为二氧化碳的 10 倍,唧送功率消耗仅略高于氢气而低于其他气体。

此外,作为气体冷却剂,它还具有下述优点:

①冷却剂密度变化对反应性影响很小,有利于堆的控制;

②气体透明度大,便于从一次冷却系统内观察燃料操作状况。

当然,氦气冷却剂也有一些缺点,其中除了气体冷却剂所共有的缺点(如传热性能差、唧送功率消耗大等)外,使用氦气还有一些工程上的问题,具体如下:

①由于一回路氦气含有微量放射性物质以及氦气价格较高,不允许从系统内漏出过量的氦气,因此系统对防漏密封要求是很高的;

②在氦气气氛中,金属表面不能生成氧化膜保护层,因此必须注意解决转动部件如何避免咬合或减少磨损等问题。

氦气主要由天然气提取,也可以作为液化空气制取氧气和氮气的副产品,虽然空气中氦气含量很少,但由于氧气的需要量很大,因此氦气的来源是不成问题的。氦气的来源不同,其中的 ^{3}He 同位素含量也不同,而 ^{3}He 是高温气冷堆中产生氚的来源之一,这是需要注意的问题。

8.2.4 液态金属

液态金属主要用在快中子反应堆内作冷却剂。因为液态金属有良好的热性质,例如有高的热导率、高的沸点,在高温情况下可以在较低的压力下实现热量传递。用液态金属作冷却剂的反应堆,可在低压下构成冷却剂的高温回路。液态金属在强辐照下是稳定的,主要缺点是在高温时会引起化学反应,必须避免氧化,并应选择合适的结构材料以减少腐蚀。

液态金属冷却剂可以有多种选择,但每一种都有一些缺点。例如,汞有较大的热中子吸收截面,而且有剧毒。铅和铋虽具有较小的热中子吸收截面,但熔点高,弹性散射截面较大。天然锂的热中子吸收截面为 7.1×10^{-27} m^2。表 8 – 15 给出了几种液态金属的物理性质。

表 8 – 15 几种液态金属的物理性质

性质	Bi	Pb	Li	Hg	K	Na	Na – 44% K
熔点/K	544	600	453.5	234.2	336.7	370.8	292
沸点/K	1 750	2 010	1 609	630	1 033	1 156	1 098
673 K 时的比热容/[kJ/(kg K)]	0.148 1	0.147 3	4.326 3	0.137 66	0.764 0	1.278 2	1.051 0
熔化温度下的密度/(kg/cm³)	10	10.7	0.61	13.7	0.82	0.93	0.89
673 K 时热导率/[kJ/(h·K·m³)]	56.065 6	54.392 0	169.452	45.396 4	142.256	246.256	96.650 4
热中子俘获截面 10^{-28} m^2	0.034	0.17	71	374	1.97	0.52	0.66

金属钠、钾、锂等具有熔点低、沸点高、导热率高,且慢化能力较低等特点,因此被选为快中子反应堆的理想材料,其中又以液态金属钠为主。钠冷快堆(SFR)广泛应用在供电及海水除盐等方面,并且实现核燃料的增殖。世界上第一座钠冷示范堆 BN – 350 建成于 1973 年,寿期 25 年,热功率 65 MW,用以阿克套市(哈萨克斯坦)的电力及淡水供应。1980 年及 1982 年,法国的凤凰快堆及英国的快中子原型堆首次采用了 MOX 燃料元件,实现了核燃料的循环利用。1986 年,法国所建成的超凤凰堆是世界上第一座大型钠冷快堆,其电功率达到 1 200 MW,热效率达到 45.3%。

1. 钠和钠钾合金

钠具有较低的熔点,满意的热传导性能,输送的耗功不大,因此钠是较满意的快中子反应堆的液态金属冷却剂。但钠在常温下是固体状态,为停堆和启动带来很大困难,需要用电或蒸汽进行加热。

在没有氧存在且温度低于 600℃ 时,液态钠与结构材料有较好的相容性,不侵蚀不锈钢、钨、镍合金或铍。但钠具有从奥氏体不锈钢表层除去镍和铬的作用,铬形成铬化物,而镍溶解在钠中。图 8 – 9 给出了浸泡在流动钠中的不锈钢表面附近的镍和铬浓度。在此范围内,镍浓度可能降低到 1% 左右,而铬降到 5% ~8%,其结果形成约 5 μm 厚的铁素体表层。然后,铁素体被溶解,其速率取决于钠中的氧浓度,由于表面层的溶解,表面变得粗糙。

氧的浓度越大,产生的粗糙度也就越大。对于 316 不锈钢,若钠中含氧为 1.0×10^{-5},粗糙度约为 $2\ \mu m$,若含氧量为 2.5×10^{-5},则粗糙度约为 $6\ \mu m$。对表面腐蚀的程度基本与钠的流速和雷诺数无关。

钠能使碳从浸渍其内的钢中迁入或迁出,这取决于溶解碳的活度。根据钢是增碳或是失碳,称这种过程为渗碳或脱碳。钢失碳或增碳的速率与温度有关,因为碳在钠和钢中的活度以及扩散率都是随温度而变化的。在奥氏体钢中,碳的活度相对来说比较低,所以它倾向于渗碳。由于碳化物沉积在钢的表层,因而可能使其低温韧性降低。但是,像含 0.1% 碳的 2.25 Cr1Mo 那样的低合金铁素体钢,则倾向于脱碳,其强度下降。在低温下,碳的活度较高,因此如果钠回路在低温区域

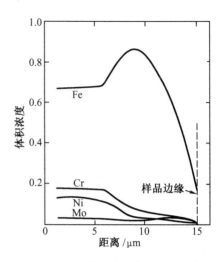

图 8 - 9　浸泡在流动钠中的不锈钢表面附近的镍和铬浓度

(例如热交换器)内包含铁素体钢的话,脱碳就变得特别重要。在高温区域,要想防止奥氏体钢过度渗碳的话,则应该谨慎地控制钠中碳的活度。

钠在高温或有氧存在时腐蚀速率会增大,因此钠里一定要严格限制氧的含量。腐蚀机理主要是质量迁移,即在系统的高温部位熔解,然后在低温部位沉淀,沉淀结果可能会造成管道堵塞。

钠的化学性质很活泼,很容易被空气或水氧化。在空气中钠会燃烧而生成氧化物,它与水发生剧烈反应产生氢氧化钠和氢气。因此在设计时应注意设备和容器的密封性以防发生这种反应。使用钠作冷却剂的另一缺点是其俘获中子后生成钠 -24,它是放射性同位素,半衰期为 15 h,衰变时除放出 β 粒子外,还放出 γ 射线,因此冷却剂系统必须屏蔽,这样一来给维修也带来一定问题,表 8 - 16 列出了液态钠的物理性能。

表 8 - 16　钠的物理性能(熔点 97.9 ℃,沸点 883 ℃)

$t/℃$	$\rho/(kg\cdot m^{-3})$	K /[W/(m·℃)]	c_p /[kJ/(kg·℃)]	μ /(-10^{-8} m²·s⁻¹)	$Pr(10^{-2})$
100	928	86.05	1.386	77.0	1.15
150	916	84.07	1.356	59.4	0.88
200	903	81.63	1.327	50.6	0.74
250	891	78.72	1.302	44.2	0.65
300	875	75.47	1.281	39.4	0.59
350	866	71.86	1.273	35.4	0.54
400	854	68.72	1.273	33.0	0.52
450	842	66.05	1.273	30.8	0.50
500	829	63.84	1.273	28.9	0.48
550	817	61.98	1.273	27.2	0.46
600	805	60.58	1.277	25.7	0.44
650	792	59.65	1.277	24.4	0.41
700	780	59.07	1.277	23.2	0.39

钾的熔点比钠低,热物理性能与钠相近。钠－钾合金在室温下呈液体状态,例如22%钠＋78%钾的合金的熔点为 －11 ℃,这样在反应堆启动前就不需要熔化液态金属冷却剂的加热系统。但钾比钠的反应能力强,在空气中会强烈地与氧和水反应,而在高温下会与氢和二氧化碳反应。钾的热中子吸收截面较大,所以在快中子动力堆中应用不多。

钠的熔点约为97.7 ℃,沸点约为883 ℃。熔点和沸点之间的温差很大,采用钠作为冷却剂时,一回路可在常压下工作。堆芯进口冷却剂温度在400～430 ℃范围内,流过堆芯的温升约为160 ℃,这保证了金属钠在堆芯中始终处于液态,且具有较高的过冷度。由于其温升远大于以水作为冷却剂的压水反应堆,所以钠作为冷却剂时,其热效率较高。钠的导热率很高(75.4 W/(m·K)),是良好的导热介质,不必设置强迫循环驱动的余热排出系统,单纯依靠自然对流即可导出堆芯衰变热。钠的电阻率很低,可以采用电磁泵唧送。钠与不锈钢材料具有良好的相容性,虽然存在一定的质量迁移,但钠对包壳的腐蚀量仅为几十微米,腐蚀程度受温度和含氧量的影响,若将钠中的含氧量控制在小于 5 μg/g,就可以把腐蚀程度减小到最低。

钠与水会发生强烈的反应,为避免一回路中具有放射性的金属钠与水直接接触,钠冷快堆往往采用钠－钠－水三回路布置的形式,这与热中子反应堆有所区别。钠与空气直接接触时会燃烧,生成氧化钠烟雾,这种现象称为钠火,运输和操作过程中需要注意钠与空气的隔离。且一回路中的钠吸收中子后会生成具有放射性的^{23}Na 和^{24}Na,释放强γ射线,对结构材料产生一定的冲击。

钠作为冷却剂时若产生局部沸腾,由于^{239}Pu 的俘获－裂变比降低,高能中子增多引起的铀－238 裂变增加,且钠对中子的俘获降低会引入一个正的反应性,钠的空泡系数为正值,影响堆芯稳定性,因此冷却剂系统设计时要求防止堆芯内出现大量汽化。

反应堆运行过程中需注意对钠纯度的管理,主要技术方法包括:在生产厂房和反应堆内建立在线监测和分析仪器,用于分析钠和覆盖气体中的杂质;在反应堆旁建立钠净化装置,以便对超标的回路钠进行必要的净化处理。

2. 铅和铅－铋合金

铅是很不活泼的金属,不会与空气和水发生剧烈的化学反应。铅中子吸收截面非常小,故铅冷堆一回路的放射性比钠冷堆的小得多,所以铅冷堆既可不设置中间回路,又可省去昂贵的钠水反应探测系统。此外,铅的质量数远大于钠,而且铅原子核是所谓的幻核,故它对中子的慢化能力比钠更低,因此铅快冷堆的栅距可设计得比钠冷堆大,同时保持较硬的中子能谱和较大的增殖比。大的栅距还可以大大减少流道堵塞的可能性,加上铅的沸点高达1 740 ℃(为铅的正常工作温度的 3 倍,钠的沸点仅为其正常工作温度的1.6 倍),使得铅冷堆中发生沸腾的可能性极小,空泡系数不再是一个严重问题,在整个堆芯燃耗期间,完全可将反应性空泡系数设计成负值。因此,铅冷快堆是一种很有发展前景的、具有固有安全性的快堆。

由于铅的熔点较高,为防止液态铅在蒸汽发生器一次侧凝固,蒸发器二次侧的水温应大于铅的熔点值。而铅的熔点高也存在一定的益处,当低压铅回路系统中出现小破口时,破口处的铅容易形成自密封,从而阻止了冷却剂的进一步泄漏。堆芯处于冷态状况下时,铅的凝固可作为一个附加的放射性屏蔽层,从而减少了放射性物质的泄漏。

(1)常压下铅的主要物理性质

铅是一种蓝灰色的重金属,质地柔软,其表面易形成氧化膜,但不易被腐蚀,是最稳定的金属之一,与水和空气都不发生剧烈反应,自然界中存在的仅有 ^{204}Pb、^{205}Pb、^{207}Pb 和 ^{208}Pb 四种同位素,但铅的同位素 $^{182}Pb \sim {}^{214}Pb$ 可通过人工的方法获得。

铅的熔点为 327.5 ℃,沸点高达 1 740 ℃,熔解时体积增大 4.01%,熔解热等于 23.236 kJ/kg。熔解时其密度由 11 101 kg/m³ 下降到 10 686 kg/m³。铅的饱和蒸汽压很低,比钠的相应值低 5 个量级左右。铅的比热容较小,仅为钠的 1/10 左右。其热导率比钠略低,约为钠的 1/3,但比水的相应值高几十倍,因此其传热性能也是很好的。铅的黏度较大,比钠的约大 10 倍。其普朗特数与钠处在同一数量级,液态铅的普朗特数比 1.0 小很多,属于小普朗特数流体。

设反应堆回路的摩擦阻力系数与 $Re^{-0.2}$ 成正比,则可推导出下列摩擦压降与物性、流速的关系式：

$$\Delta p_r = a \frac{L\rho^{0.8}v^{1.8}\mu^{0.2}}{D_e^{1.2}} \tag{8-14}$$

式中 Δp_r——摩擦压降,Pa;

        a——常数(无量纲量);

        L,D_e——回路通道长度和当量直径,m;

        ρ,μ 和 v——流体的密度(kg/m³)、黏度(Pa·s)和流速(m/s)。

从式(8-14)可看出,摩擦压降 Δp_r 与 ρ 的 0.8 次方成正比。铅的 ρ 比钠的大一个量级,从表面看铅冷堆回路的摩擦压降将大于钠冷堆回路的摩擦压降,铅泵的耗功也将因此而增大。但是研究分析表明,由于铅的质量数大,慢化中子的能力又弱,故铅冷堆燃料元件栅距较大,堆芯内铅流速比钠小很多(如 BREST-300 型铅冷堆的栅距达 13.6 mm,与燃料元件外径之比值达 1.5),其最大值只有 1.8 m/s。同时,较大的栅距导致较大的当量直径。由式(8-14)可以看出,铅的 $v^{1.8}/D_e^{1.2}$ 比钠的要小得多。因此,铅冷堆回路的摩擦压降实际上并不比钠冷堆的大。例如,BREST-300 型铅冷堆堆芯总压降只有 0.1 MPa 左右,铅泵的驱动压头也只需要 2 m 铅柱高(约 0.2 MPa)。铅的上述特性对反应堆的安全有极大的好处,在出现全厂停电事故的初期,可利用预先造成的泵出入口处铅的液位高度差,在重力作用下自动维持堆芯冷却剂流量,载出堆内余热。另外,由于铅冷堆回路冷段与热段间冷却剂的密度差 $\Delta\rho$ 比钠冷堆的高几倍,例如,当热段温度为 550 ℃,冷端温度为 400 ℃时,铅的密度差 $\Delta\rho$ 达 173 kg/m³,为钠的相应值(36 kg/m³)的 4.8 倍。因此,停堆后铅冷堆的自然循环流量较大,自然循环功率很高(例如,有的铅冷堆的自然循环功率可达额定功率的 15%),这对事故工况下的反应堆安全是很有利的。

铅的熔点比钠的高,因此铅冷堆需要较大的回路电加热器功率。另外,蒸汽发生器二次侧水温应取大于铅熔点的值,如 340℃,以防止铅凝固。但熔点高带来一个优点是低压的铅回路系统及设备有小泄漏时,破口处铅易凝固形成自密封,另外还容易运输凝固状态的堆芯,此时铅可作为一个附加的放射性射线的屏蔽层,增加了运输的安全性。

(2)高温下液态铅的热物理特性

由于在铅冷堆中的铅主要以液态形式存在,表 8-17、表 8-18 中给出了在铅的熔点温度 327.5 ℃到 900 ℃之间液态铅的热力学性质(饱和压力 p_s、比焓 h、密度 ρ 和比热容 c_p)与输运性质(热导率入、黏度 m、热扩散率 a 和普朗特数 Pr)。表中的数据是在综合调研国内外大量有关文献的基础上,经过整理加工而得。其中,个别数据是线性内插或外推值。比焓的数值是以 25 ℃下固态铅的比焓为零求得的。

表 8-17 液态铅的热力学性质

温度/℃	p_s/Pa	$\rho/(10^3 \text{ kg·m}^{-3})$	$c_p/(\text{J·kg}^{-1}·℃^{-1})$	$h/(\text{kJ·kg}^{-1})$
327.5	4.21×10^{-7}	10.686	147.79	63.94
400	2.48×10^{-5}	10.592	146.54	74.59
450	2.54×10^{-4}	10.536	145.70	81.90①
500	1.91×10^{-3}	10.476	144.86	89.21
550	1.12×10^{-2}	10.419	144.44	96.43①
600	5.37×10^{-2}	10.360	143.61	103.66
650	2.16×10^{-1}	10.300	142.77①	110.81①
700	7.51×10^{-1}	10.242	141.93	117.96
800	6.37×10^{0}	10.108①	140.47①	132.13
900	3.72×10^{1}	9.974	139.00	146.30①

注:①线性内插或外插值。

表 8-18 液态铅的输运性质

温度/℃	$\lambda/(\text{W·m}^{-1}·℃^{-1})$	$\mu/(\times 10^{-3} \text{ Pa·s})$	$a/(10^{-6} \text{ m}^2·\text{s}^{-1})$	Pr
327.5	14.7①	2.70	9.31②	0.027 1②
400	15.1	2.22	9.69	0.021 7
450	15.4	2.01	9.89	0.019 3
500	15.5	1.83	10.0	0.017 5
550	15.6	1.70	10.1	0.016 1
600	15.9	1.59	10.4	0.014 6
650	16.7	1.49	11.0	0.013 1
700	17.7	1.40	11.7	0.011 7
800	20.2②	1.28	14.2③	0.008 9③
900	23.2②	1.21	16.7	0.007 3③

注:①线性内插或外推值。

②用公式 $a = \lambda/(\rho·c_p)$ 计算得到的数值。

③用公式 $Pr = c_p\mu/\lambda$ 计算得到的数值。

用所编制的计算机程序,对表 8-17、表 8-18 中的数据进行拟合,得到各个物性参数 $(h, r, c_p, l, \lg p_s, m, a$ 和 $Pr)$ 与温度的以幂函数形式表达的统一关系式:

$$y = \sum_{i=0}^{n} c_i t^i \qquad (8-15)$$

式中,$n = 3 \sim 8$ 为拟合方次;t 为温度,℃;c_i 为系数(见表 8-19、表 8-20),其单位与各物性参数的单位(见表 8-17、表 8-18)相对应;y 为相应的物性参数。

按式(8-38)求得的数值与表 8-19、表 8-20 中数据的最大偏差如下:比热容 c_p ——±0.12%;比焓 h ——±0.02%;饱和蒸汽压 p_s ——±0.52%;密度 ρ ——±0.03%;热导率 l ——±0.62%;热扩散率 a ——±0.61%;黏度 m ——±0.35%;普朗特数 Pr ——±1.70%。由此可见,除普朗特数 Pr 因个别数据只有两位有效数而具有较大偏差外,其他各物性参数拟合关系式计算值与原始数据值的偏差均较小,可满足工程计算的要求。

表 8 - 19 液态铅热力学性质函数关系式(8 - 38)的系数 c_i

i	c_p	h	$\lg p_s$	ρ
0	$1.752\ 814 \times 10^2$	$16.190\ 43$	$-19.050\ 33$	$11.413\ 09$
1	$-2.033\ 007 \times 10^{-1}$	$1.425\ 496 \times 10^{-1}$	$5.342\ 143 \times 10^{-2}$	$-3.589\ 073 \times 10^{-3}$
2	$6.001\ 101 \times 10^{-4}$	$1.586\ 922 \times 10^{-5}$	$-5.104\ 318 \times 10^{-5}$	$5.963\ 842 \times 10^{-6}$
3	$-9.223\ 012 \times 10^{-7}$	$-1.706\ 166 \times 10^{-8}$	$1.906\ 313 \times 10^{-8}$	$-6.183\ 146 \times 10^{-9}$
4	$6.849\ 878 \times 10^{-10}$	$6.475\ 737 \times 10^{-12}$	—	$2.236\ 931 \times 10^{-12}$
5	$-1.972\ 219 \times 10^{-18}$	$9.563\ 613 \times 10^{-15}$	—	—

表 8 - 20 液态铅输运性质函数关系式(8 - 38)系数 c_i

i	λ	α	μ	Pr
0	$-2.740\ 15 \times 10^3$	$22.430\ 41$	$12.731\ 55$	$1.240\ 86 \times 10^{-1}$
1	$42.532\ 0$	$-1.749\ 338 \times 10^{-1}$	$-7.031\ 151 \times 10^{-2}$	$-6.121\ 87$
2	$-2.812\ 34 \times 10^{-1}$	$8.268\ 462 \times 10^{-4}$	$1.915\ 215 \times 10^{-4}$	$1.370\ 88 \times 10^{-6}$
3	$1.049\ 54 \times 10^{-3}$	$-1.782\ 521 \times 10^{-6}$	$-2.731\ 687 \times 10^{-7}$	$-1.418\ 32 \times 10^{-9}$
4	$-2.393\ 91 \times 10^{-6}$	$1.791\ 764 \times 10^{-9}$	$1.964\ 762 \times 10^{-10}$	$5.452\ 49 \times 10^{-13}$
5	$3.428\ 58 \times 10^{-9}$	$-6.675\ 016 \times 10^{-13}$	$-5.612\ 565 \times 10^{-4}$	—
6	$-3.012\ 22 \times 10^{-12}$	—	—	—
7	$1.485\ 25 \times 10^{-15}$	—	—	—
8	$-3.149\ 37 \times 10^{-19}$	—	—	—

（3）铅 - 铋合金

为克服铅作冷却剂的熔点较高所带来的困难,美、欧、日等国将铅 - 铋合金作为快中子反应堆冷却剂的候选材料之一。铅 - 铋合金的熔点为 123.5 ℃,沸点为 1 670 ℃,可在较低的温度、压力下运行,减少了高温、高压条件下运行所带来的安全隐患,且铅 - 铋合金具有优异的导热性能。铅 - 铋合金在堆运行状况下,与空气和水呈化学惰性,不会产生剧烈的反应,可减少因冷却剂泄漏所带来的不必要的危害。但铋属于稀有金属,资源有限,价格昂贵,且在运行过程中会产生挥发性的钋 - 210。铅 - 铋合金作为冷却剂有着诸多的优势,但与铅 - 铋合金相关的一些科学问题还有待解决,如铅 - 铋合金与结构材料的相容性、液态合金的流动与传热特性,以及铅 - 铋合金的成分控制等问题。快中子反应堆常用冷却剂主要物性参数见表 8 - 21。

表 8 - 21 常温常压下快中子反应堆冷却剂主要物性参数

冷却剂	钠	铅	铅铋 - 合金
熔点/℃	97.7	327.5	123.5
沸点/℃	883	1 740	1 670
密度/(kg/m³)	968.4	11 343.7	10 734.4
比定压热容/(kJ/(kg·K))	1.28	0.13	0.152
热导率/(W/(m·K))	75.4	34.81	7.488

参 考 文 献

[1] 李文垱.核材料导论[M].北京:化学工业出版社,2007.

[2] 李冠兴,武胜.核燃料[M].北京:化学工业出版社,2007.

[3] 杨文斗.反应堆材料学[M].北京:原子能出版社,2000.

[4] 阎昌琪.核反应堆工程[M].2版.哈尔滨:哈尔滨工程大学出版社,2014.

[5] 顾军扬,陈连发.先进型沸水堆核电厂[M].北京:中国电力出版社,2007.

[6] 吴宗鑫,张作义.先进核能系统和高温气冷堆[M].北京:清华大学出版社,2004.

[7] 林诚格.非能动安全先进压水堆核电技术[M].北京:原子能出版社,2010.

[8] 郁金南.材料辐照效应[M].北京:化学工业出版社,2007.

[9] 陈宝山,刘承新.轻水堆燃料元件[M].北京:化学工业出版社,2007.

[10] 凌备备.核反应堆工程原理[M].2版.北京:原子能出版社,1989.

[11] 臧希年,申世飞.核电厂系统及设备[M].北京:清华大学出版社,2003.

[12] 多列热尔,叶麦尔扬诺夫.压力管式核动力反应堆[M].董茵,等译.北京:原子能出版社,1986.

[13] G. D. 怀特曼.水冷核动力反应堆压力容器[M].北京:原子能出版社,1977.